さかな博学ユーモア事典

金田 禎之 著

国書刊行会

はしがき

日本は四方を海に囲まれ、また、河川湖沼の淡水部も多いので、古くから魚介類とのかかわりが深く、世界に類を見ない魚食国である。古代遺跡からも古代人が食したとみられる魚介類の残骸や漁撈文化をとどめる痕跡などが数多く発見されている。

また、日本では南から北の魚介類の種類に恵まれているばかりでなく、藻類、軟体類、甲殻類、棘皮類から鯨類まで広範囲な水産動植物が豊富なため、それらを好んで食べる食習慣がある。

漁撈技術も創意工夫され多種多様で、その発達はめざましいものがある。これらは、自然の恵みの尽きることのないように、たんに高能率の漁獲法からの観点からだけではなく、資源保護の観点も配慮されたものであった。

また、魚介類の名称も多種多様で、土地ごとの名称も少なくない。これらを題材とした多くの和歌や俳句・川柳など、あるいは伝説・民話などいろいろのさかな文化が今に残されている。さらに、食材を無駄にしないための日本人独特の保存・加工の技術や、調理法・料理法についても目覚ましいものがある。

日本は世界に名だたる水産国として知られているが、江戸時代にはすでに『本朝食鑑』『大和本草』『和漢三才図会』『百魚譜』『魚鑑』『日本山海名産図会』『日本山海名物図会』などの多くの書物に見るようにその基礎が確立されている。

本書は、日本人が古くからかかわりの深い約80種の魚介類について、いっそう親しんでいただくために、古くからの文献にもとづいて、さまざまの視点から「さかなの雑学」について取りまとめたものである。多くの方々にご参考としていただければ幸いである。

なお、カバーおよび本文各項の冒頭に掲載した魚介類の画は、妻の金田多世子が描いたものである。

平成23年2月

金田 禎之

●本文中の引用文献の著者名、刊行年は287頁の［参考文献］に掲載した。

『さかな博学ユーモア事典』〈目　次〉

『さかな博学ユーモア事典』

アイゴ ［藍子、阿乙呉］

アイゴ

語源 名の由来は、植物のイラクサにある。その棘《とげ》に触れると肌を刺すが、この植物を「アイ（藍）」という。「ゴ」は魚の意である。そこから「アイゴ」になったという。スズキ目アイゴ科の海産魚。全長約30㎝。

地方名称は多いが、棘に刺されるとひどく痛むので、富山ではイタイイタイ、イタダイ、山口ではオイシャなどという。徳島では「皿ネブリ」というように美味として珍重する地方もあるが、皮と腹中が小便臭いといわれ、熊本ではショウベンウオ、静岡ではネショウベン、バリなどといわれる。沖縄ではスク、シュクといい、スクガラス（塩辛）の原料とする。

漢字では「藍子」「阿乙呉」と書く。また、ウサギのような顔をしているというので、英語で［rabbit fish］という。

アイゴの「毒腺に注意」 アイゴの背鰭《びれ》・腹鰭・臀《しり》鰭の棘条は太く、鋭く発達していて、それぞれに毒腺を備えている。とくにアイゴが興奮状態のとき、鰭をたてているので接触しやすい。また、アイゴは死んでも棘の毒は消えないので注意が必要で、この棘に刺されると毒が入り、数時間から数週間ほど痛む。刺された場合は、40～50℃の湯に患部を入れて温めると、毒素の蛋白質が不活性化して痛みを軽減することができる。

アイゴは雑食性のため、釣りの餌として、ホンダワラの葉などの海草類でも、魚肉片でも使うし、四国では酒粕、沖縄では甘藷の水煮にしたものや缶詰の汁で小麦粉を練ったものを使ったりもする。アイゴは口が小さく、餌食いは丸のみしないので、魚信《あたり》が微妙で釣りの合わせにコツがいり、釣り上げの引きも強いので人気がある。アイゴ釣りの季節は秋で、とくに関西では人気があり盛んであるが、くれぐれも毒線には注意が必要である。釣り上げたらまず鰭《ひれ》を切り落としてしまうことが肝要である。

『大和本草』には、「俗民の説に此魚多ければ民飢饉すという」とある。

産卵期は7～8月で瀬に集まって､小型の粘着卵を多く産みつける。熊本県の天草地方で行われるフカ狩りは、この瀬に集まったアイゴの産卵群を食べに来た大型のサメを獲るものである。この「フカ狩り」の模様は、地元の観光事業としても行われている。

アイゴは「磯の掃除屋」 アイゴは、岩手県以南の暖海に広く分布する。食性は雑食性であるが海藻を好み、海藻をきれいに食べてしまうので「磯の掃除屋」との異名をもっている。暖海性で磯や海藻の多いところに群れをなして生息し、藻場に合った黄褐色の体色、斑紋は棲息場所や時期によって変化する。アイゴは食性から腸は長く、体の2.5～3倍もあり、特有の迂曲型をしている。腹や皮は磯臭い尿臭がするのでバリ(尿)の名がある。

かつて大阪湾で養殖のアサクサノリを食い荒らし、甚大な被害をもたらしたことがある。また、最近では、場所によっては磯焼けの一因ともなっているという。

珍味の「スクガラス」 スクガラスとは、沖縄料理でアイゴの稚魚を塩辛にしたものである。沖縄の方言で「スク」とはアイゴの稚魚のこと、「ガラス」とは塩辛のことである。スクを唐辛子の効いた塩辛にし、約8か月から1年の間、熟成発酵させたものである。かなり塩が効いていて、沖縄では1尾ずつ、硬くて味わいのある島豆腐にのせて食べたり、泡盛のつまみとして珍重される。

また、スクガラスの漬け汁はいわゆる魚醤としてチャンプルや煮物の調味料としてパスタの味付けに使われる。かつては旧暦6月15日ころ、岸近くに押しよせたアイゴの稚魚（スク）を村中総出で網ですくって獲り、スクガラスにしていた。昔は初夏の風物誌であった。しかし、最近ではスクがほとんで岸に寄りつかずフィリピンあたりから原料を輸入しているという。成魚は、油炒め、煮つけ、塩焼き、干物にする。新鮮なものは刺身にもする。

アイナメ［鮎魚女、鮎並］

語源　名の由来は、アユのような縄張りの性質(「アユの縄張り」37頁参照)をもっていることの「鮎並み」から転訛したとか、アユのように味がよいので「鮎並み」から転訛したとの説などがある。

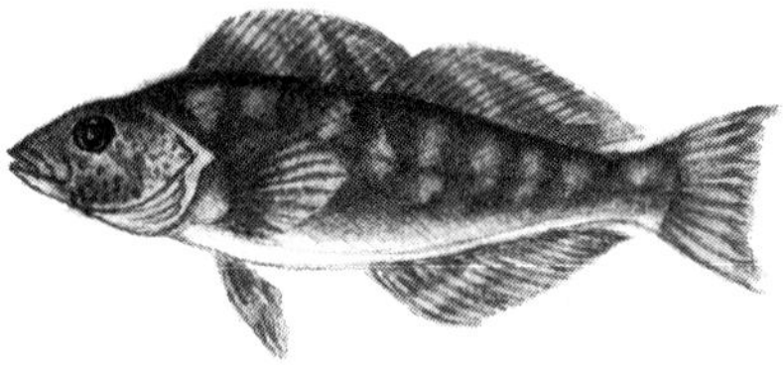

アイナメ

『大言海』には「鮎に似て滑らかなるをもていうなるべし」とある。

また、『本朝食鑑』には、「鮎魚女は形が略《ほぼ》年魚《あゆ》に似ているのでこう名づける。女と称しているが、年魚の雌ではない」とある。

『物類称呼』には、「奥州にてねうおといひ又しんじよと云。同国南部にてはあぶらめと云。佐渡にてしじうと云」とある。

漢字では、「鮎魚女」「鮎並」と書く。カサゴ目アイナメ科の海産魚。全長30～40㎝。

地方名では、アブラメ（東北・関西）、シジュウ（山形・新潟）、モミダネウシナイ（広島・山口）などという。英名は［fat greenling］という。

子育ては雄の役割　アイナメは北方系で産卵期は冬場の10～11月であるが、雄は婚姻色の黄橙色が強くなり雌と区別されるようになる。美しい婚姻色の雄は雌に近づいてカップルができあがり、沿岸の浅いところの小石や海藻の茎などに雌雄が集まって団子状の卵塊を産みつける。

アイナメの産卵後の子育ては変わっており、雌は産卵が終わると直ちに深みに去ってしまうが、雄は卵が孵化するまで卵のそばに残って尾鰭をたえず振って新鮮な水を送り込むと同時にその見張りをする。アイナメは仲間の卵を好んで食べる困った習性があり、卵を保護する雄と争うことがしばしばある。このように雄親の懸命な見張りがなければ卵は仲間や他の魚に食べられてしまうことになる。

孵化した仔魚は、身体が透明で初めは海底にいるが、腹側の卵黄がなくなると海面を遊泳し、やがて幼魚は沿岸のアマモ場に定着するが、成長するにつれて岩礁帯に移る。雑食性で、小魚、エビ、カニなどの甲殻類を好んで食べる。

「籾種《もみだね》失い」の味　アイナメは鮮度がよいほど、ぬめりが強く透明感がある。白身で淡泊に見えるが脂肪も意外に多く大変うまい魚である。前述したように、広島や山口では、「モミダネウシナイ（籾種失い）」という。これは、アイナメのあまりのうまさに、それを買うために百姓が籾種を売り払ってしまったという故事による。

大型のアイナメの生きているものを野じめにした味は格別である。鮮度のよいものは、洗いや刺身にする。また照り焼き、木の芽焼き、煮付け、唐揚げ、南蛮漬けなどにする。洗いは、鮮度のいいアイナメを三枚におろし、薄めに切って氷水で冷やす。容器に氷を入れ、その上に青じそを敷きならべて、生姜醤油で食べる。木の芽焼は、三枚におろし、骨切りをする。これに細かく切った木の芽に醤油、酒、味醂を加え、しばらく漬ける。金串に刺し、漬け汁を繰り返し塗って焼く。

アカガイ［赤貝、蚶］

語源　名の由来は、貝類としては珍しく、血色素にヘモクロビンをもち赤橙色をしており、字のごとく色が赤いのでアカガイと呼ばれた。

アカガイ

漢字では、「赤貝」「蚶」と書く。英語では［ark shell, bloody clam］という。

『魚鑑』には、「摂津泉播磨の海産、浅き処ときどき百万群をなす。これを赤貝山といひて、漁人たまたまこれに会えば大利を得」とある。また、『本草綱目』には、「肉は大へん甘い。それで字は甘につくる。炙《あぶ》つて食べると身体によい。便血を治し消渇を止める」とある。

『大和本草』には、「蛤類の内にて味尤美なり」とある。

フネガイ科の二枚貝。殻長約12㎝、殻高約９㎝。

砂泥底に潜って生息　アカガイは、北海道南部から九州に分布し、陸奥湾、仙台湾、東京湾、瀬戸内海、博多湾、有明海、大村湾などの内湾、内海が主産地である。水深10～50ｍの砂泥底に棲息し、砂泥海中の懸濁有機物やプランクトンを食べる。産卵期は、夏で水温20℃前後で産卵する。稚貝は海藻や貝殻などに足から糸を出して付着するが、約５㎜に成長すると海底に落ちて潜って棲む。１年で5.7㎝、２年で7.6㎝、３年で8.3㎝前後になる。アカガイの特徴は他の貝、たとえばハマグリやホタテガイのように水中を移動することができない。入水・出水管がないのでひたすら砂泥底に潜って生息している。

陸奥湾の「貝桁網漁」　アカガイは、主として貝桁網で採捕する。貝桁網とは底曳網の一種で桁を有する網具である。桁とは、ロの字型またはコの字型をした鉄製の枠をいい、海底を掻きながら底棲の貝類等を採捕する目的のもので、多くのばあい爪を有している。貝桁網漁業は手繰第３種漁業ともいう。貝桁網は地方によって幾分その構造、操業方法が異なるが、ここでは陸奥湾で操業されているアカガイの貝桁網漁について紹介する。

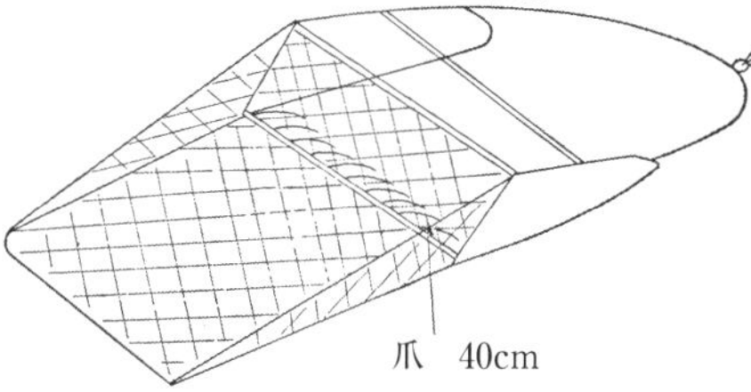

桁網の見取図

桁は鉄製で、長さは150㎝、爪の長さは40㎝である。曳綱は径７mmのワイヤーで長さは約200mで、鉄製のシャックル及び撚り戻しをそれぞれ２個用いる。桁網は２か統を使用して操業する。海底の底質は砂泥質なので、漁具の中に入る泥を除くために船を左右に動揺する必要があり、乗組員によってその操作を行う。漁期は10月から翌年６月である。肉は刺身、酢の物、和え物など生食にする。とくに鮨種として人気がある。

アカニシ［赤螺、赤辛螺］

語源　アカニシは大型の巻貝で、殻の高さは20㎝、太さは16㎝に達し、こぶし形で厚く、殻口は大きく、成長するとその内面が赤くなるのでアカニシという。

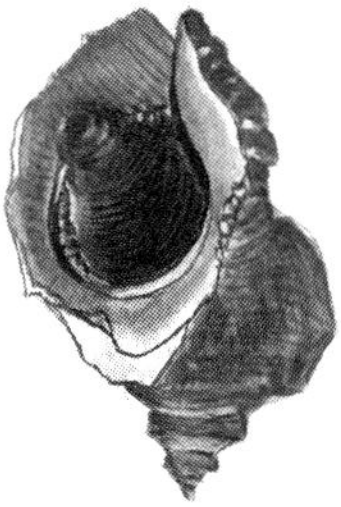
アカニシ

『日本釈明』には、「ニは丹で殻の赤いことから、シは白で身の白いことから」とある。

『和漢三才図会』には、「殻は焼いて灰にして薬に入れて瘻腫にぬると効験がある」とあり、『大和本草』には、「歯にぬる腫を消し痛を止め歯を固くす」とある。

漢字では「赤螺」「赤辛螺」と書く。英語では［rock shll, Thomas's rapa whelk］という。アツキガイ科の巻貝。殻高約15㎝。肉食性で二枚貝などに穴をあけて食害する。肉は食用、貝殻は細工にする。

アカニシは「けちんぼう」　アカニシは、口を閉じたら容易に開けないので「けちんぼう」の異称がある。アカニシの貝柱は美味であるが、肉はまずいので魚屋は「馬鹿」とか「馬鹿貝」ともいう。けちな人は「赤螺」にたとえられるが、歌舞伎「天衣紛上野初花《くもにまごううえののはつはな》」の台詞《せりふ》で「わたしへ割がたつた一両、旦那も随分赤螺だねえ」というのがある。

また、古川柳に「大門を出るは赤螺入るは馬鹿」というのがある。これは江戸の吉原で、倹約家（しまつや）の親は同業者の会合があると用談が終わればすぐ大門（遊郭の正門）を出て帰るが、それとは逆に馬鹿息子は遊びに大門を入って行く、と笑ったものである。

「薙刀《なぎなた》ほうずき」はアカニシの卵嚢《らんのう》　アカニシの産卵期は夏で、細長い薙刀の形をした卵嚢《らんのう》（形が薙刀に似ているので「薙刀ほうずき」という）を多数集めて、低潮線近くの捨石などに産みつける。この卵を抜いて乾かして「ほおずき」のように鳴らして遊ぶ。同じようにテングニシの卵嚢を「海ほうずき」、ナガニの卵嚢を「軍配ほうずき」、コロモガイの卵嚢を「南京ほうずき」という。かつて、新井薬師寺の縁日や海水浴場などでお土産として売られていた。

古川柳に「ほうずきをおく歯ばかりで娵《よめ》ならし」というのがある。林芙美子の『放浪記』には、薙刀ほおずきを器用に鳴らす少女が登場する。娘たちが唇の先に赤いほうずきを覗かせながら、鳴らしているさまは明治・大正・昭和初期の日本の風物詩でもあった。

妹が口海酸漿《ほうずき》の赤きかな　　　高浜虚子

アコウダイ［赤魚鯛、阿候鯛］

アコウダイ

語源　名の由来は、体色が赤色であることから江戸でアコウダイと呼ばれたことによる。

『大和本草』には、「筑紫に赤魚（あこうだい）より赤色がはなはだしい魚がいて馬盗人とよばれる」とある。

『本朝食鑑』には、「色が火のように赤いので、俗に赤魚（あこうだい）という。頭は大きく、口は闊《ひろ》く、眼もまた小さくはない。形は略《ほぼ》甘鯛に似て大きい。尾には岐なく、鱗が細かく、鰭が長く、全体にすべて丹のように赤い。肉は脆白、味は淡《あっさり》と美《おいし》い。各地にあるけれども、江都《えど》に最も多く、相州・豆州・総州の海浜で獲れたものが運転されてくる」とある。

フサカサゴ科の海産魚。全長約60cm。別名でアコウ、アコ、地方名でメヌキ（東京市場）、アカウオ（富山）、アゴウ（秋田）という。

漢字では、「赤魚鯛」「阿候鯛」と書く。英語では［Matsubara's red rockfish］という。マダイの代わりにご祝儀に用いられる。深海魚で、一本釣りは数多くの枝針に餌を付けて釣る。「アコウの提灯行列」はこの多くの針にアコウダイが掛かっているさまをいい、大島ではこれを「海の椿が咲く」ともいう。

アコウダイは「卵胎生魚」　アコウダイは、ほかの魚とちがって卵を体内で孵化して仔魚を産む魚で「卵胎生魚」という。深海性で通常水深500m前後の岩礁域に生息している。深海性のために漁獲時に胃が裏返って口から飛び出すことが多い。エビ類、イカ類、魚類を主食とする。アコウダイは2～4月頃にかけて、深海から浅場へと移動する。親魚の雄は肛門直後に性器の突起があり交尾を行い、10万～30万個の卵が雌親の体内で受精し、その後に孵化する。卵は球形で直径0.4mmであるが、体内で仔魚になって12月から4月に産出される。産出仔魚の大きさは体長3mmから4mmである。なお、卵胎生というのは雌の腹の中で卵からかえり卵黄から栄養を摂って育つもので、母体から直接栄養をもらうものは胎生という。

アコウダイの漁法は、産卵期に底延縄や底曳網で漁獲される。旬は冬で、肉は切り身にされて煮つけ、塩焼き、味噌煮などにする。

アサリ［浅蜊］

語源　名の由来は、浅海に棲む貝を漁って採ることから転訛したという。

アサリ

『本朝食鑑』（人見必大、元禄8年〈1695〉）には、「この物は常に江水の浅い処で聚《と》れる。蜊とは滑利《なめらか》の謂であるところから、浅蜊と呼ぶのである。浅蜊とは、文蛤のことである。形は小蛤に似て、殻は薄く粗い。白いもの、淡灰色のもの、淡黒色のもの、紫班・黒班のもの、花紋になつたものがある」とある。

英語では［short-necked clam, bady clam］という。マルスダレガイ科の二枚貝。殻長約4㎝、殻高約3㎝。

アサリは縄文時代の貝塚から魚介類の中で最も多く発見されており、日本人にとっていちばん貴重な食料であったことがわかる。

アサリは「環境浄化の花形」　アサリは、植物プランクトンやデトロイタス（有機残渣）を鰓《えら》で濾過して食べる二枚貝である。このことから一般に濾過食者（filter feeder）と呼ばれ、富栄養化（eutrophication）した海域環境の浄化にも役立つ重要な底生生物である。成貝の濾水量はおおよそ１個体で10ℓ／日と多く、水質浄化と漁獲回復の双方を狙った干潟再生事業も少なくない。

アサリの産卵期は５～12月であるが、５月と10～11月の２回が盛期で、卵は10時間でベリージャー幼生となり、海中を泳ぎ、22時間で背面に２枚の殻ができ、0.2～0.23㎜位となる。小石混りの砂泥底を好む。半年で2.2㎝、１年で３㎝ぐらい成長する。最近は稚貝の放養が盛んに行われ、１年でほぼ殻長で1.5倍、重量で３倍ぐらいとなる。

鳥、ヒトデ、タコ、食肉性のツメタガイ、イボニシなどは養殖の外敵である。

ハマグリのような顕著な移動性はない。

「潮干狩り」は江戸の風物詩　陰暦３月３日、４月４日頃は１年中で最も潮の干満の差が大きい。そのころ貝類などを採りにゆく潮干狩りは古くから季節の風物詩となっている。

かつては、大阪住吉の浜、東京の品川沖、神奈川の六浦などは潮干狩りの名所であった。

『滑稽雑談』には、「住吉の浦は景色もすぐれて、そのうえ京都近き浜辺なれ

品川汐干（『江戸名所図会』より）

ば、京家の賓客あるいは逸士に至るまで、この地に来りて、貝拾ひ藻をかきて遊興となせり。これによつて、この所潮干を眺望する第一の壮観の地なれば、住吉の潮干の名高きものか。または、武州江戸品川の潮干など、江戸に近ければ、また眺望の興多かめる」とある。

昔こゝ六浦とよばれ潮干狩　　　　高浜虚子
汐干より今帰りたる隣かな　　　　正岡子規

伝統漁法の「腰巻き」と「大巻き」　アサリの漁法は、古くからの伝統漁法の「腰巻き」（小型の大巻き漁具のかごの下部の先端にひもを付け、腰に巻いて海底を掻いて採る）、「大巻き」（棒の先端に口に爪の付いたかごを取り付け、船に乗って海底を掻いて採る）、「鋤簾曳き」（かごの先端に爪をつけた鋤簾を船に乗って海底を掻いて採る）などがある。

腰巻き漁

アサリは、北海道から九州、沿海州、朝鮮半島、中国の内湾の潮間帯から水深10 mくらいの砂泥底に生息している。沿岸や内湾に棲むアサリを単に「浅蜊」といい、外海に棲むアサリを「姫浅蜊」という。いずれも同一種であるが、きれいな環境に棲んでいるものは水管の先にヒゲが少ないので「姫浅蜊」という。

松籟をききもやひゐる浅蜊舟　　　　大野林火
陽炎にぱつかり口を浅蜊かな　　　　小林一茶

「深川丼」は江戸庶民の味　アサリは、貝塚から焼いて食料としていた跡が見られ、古代日本の重要な食料であったことがうかがわれる。

『大和本草』には、「縄文時代の貝塚から一番多く発見されたのが浅蜊の貝殻である」と記述されている。

アサリの旬は春で、冬は身が痩せていてまずい。和風、洋風をとわず広く一般家庭に利用されている。殻付きのものは、味噌汁、すまし、酒蒸しなどにする。むき身は、ぬた、かき揚げ、佃煮などにする。

東京深川の深川丼（むき身、ネギ、揚げ玉を醤油または味噌で煮たものを飯にかけたもの）や深川飯（アサリの煮汁で炊いた飯にむき身を混ぜたもの）は江戸庶民の味として親しまれてきた。江戸時代末期に江戸深川の漁師が食べたのが由来で、漁獲が豊富で単価が安く、調理が簡単なため素早くでき、さらに素早くかき込むことができることが好まれた。

『和漢三才図会』には、「東海極めて多し。民間日用の食となす。価もまた極めて賤《やす》し」と載っている。さらに、「各地どこでもいるが、ただ摂津・泉州・播州には希《まれ》にしかいない。竹串に貫いて日に曝し、他地方に出荷する」とある。江戸時代から明治時代にかけて天秤棒を担いだ「振り売り」をしていたが、そのアサリ売りの呼び声も風情ある光景であったという。

古川柳に「むきみ売仰山《ぎょうさん》にして一つまけ」「擂鉢《すりばち》を取りまいて喰ふあさり汁」というのがる。

『宝暦現来集』には、「浅蜊売、天明頃までは、正月末より三月末までに限りて来るものなり。夏季になると浅蜊子持ちとなる故、食わぬものとて蛤、蜆は年中売り歩くが、浅蜊ばかりは春に限りたり」とある。

浅蜊汁洋燈臭しと思ひけり　　　　久米正雄

アジ［鯵］

マアジ

語源　名の由来は、アジは味がよいことから名づけられたとする説がある。また、漢字の「鯵」は、3（参）月頃が旬である魚であるためだという説がある。英語では［horse mackerel］という。

『東雅』には、「鯵とは味なり、その美なるをいふなりといへり」とある。

『大和本草』には、「純和名抄アチと訓す」とある。

『本朝食鑑』には、「音は騒（そう）。阿遅《あぢ》と訓《よ》む」とある。

スズキ目アジ科アジ亜科に属する総称、またはマアジの別名。マアジは全長約40㎝。いわゆる「ぜいご」と呼ばれる稜鱗（「楯鱗《じゅんりん》」ともいう）が側線部に発達するのが特徴である。

アジは種類が多く、マアジ（別名アジ）、ムロアジ、シマアジ、カイワリ、ヒトヒキアジなどある。

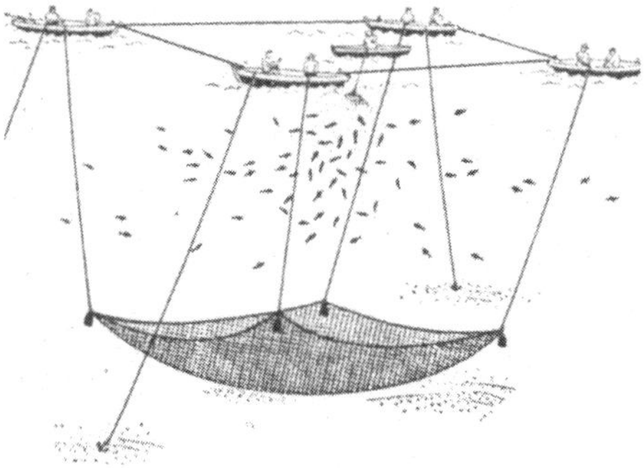

アジの四艘張り網

伝統漁法の「四艘張り網」　アジは回遊性多獲魚類の一つで、各地の沿岸・沖合漁業の重要な魚種となっている。とくに晩春頃から産卵のため沿岸に寄り、夏から秋にかけてが漁期である。以前は張り網、棒受網などの敷網や刺網でも漁獲されていたが、最近は大半がまき網で漁獲されている。そのほか定置網、底曳網、釣り等でも漁獲されている。かつてアジ網で四艘張り網漁というのが行われていた。網船４隻が漁場でそれぞれ投錨し、網の四隅を４隻の船が待って網を張り海底に降ろす。次に別の船が魚を擂り潰した餌を潮上から網の中に撒き、アジが集まったのをみはからって揚網し漁獲する。

鯵網や夕汐さやぎ二た処　　　　高浜虚子

江戸名物の「夕鯵」　江戸では夕暮れに捕れたばかりのアジを天秤を担いで振り売りする姿がみられた。

古川柳に「夕鯵も天びん棒も上に反り」「水うったあとに涼しきあぢの声」というのがある。

『本朝食鑑』には、「およそ春の末より秋の末に至るまで、多くこれを採る。なかんづく、その六、七寸ばかりに過ぎずして円肥なるもの、味はひはなはだ香美にして、最も炙食によし。あるいは酢となし、煮となし膾となすも、また佳なり。品類に絶勝《すぐれ》ている。呼びて中脹（なかふくらみ）と号して、上下ともにこれを賞美す。これ江都の珍なり。冬春の際、魚痩せて味なし」とある。

また、『魚鑑』には、「就中《なかんづく》夏夕河岸のものを酒媒の珍とす」とあり、夕鯵が好まれた。夕鯵とは、夕べに売りにくるのでその名があった。

夕河岸の鯵売る声や雨あがり　　　　永井荷風

世の中を知らずかしこし小鯵売　　　　宝井其角

漁師料理の「なめろう」　アジの身はクセがなく美味い理由は、旨みの決め手となるイノシン酸がタイ、ヒラメより多いためである。このために旨みにコクもあるのである。塩焼き、煮付け、刺身、たたき、天ぷら、フライ、唐揚げ、酢物、その他用途は広い。

「なめろう」という房総地方に古くから伝わる漁師料理がある。これは、アジを三枚におろし、皮をはいで身を細かくたたき、味噌、葱、生姜、大葉などをみじん切りしたものに和える。味噌と薬味で生臭さが消えて美味である。漁師が船上で食事をする際に波の荒い時に醤油では、こぼれるので味噌を和えて代用したといわれている。

「なめろう」の語源は、あまりにも美味いので皿までなめたことから名づけられた。「なめろう」を焼いたものを「さんが焼き」といい、酢を混ぜたものを「酢なめろう」という。

また、「なめろう」をご飯の上に盛り、お茶をかけて茶漬けとしたものは「孫茶（まごちゃ）」という。アジの他にも、イワシ、サンマ、サバなどでも作られる。

活鰺や江戸潮近き昼の月　　小林一茶

伝統の「くさやの干物」　アジの旨味を凝縮したのが干物で、開干、丸干、味醂干、くさやなどにする。「くさやの干物」は、伊豆七島、とくに新島以南の島の特産物であり、特殊な塩干品である。ムロアジを腹開きし、内臓を取り除いて水洗いし、水切りした後、数十年から数百年貯蔵した塩漬け溶液に少量の食塩を添加したものの中へ漬け込み、一夜浸漬け後に取り出して日乾する。漬け込み液の臭気は甚だしく、また、製品も特有の臭いがある。酒の肴として珍重される。伊豆諸島の一般家庭では、代々くさや液を受け継ぎ、くさやを作ってきた。かつては、くさや液は嫁入り道具の一つとなっていた。

くさや液は、ビタミン、アミノ酸などが非常に豊富に含まれていて、抗菌作用もある。そのため、体に良いとされており、昔は伊豆諸島では、怪我をしたり体調を崩すたびに、薬代わりとしてくさや液を患部に塗布したり、飲ませたりしていたという。

アナゴ［穴子］

語源　名の由来は、昼間は岩穴や砂の中に生息する夜行性の魚であることから、「穴子（アナゴ）」と呼ばれるようになったとする説、「穴籠り（あなごもり）」がアナゴに転訛したとする説などがある。アナゴはアナゴ科に属する魚類の総称。産業的に重要な種は、マアナゴ、ギンアナゴ、クロアナゴ、ゴテンアナゴなどである。普通にアナゴといえばマアナゴをさす。マアナゴは、体側には側線孔および背側に白色点が並んでいるが、これが竿秤の目盛のように見えるのでハカリメの別名がある。全長約90㎝。英語では［conger (eel), sea eel］という。

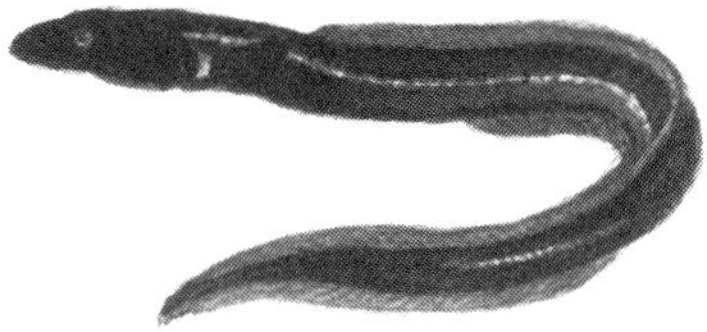

マアナゴ

『和漢三才図会』には、「阿名呉の状は海鰻に似て」とある。『魚鑑』には、「炙食ふ時はうなぎに伯仲（まけずおとら）ず」とある。

「ノレソレ」はアナゴの子　アナゴの産卵期は春から夏にかけて、産卵場所は南方海域であるが、確かなことは解明されていない。アナゴの幼生もウナギやウツボと同様にレプトファウルス（葉形幼生）と呼ばれ、柳の葉のような美しい形態をしている。

レプトファウルスは冬から春にかけて沿岸に群れをなして姿を現す。その全長は最大12㎝に達するが、形が側扁して透明なところから「タチクラゲ」また「シラウオノオバ」ともいわれる。

高知県や消費地の大阪などでは「ノレソレ」と呼び、生のままポン酢に付けて賞味される。ノレソレの語源は、地引網にかかったときの様子からきている。地引網を引くと「ドロメ（いわしの稚魚）」と一緒に網にかかってくるが、「ドロメ」は弱いので網にかかるとすぐ死んでしまう。その「ドロメ」の上に乗ったりそれたりしながら網の底の方へ滑っていく様子の「のったり、それたり」が「ノレソレ」に転訛したといわれている。

レプトッファウルスはやがて変態して親魚と同様な体型の稚魚となるが、変態完了期の稚魚は縮小して全長7㎝となる。成魚は全長90㎝〜1ｍで、内湾や沿岸の主に水深100ｍ附近までの砂泥底に生息する。日中は砂泥の穴に潜ったり、海藻の中に身を潜め、夜間に活動する。小魚、甲殻類、ゴカイ類などを食べる。

夜仕掛ける「アナゴ筒漁」　アナゴの漁法は、底曳網、釣り、延縄、筒(籠)などがある。アナゴ筒（ドウ）は、アナゴは夜行性なので前夜仕掛け、翌日これを引き揚げて漁獲する。アナゴ筒は、塩化ビニール製の筒の両端にロートと呼ばれる三角形の形をした蓋を取り付けて筒に餌を入れておき、これを延縄式の漁場に敷設しておいたものに餌を求めて筒の中に入ったアナゴが出られらいような仕組みになっている。アナゴの延縄は、多くは日没頃出港し、漁場到着とともに漁具を敷設する。敷設後1時間くらい縄待ちをし、縄揚げして操業を終わる。

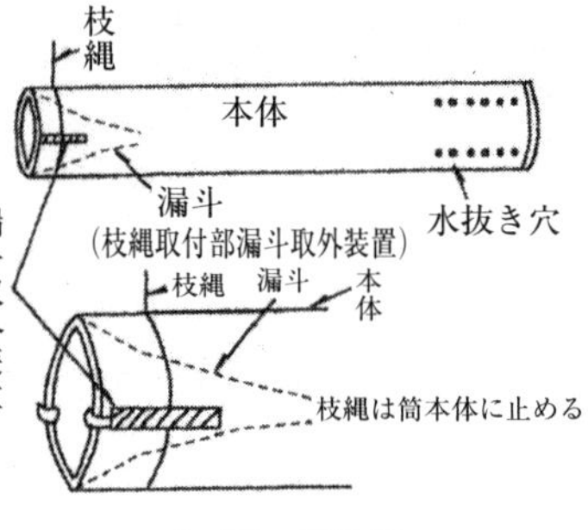

アナゴ筒の構造図

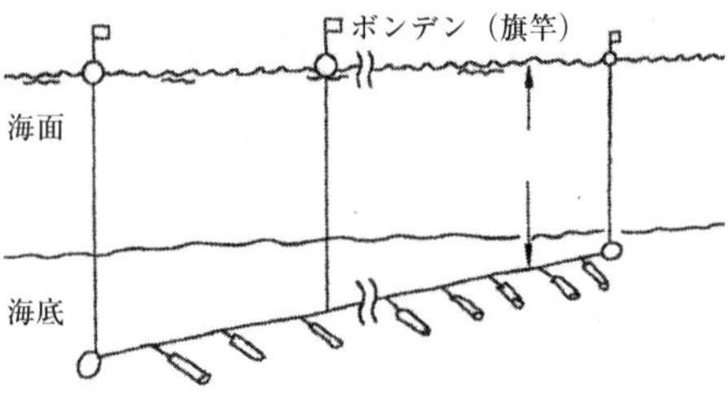

アナゴ胴の敷設図

三河湾ではアナゴを専門に獲る船を「つぼ船」といい、アナゴ筒漁業の前身のような独特の漁法が行われている。竹で編んだ「うけ」と呼ばれる籠をに餌を入れ、アナゴ筒と同様に延縄式に夕方漁場に敷設する。

「江戸前の鮨」として有名な東京湾のアナゴは、ほとんど「アナゴ筒」で採捕される。

アナゴは「癇性の薬」　日本人は古くからアナゴを食したと思われるが、アナゴが初めて文献に載ったのは18世紀の初め頃からである。

前述の『和漢三才図会』に「脂が少なくて美味でない。漁夫は焼いてウナギといつわつて売る」との記述がある。しかし、『魚鑑』には、「炙り食ふ時ハうなぎに伯仲（まけずおとら）ず」とある。また、『重修本草綱目啓蒙』には、「穴子の肉を味噌汁にして煮て食すると癇症（疳の虫ともいう）の薬となり」とある。

アナゴは、細身のものは上半身が味がよく、太いものは下半身が美味いとされる。肉質は白身で淡泊である。マアナゴは脂肪分を多く含み、アナゴ類のなかでは最も美味い。ウナギと同様に、血液中には弱い蛋白毒があるので生では食べられない。

料理は、背開きにして骨、腸、鰭などを除き、天ぷら、鮨種、蒲焼き、八幡巻き、煮物などにする。

鮨種は薄味に煮ておいたものを使い、軽く炙って握る店もある。とくに「江戸前の鮨」は東京湾のアナゴは欠かせない逸品である。八幡巻は開いたアナゴで下煮した牛蒡を巻き、金串に刺して、みりん醤油をかけながら焼く。

アマダイ［甘鯛］

語源　名の由来は、読んで字のごとく「甘みのある魚」という意で、漢字では「甘鯛」と書く。

一説には、ほっかぶりをした尼さんのように見えるので「尼鯛」から転訛したともいう。

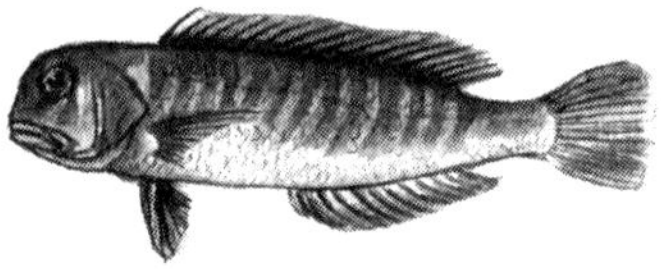

アマダイ

『魚鑑』には、「肉白く脆い。大さ五六寸より尺余に至る。その味ひ美し」とある。『和漢三才図会』には、「肉は脆くて白く、味は美味である。病人が食べて何のさわりもない」とある。英語では「tilefish」という。

スズキ目アマダイ科に属する海産魚の総称で、アカアマダイ（別名アマダイ）、シロアマダイ、キアマダイなどがある。アカアマダイは全長約45cm。関西では地方名で、グジ、グズナ、クジともいう。

「興津の局」に由来する興津鯛　静岡あたりではアマダイのことを「興津鯛《おきつだい》」と呼んでいる。興津鯛という名の由来には諸説がある。『甲子夜話』（松浦静山、天保12年〈1841〉）によると、徳川家康が駿府城に滞在いていた折に、奥女中の興津の局が実家に戻って土産に生干しのアマダイを持参し、家康に献上した。家康はそれを食して美味であったので、今後は興津鯛と呼ぶようにと言ったのが始まりであるという。

『駿国雑志』によると、年の瀬も迫った頃、江戸城のすす払いがあった日、食膳に出された甘鯛を見て、将軍徳川家康が側に仕えていた興津の局という奥女中に「これ、興津、鯛か」と尋ねたことから興津鯛の名がついたともされている。

興津鯛は、現在も有名で、興津湾産のアマダイのことを指す場合もあるが、一般的には一夜干しにしたものを興津鯛と呼ぶ。アジの干物などでは二枚に開いて半身に中骨を残すが、興津鯛は中骨を取り去ることが特徴的である。さっと炙って食べる。

「若狭グジ」は高級品　アマダイの料理は、焼き物では味噌漬焼き、照焼き、幽庵焼き、蒸物では酒蒸し、蕎麦蒸しなどがある。幽庵焼きは、江戸時代の茶人で、食通でもあった堅田幽庵（北村祐庵）が創案したとされる。切り身を、醤油、酒、味醂のあわせユズの輪切りを加えてつくった漬けダレに数日間漬け込み、汁気を切った後に焼き上げたものである。

刺身は東京では身が軟らかいのでほとんど食べないが、関西では糸造り（刺身）などにする。若狭湾で獲れるアマダイは、「若狭グジ」と呼ばれて高級品とされている。江戸時代から若狭グジは、塩を振りかけ京都まで１日かけて鯖街道を通って運ばれるうち、塩慣れして味がよくなったことから、「若狭もの」とし、京料理では欠かすことができない食材として珍重されてきた。正月料理として欠かされない。

若狭グジは、身が柔らかくて傷みやすいので、江戸時代から伝わる底延縄という若狭グジ用の漁法で、網や竿を使わず１本の縄をたぐるように引き寄せ、身を傷つけないように採捕する。また、運搬時も一つの器に数匹ごとに分けて入れられている。獲れた若狭グジは、鮮度が落ちないように冷たい塩水ですぐにしめる。鱗のきめ細やかさを活かすため鱗も一緒に焼き上げる「若狭焼き」は有名である。

京都料理の一つに「グジとすくい豆腐」がある。グジと豆腐を昆布だしで食べる料理である。なお、若狭グジの旬は、8月上旬から11月下旬である。

甘鯛を焼いて燗せよ今朝の冬　　　　小沢碧童

アユ［鮎］

語源　名の由来について、『日本釈明』には、「鮎はあゆるなり、あゆるとはおつるなり。古き言葉也」とある。

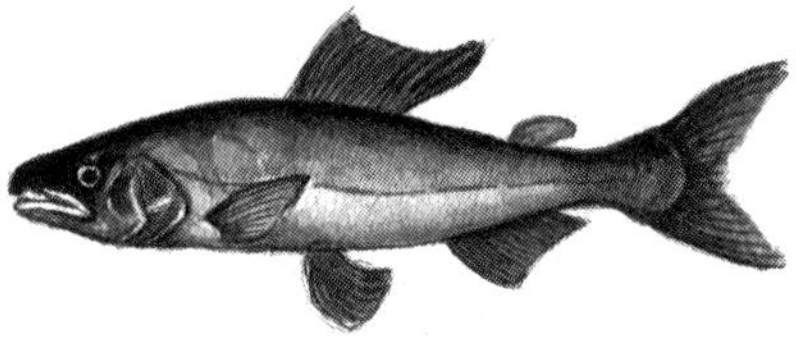

アユ

すなわち「落ちる」の古語「あゆる」から転訛したとの説である。このほか「愛（アイ）らしき魚（ユ）」「味佳き魚」などの転訛説もある。アユは1年かぎりの魚だから年魚といい、また夏の盛りに新鮮な珪藻を食べる天然アユは佳い香があるので香魚ともいう。中国では香魚（シャンユイ）という。

『日本書紀』にも年魚の由来を「春に生まれ、その年の冬に死ぬから」とあり、『和名抄』には、「春生じ、夏長じ、秋衰え、冬死す、故に年魚という」とある。

漢字では「鮎」と書く。『和名抄』には、「鮎の字が充てられるのは、縄張りを独占することに由来する」とあり、『日本書紀』には、「神功皇后が鮎で戦況を占ったことに由来する」とある。英語では［ayu (fish), sweetfish］という。ニシン目アユ科の魚類。全長15～30㎝。

アユは戦況を占う魚　昔は戦況を占うのにこの魚が用いられた。『日本書紀』には、これに関する故事が次のように記述されている。「仲哀9年（200）の4月、神功皇后が三韓征伐の道すがら、肥前国（現佐賀県松浦）に足をとめられ戦を占うために釣りをされた、その時に釣れたのが鮎（日本書紀第九には細鱗魚（アユ）とある）であった」とある。このときに鮎を釣ったのは女人で、裳《も》の糸を抜き取り、飯粒を餌にして釣ったので、松浦では毎年4月の上旬には女の人が鮎釣りをする儀式が行われていた。

『万葉集』には大伴家持の歌で「鮎を釣ると立たせる妹《いも》が裳の裾むれぬ」というのがある。

『本朝食鑑』には、「その時皇后は『希見《めすらしい》ものである』といわれた。そこで時の人は、その場所を梅豆羅《めずら》の国と名づけた。今松浦というのは、これを訛つたのである。これよりその国の女人は、毎年四月上旬になると鈎《つりばり》を河の中に投げて年魚を捕るようになり、今に続いている。惟男子が釣つても獲れないという」とある。

鮎を釣る神功皇后（芳年画）

アユは川と海に棲む魚　アユは川で生まれ、幼期は海で育ち、再び川に戻り成長後は産卵する川と海の両方に棲むことのできる魚である。しかし、一般には魚は「海水魚」か「淡水魚」に分かれている。たとえば、タイは淡水に入れると死んでしまい、コイは海水に入れると死んでしまう。浸透圧の高い海水に棲む魚は、体内の水が外へ吸いとられて、水の中にいながら体が干上がってしまう危険にさらされているわけだし、一方淡水魚は水が体の中へ入ってきて水ぶくれになりかねない。

そこで海水魚は海水をどんどん飲んで「塩化物排出細胞」から塩分を排出するとともに濃い尿を出すが、淡水魚は水を飲まないようにして、体表から入ってくる水は、ごく薄い尿を多量に出すことによって調節している。

このようにタイやフナのような一般の海水魚、淡水魚が、本来の棲み場所とは塩分濃度のちがう水に入れられると死ぬのは、この相反す

氷魚の釜揚げ

る浸透圧調節の方法を切り替える能力をもたないからである。

アユ、サケ、マス、ウナギのように淡水と海水の間を往復する魚は、これらの調節の切り替えができるわけである。アユの場合には数十秒から長くて数分間以内に調節の方向を逆転させるといわれている。

琵琶湖の名産「氷魚《ひうお》」　琵琶湖などには陸封されて生息するアユがいるが、湖にとどまっている間は10cm以上にならずコアユと呼ばれている。９～11月の産卵期になると湖に流入する小川の河口に集まって産卵する。産卵後２週間で孵化してから１～２か月間は、色素が出ない透明な状態で氷のような姿をしている。これを「氷魚」と呼ぶ。

平安時代には、山城国宇治と近江国田上で獲れた氷魚を「氷魚の使」が朝廷に献上した。現在も琵琶湖の名産として、佃煮、釜揚げ、吸い物、鍋物などがある。

氷魚痩せて月の雫と解けぬべし　　　正岡子規
霞せば網代の氷魚を煮て出さん　　　松尾芭蕉

伝統の「鮎の網代」　川、入り江、湖などの瀬の両側に杭を打って、網の代わりに笹竹や小柴などで編んだ垣をつくり、簀でつくった魚採りに魚を追い込んで獲る方法を網代という。昔からあった田上川（滋賀県）、宇治川（京都府）は有名で、主に氷魚を獲っていた。

平安時代の『拾遺和歌集』には、「月影の田上川にきよければ網代に氷魚のよりも見えけり」など多くの歌に詠まれている。また、『改正月令博物筌』には、「川岸より木を打ちて、網の広がる形にして、氷魚のただよひて入れば、再び出ることを得ざるやうにするなり。網の代わりにするゆゑ、「あみしろ」といふ意にて「あじろ」といふ。これをすくひ採る者を「網代人」とも「網代守」ともいふ」とある。

三か月と肩を並べてあじろ守り　　　　小林一茶

宇治山に残る紅葉や網代守る　　　　高浜虚子

アユの「縄張り」　アユは、幼魚時代には円錐歯を備え小型の水棲昆虫や水に落ちた陸棲昆虫などを食べているが、櫛状歯の発達とともに川底の石につく珪藻、藍藻などの水垢を歯と舌でこすりつけて食べる。笹の葉の形をした「喰《は》み跡」が石の表面に残る。水垢の豊富な石の多い場所を占有しようとして、侵入者を烈しく撃退しアユの地域性をはっきりともった防御空間であるいわゆる「縄張り（territory）」を形成する。他のアユが縄張りに近づいてくると、背鰭を立て、胸鰭をはり、口を大きくあけて、はげしく追う。やってきたアユは、突撃をくらうと、ほうほうの態で退散するが、追う方も深追いはせず、２～３ｍで引き返すという。

盛夏にはアユは全長が30㎝にも成長する。水垢を食べることによりアユは独特の香気をもつようになる。この時期がアユの旬である。

石垢になお食ひ入るや淵の鮎　　　　向井去来

アユの「友釣り」　遊漁として広く行われている友釣りはアユの縄張りの行動を利用したもので、外国にはないわが国独特の方法であり、初夏を告げるすがすがしい風物詩でもある。友釣りは、おとりのアユを鼻輪などで糸につなぎ、そのうしろに流し針をつけて泳がせていると、付近についている野アユがこれを撃退しようとして寄ってきて、ひっかかる仕組みになっている。

前述の『本朝食鑑』には、「洛（きょうと）八瀬の里人は、長い馬尾におとりの鮎をしつかりと結んでおいて、澗水に投げ入れ、岸畔の草苔の間に立つて近づいてきたきた鮎を繋（ひつか）けて釣る。よく捕える妙手なら一日に五・六十匹も獲る。予州（いよ）の大津の水辺でもやはり細い縄・竹竿で鮎を繋けて釣る」とある。

『釣技百科』には、「友釣りと石垢」について「鮎の絶好の餌料である珪藻、藍藻その他の所謂《いわゆる》石垢と鮎の友釣とは密接な関係を持つもので、底石に記された鮎の喰《は》み跡に依つて鮎の大小多寡を知る事は釣人として最も大切な事柄である。釣場に到れば先づ所在の石や岩に就き喰み跡の有無と其跡の新旧を検る。喰み跡と云ふは鮎の上顎と下顎を持つて横にサッと石垢面をさらつた跡で、この喰み跡の古いのは既に飽食して其地点より遠く遊泳して居る場合が多いが、喰み跡が新しければ鮎は其付近に居るものと見てよかろう。喰み跡の段々増加してくる所は鮎の食欲の旺盛を示すもので好適であり、大なる石に付く鮎は概して形がよく小石に付く鮎は形が悪いのが常例である」とある。

鮎釣の蓑脱ぎ捨つる岩の鼻　　　寺田寅彦

伝統漁法の「鵜飼い」　古くから行われており、飛鳥時代の『古事記』にも鵜飼いに関する歌が載っており、奈良時代の初期の『日本書紀』の神武天皇の条に鵜飼部のことが記述されている。奈良時代中期の『万葉集』巻17には、「婦負川の早き瀬ごとに篝さし八十伴《やそとも》の男は鵜川立ちけり　家持」とある。鵜飼漁で獲れる魚は傷がつかず、鵜の食道で一瞬にして気絶させるために鮮度が非常によいといわれ、鵜飼鮎は献上品としてことのほか珍重され、安土桃山時代以降は幕府および各地の大名によって鵜飼は保護されていたといわれている。

アユの鵜飼（犬山市）

現在でも古式ゆかしい風折烏帽子、腰蓑などを付けた鵜匠が小舟の上で篝火を焚いて鵜を操ってアユ漁をしている光景は、これもまた美しい真夏の風物詩といえる。岐阜市（長良川）、犬山市（木曽川）、宇治市（宇治川）などの鵜飼いは有名である。

「うのみ」という言葉があるが、これは鵜がまるのみした魚を人間がはき出させるという言葉で日用語（まるのみのこと）となっている。また、「鵜飼」という地名や姓もあちこちにある。このことは昔は今よりも数多く行われていたからであるといわれている。

鵜のつらに篝こぼれて憐れなり　　山本荷兮
おもしろうてやがてかなしき鵜舟かな　　松尾芭蕉

「落鮎」の定め　アユは秋の紅葉の頃には産卵のため河川の下流域に下る。これを「落鮎」という。産卵期が近づくにつれて鰭も伸びて大きくなった体には粟粒状のものができ、ざらざらした手触りになる。体色も黒ずむため「錆鮎」とも呼ぶ。産卵後は消耗して衰え、水に従って川を下りその多くは死滅する。

落鮎の季節には、簗《やな》漁が江戸時代から盛んに行われていた。『日本山海名産図会』にはその模様が次のように紹介されている。

「此魚春の初海と河との間に生まれ、河水にさかのぼる。夏になりて順々に成長し八月より身にさびを生ず。それより河上より下りて海潮さかいにて子を産て死する也。八月の落鮎を取には河のながれをせきとめ、真中をあけて竹の簀を敷、其上へ落くるを取也。此竹の簀を魚簗と云也。鮎は人音すれば底に沈みて動ず。故に是を取るには静にして人なき躰にして居る時は、鮎かならず落来る也」とある。

死ぬことと知らで下るや瀬々のあゆ　　向井去来

落鮎を獲る鮎簗

鵜の嘴をのがれのがれて鮎さびる　　　　小林一茶

「鵜飼い勘作」の伝説　アユにまつわる伝説として、甲州石和川（笛吹川の支流）に鵜飼漁師の勘作が幽霊になったという次のような話がある。

ある日、勘作は法城山観音寺の定めた殺生禁断の流域で漁をしていたため捕えられ、村民に石の重しをつけられて、簀巻きにされて岩落の水底に沈められてしまった。水底に沈められた勘作の恨みは、亡霊となって夜ごと石和川（鵜飼川）のほとりに現れ土地の人々を悩ました。ある時、この地を通りかかった日蓮上人は、村人の話を聞き勘作の霊を鎮めて村人を安心させようと弟子の日向上人が擦る墨で日朗上人の集めた石に法華経１部８巻・６万9380余字を３日３夜かかって書き上げ、その一字一石の経石を岩落の水底に沈めながら亡霊の供養をした。すると亡霊はたちまち心を鎮めて、再び現れることはなかったという。その折、日蓮上人はこの川のほとりに小さな塚をつくって去った。その後この地に鵜飼堂が建立され、現在の鵜飼山遠妙寺《おんみょうじ》のもととなった。

このことは、石和の鵜飼山遠妙寺の縁起として伝えられている。また、その後に世阿弥元清がこの話を謡曲の「鵜飼」に書き上げて広く紹介したという。

「押し鮎」は新年の縁起物　アユは香と姿で食べる魚といわれ、塩焼きが最高である。古くから初夏の魚として珍重され、塩焼きのほか、姿ずし、押し鮎、酒蒸、魚田、なます、うるかなどにする。

『本朝食鑑』には、「『本朝式』（『延喜式』）に煮塩年魚・塩漬年魚・押年魚・鮓年魚・火乾年魚の記事がある」とある。アユでつくる塩辛を「うるか」という。落鮎の卵巣だけのものを「子うるか」、精巣だけのものを「白うるか」、内臓のものを「苦うるか」、内臓と身を混ぜるものを「切うるか」という。

『鋸屑譚』には、「加茂川の瀬にすむあゆの腹にこそ　うるかといへるわたは有りけり」の和歌が紹介されている。この時代からうるかはつくられていたようである。「押し鮎」は、アユを樽などで重しを置いて押して塩漬けにしたものである。アユは年魚といわれ、新年の縁起物として供された。また、年頭の子供の歯固めにも用いられた。

『改正月令博物筌』には、「押鮎は塩鮎にて用いること、江次第・土佐日記にみえたり」とある。

押鮎や南は吉野草の宿　　　松瀬青々
時鳥一尺の鮎串にあり　　　正岡子規

アワビ ［鮑］

クロアワビ（殻表）

クロアワビ（内側）

語源　アワビの名の由来は、「合(逢)わぬ身(実)(アワヌミ)」から転訛したとする説がある。漢字については、「阿波美」「阿波比」「石快明」などいろいろあるが、『日本書紀』などには「鰒」、中世からは「蚫」、明治以降は「鮑」が主に使われている。「石快明」と書くのは、殻を内障眼《そこひ》の治療に用いると目が見えるようになったからという。またアワビの殻は内面が青光りして夜でも遠くから見えるので、青快、千里光ともいう。

『本草綱目』には、「鮑は一名は鰒。鮑の御は抱（ほう）和名は阿和比（あわび）」とある。『桑家漢語抄』には、「阿波美（あわび）は常に片甲が岩石にかかる。逢わずわびしいの義なり」とある。

『日本山海名産図会』には、「あわびというは、偏《かたかた》につきて合わざる貝なれば、合わぬ実という儀なるべし」とある。

片恋のことを「磯の鮑の片想い」と表現するのは、『万葉集』にある「伊勢の海人の朝な夕なに潜《かづ》ぐといふ鰒の介の片思ひにして」という和歌から生まれた言葉だという。

英語では［abalone, earshell］という。ミミガイ科の巻貝。

日本産のアワビにはクロアワビ、メカイアワビ、マダカアワビ、エゾアワビの４種類がある。クロアワビは殻長約 20㎝。

伝統の「アワビ籠漁」　アワビの漁獲は海女による潜水漁法のほか、船上からのぞきガラスを使用して行う「アワビ鉤漁」「アワビ挟み漁」「アワビ掬い漁」がある。

また、変わったアワビの伝統漁法で「アワビ籠漁」というのがある。藤蔓または山葡萄などの枝で輪を作り、これに４～５㎝くらいに編んだ網を結び付けて籠を作る。その中央に石を重しとして取り付ける。この籠に昆布を束ねたものを中央に結び餌とし、漁場は深さが 1.5 m 以上の海底の岩石の多い所を選び、海底に延縄式に下ろす。もっぱら

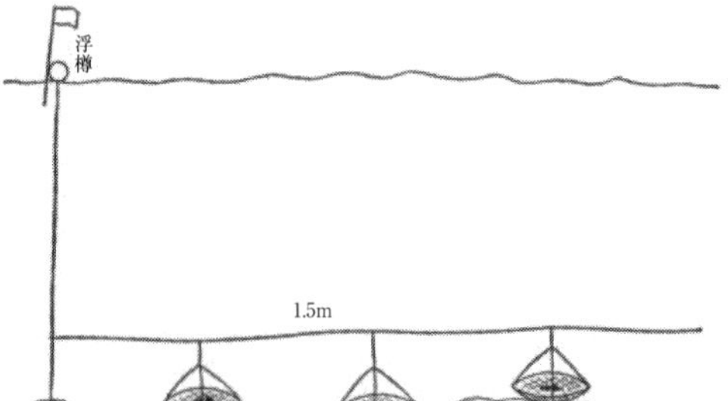

アワビ籠漁業の操業図

夜間に操業し、日没から朝方に至るまで２～３回は捕り揚げる。漁期は、７～８月中旬である。

伝統の「海女漁」　アワビの漁獲で多いのは、海女が潜水して磯金で捕る漁法である。女性は男性に比べて息が長く続き、体の冷えが遅いためといわれている。男性の場合には「海士」と書いて区別している。

海女（志摩）

「磯海女」とは磯の近くで漁をする海女をいい、磯桶という桶を海に浮かべ、捕ったものを入れる。

「沖海女」とは沖に船で出て深い海に潜って漁をする海女をいい、命縄を船に結んで潜り、船上でその夫などが呼吸をはかって引きあげる。海女が海面に浮上して呼吸を整えるために口を細めて吐く息は哀愁を誘うような音がする。この音を「海女の笛」「磯のなげき」という。

アワビの海女漁について『日本山海名産図会』には、「伊勢国和具、御座浦、大野浦の三所（現在の三重県志摩市の和具、御座、大野）に鰒を取り、二見の浦、北塔世（現在の鳥羽市答志島）と云所にて鰒を制すなり。鰒を取るには必ず海女を以てす（是女は能く久しく呼吸を止めてたもるが故なり）。船にて沖ふかく出るにかならず親族を具して船をやらせ、縄を引せなどす。海に入には腰に小き蒲簀（かます）を附け鰒三四ツを納れ、又大なるを得ては二つ許にても泛《うか》めり。浅き所にては竿を入るるに附て泛む。是を友竿という。深き所にて腰に縄を附て泛んとする時是を動し示せば、船より引あぐるなり。若き者は五尋、三十以上は十尋十五尋を際限とす。逆に入りて立遊ぎし、海底の岩に着たるをおこし、箆をもつて不意に乗じてはなち取り、蒲簀に納む。その間息をとどむること暫時、尤も朝な夕なに馴れたるわざなりとはいえども、出て息を吹くに其声遠くも響き聞えて實に悲し」とある。

　　首だして岡の花見よ鮑とり　　　　　山本荷兮

　　初花に伊勢の鮑のとれそめて　　　　松尾芭蕉

「熨斗《のし》アワビ」の始まり　『倭姫命世記』（禰宜五月麻呂《ねぎさつきまろ》、建治・弘安年間）によると、「熨斗アワビ」の始まりについて「垂仁天皇26年に、倭姫命が伊勢神宮御鎮座の大業を終えたので、舟で沿岸を巡行されて国崎の浜に上陸し、岩に腰をかけて海女の潜水漁業をご覧なされたが、その時に『これはなんと申すか」と海女に聞くと、『鮑と申す美味な貝です』と答えたので、倭姫命は『今後は毎年、神宮の神饌に奉納せよ』と所望されると、海女は『生のままでは腐敗しやすいので薄く切って乾燥し貯蔵できるようにして奉納します』といった」とある。

伊勢神宮では、古来の製法で調製された熨斗アワビが、毎年6月と12月の月次祭《つきなみさい》、10月の神嘗祭《かんなめさい》で奉納される。この熨斗アワビは三重県鳥羽市国崎町の神宮御料鰒調製所において調製される。

「熨斗アワビ」のいわれ　熨斗アワビはアワビの肉を刃物で薄く削って乾し、さらに青竹で伸ばして作る。熨斗は「伸し」につうじ、長続きする縁起のよいものとされ、江戸時代から正月の祝儀に用いられた。現在も熨斗袋として用いられている。

『本朝食鑑』には、「熨斗。鰒片を長く引きのばすと、ちょうど熨斗の皺をのばしたようであるので、この名がある」とある。

また、『日本山海名産図会』には熨斗アワビについて「先貝の大小に随い、剥ぐべき数葉を量り横より数々に剥かけ置て、薄き刃にて薄々と剥口より廻し散る事図のごとし。豊後豊島薦《ござ》に敷き並べて乾《ほす》が故に、各筵《むしろ》目《め》を帯たり。本来あるは束ぬるが為なり。さて是をノシというのは、昔は打鰒とて打栗のごとく打延し、裁切《たちきり》などせし故にノシといい、又干あわびとも云えり」とある。日本でアワビの熨斗が慶弔のシンボルとなったのは中世以降で、贈り物には必ず付ける習慣があった。今では、多くは色紙に折ったなかに貼ってある黄色い細い紙が代わりに用いられている。

　熨斗むくや磯菜すずしき嶋かまえ　　　　　水田正秀

長鮑制の図

甲州名産の「煮アワビ」　アワビの漁期は夏から秋にかけてである。料理には種類によって使い分ける。肉が締まって堅いクロアワビ、エゾアワビは水貝に向き、柔らかいマダカアワビ、メカイアワビは塩蒸し、酒蒸し、煮物などにする。アワビを醤油で煮て作った「煮アワビ」は、戦国時代から現代に伝わる甲州の名産品である。かつて駿河湾で捕れたアワビを加工し、醤油漬けにして木の樽に入れ、馬の背に乗せて甲斐に運んだところ、馬の体温と振動によって醤油がアワビにほどよくしみ込んで、甲斐に着く頃にはちょうどよい味に仕上がり、甲州人によろこばれたという。これがもとで甲州人により研究工夫がなされ、現在の「煮アワビ」が生まれた。通称「アワビの煮貝」とも呼ばれている。水貝は、生アワビを塩で擦り、ヒモを外してから腸《わた》を取る。口をＶ字型に切り取って、２㎝角のさいの目に切って、薄い塩水を入れた器に氷片と好みの野菜と一緒に盛った料理である。生姜酢・山葵醤油などで味わう。

　アワビの産卵期は11月頃であるが、産卵に備えてせっせと餌をあさる。そのために８月から11月頃が一年中でいちばん体が太り旨味がます。したがって、この期間の水貝は最高に珍重される。ところが産卵期を過ぎるとやせ細り、肉は薄いものとなり味が落ちてしまう。鮨屋では「アワビの種は夏使うのが本当で、冬物は殻を買うようなものだ」という。また、アワビの腸をウロというが、このウロだけで作った塩辛は「アワビのウロ漬け」と呼ばれ、通人の好むものである。

アンコウ［鮟鱇］

アンコウ

語源　名の由来は、ヒキガエルに似ていることから、ヒキガエルの俗称「アンコウ」「アンゴウ」からこの名があるとする説がある。愚かな魚という意味の「暗愚魚（アングウオ）」からの転訛とする説もある。漢字では「鮟鱇」と書く。アンコウは海底に生息し、静かに寝そべって餌の来るのを待っている「安泰」の魚なので魚偏に安と書くという。アンコウは厳冬が旬であるが、春になると値段が下がるので、「魚偏に安いと書くのは春のこと」という古川柳がある。「鮟鱇武士」という言葉があるが、口が大きいのに働かないで大言壮語する武士のことをいう。また肥満型の力士を「アンコ型」というのは姿が鮟鱇に似ているからである。英語で［frog fish（蛙の魚）、sea toad（海のヒキガエル）］といい、中国名でも「蛙魚」という。また、動きが鈍く、英語で［angler-fish（釣人魚）］ともいい、座りながらにして餌を釣りあげる妙手をもっている。口に近い背鰭の棘がアンテナ状に伸び、これが釣り竿の役目をしている。

『本朝食鑑』には、「江東に多く、就中駿州・豆州・相州・総州に最も多い。冬の初めから春の末に至るまで獲れるが、夏秋は姿を見せない」とある。アンコウ目アンコウ科の海産魚。 アンコウ、キアンコウなどがある。アンコウは全長約1.5m。

変わり種の「チョウチンアンコウ」 アンコウの仲間で、暗い深海に棲むかわりだねのチョウチンアンコウは、アンコウ目チョウチンアンコウ亜目に属する海産魚の総称。ビワアンコウ、チョウチョウアンコウ、ミツクリエナガチョウチョウアンコウなどがある。

目は極めて小さく、背鰭の第一棘《きょく》は長く伸び、その先端が膨らんで、この部分に発光器があることからチョウチンアンコウの名がつけられた。暗黒の深海底でこれを揺り動かせて小魚など餌動物を誘因して補食する。雌の全長はビワアンコウは120cm、チョウチンアンコウ60cmと大きいものがあるが、その他の種類のものはほとんどが5～10cm程度のものである。

一般に雄は雌に比べてきわめて小さい、全長が雌の3分の1から20分の1である。ビワアンコウ、ミツクリエナガチョウチョウアンコウなどの雄は頭部の前端で雌の腹部、尾部、頭部などの表面に癒着して、血管もつながり全く夫婦一体となって一生を過ごす。

「鮟鱇の待食い」 働きもせずに儲けることの喩《たと》えに「鮟鱇の待食い」ということわざがある。アンコウは体がブヨブヨして軟らかくて平たく、しかも頭が大きいので、自分の力であまり泳ぐことができない。そのため、普段は海の底にじんわりと座り込んでいる。

しかし、胸鰭や腹鰭の形が変わり、ちょうど人間の手足のような形になっているので、海の底を這い回ることはできる。そこで、どうやって餌を捕るのかというと、砂に穴をあけて体をすっぽりと埋め、体の色もまわりの砂と同じような色に変える。そして、アンコウの背鰭のいちばん前が餌の付いた釣り糸のように変形していて、それで小魚をおびき寄せて大きな口でパクリと食べるのである。

英語では、anguler（釣り師）と呼ばれている。両顎には、大小の鋭い歯が内側に斃れるように並び、獲物はいったん口に入ったら最後、外へは出られぬようになっている。その貪欲さは驚異的で、腹一杯に餌を飲み込む。

伝統漁法の「アンコウ網」　有明海には江戸時代からある敷網の一種で「アンコウ網」というのがある。これは、その名の示すごとくあたかもアンコウが口を開いて小魚の遊来を待つように、潮流に乗って移動する小魚類を漁獲する漁具である。

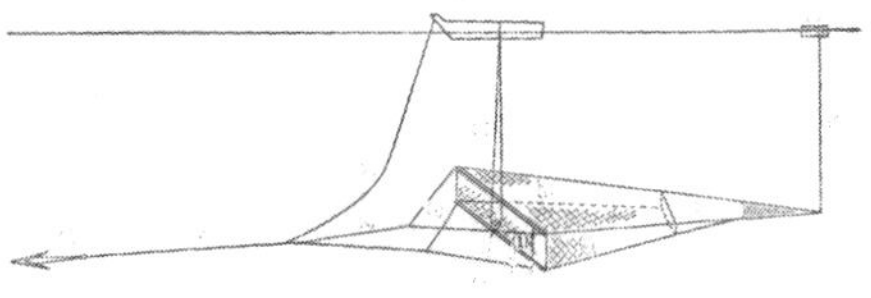

アンコウ網の操業図

アンコウ網には、エビ類を目的にするエビアンコウ網と魚類を目的とする荒目アンコウ網の２種類がある。エビアンコウ網の方が目合の細かい網地を使用するが、網全体の大きさは大体同じである。アンコウ網は、潮流に向けて敷設するため相当の抵抗を受けるので、樫木製の全長７ｍ位の独特の大錨を使用するのが特徴である。

漁船は通常５ｔ程度のものを使用し、乗組員は３～４人である。この漁業は、特に漁期はなく周年操業できるが、時期的に漁獲物は変わる。主なる漁獲物はエビ、シラス、イカ、タイ、タチウオ、グチ、イカナゴなどである。

鮟鱇の知恵にもおとる渡世かな　　　大原其成

アンコウの七つ道具　アンコウは身に弾力があり粘りが強いので「吊し切り」にする。

『本朝食鑑』には、「その状、平団にして盤の如し。肉厚く、肚大にして、背黒く、腹白し。およそ鮟鱇を割く法、庖人これを泌してみだりに伝授せず、呼んで吊し切りといふ」とある。まず、粗塩と束子でヌメリを取り、下顎に鉤を通して吊し、魚体を安定させるために口から水を流し込む。この方法で解体すると、大切な内臓を傷つけずに取り出せ、最後に残るのは大きな口だけとなる。

江戸川柳に「あんこうは唇ばかり残すなり」というのがある。

肝臓（トモ)、鰭、卵巣（ヌノ)、柳肉（身肉・頬肉)、胃（水袋)、鰓、皮のいわゆる「アンコウの七つ道具」に分けられる。食べ方は、鮟鱇鍋が代表的であるが、肝を使ったあん肝、皮を使った和え物などがある。アンコウの頭と骨を軒先に下げて魔除けにするところもある。

アンコウの吊し切り

鮟鱇の口ばかりなり流しもと　　高浜虚子

漁師料理の「どぶ汁」　アンコウの料理は、鮟鱇鍋が代表的であって、味噌仕立て、醤油仕立てがある。

前者の味噌仕立ては、茨城地方の食べ方で、肝は崩して鍋の味噌仕立ての汁に混ぜあわせる。コクがある鍋で水戸黄門が名づけ親ともいい「どぶ汁」とも呼ばれる。まだアンコウが食材として一般的に知られていないころ、茨城県の平潟の漁師たちが船上で食べたあんこう鍋が始まりという。水は使わずに、大根などの野菜や味噌と鍋を持ち込むだけで作れることが船上での調理に好都合で、何より栄養価が高かったため貴重であったという。

後者の醤油仕立ては、醤油、味醂、酒などの割り下に肝を茹でて鍋の具とする。いずれもアンコウの七つ道具と豆腐や野菜などを煮ながら食べる鍋料理である。

『料理物語』には、「皮をはぎおろし切りて、皮をも身をも煮湯へ入れ、しじみたる時あげ、水にて冷やし、そののち酒をかけ置く。味噌

鮟鱇鍋（平潟）

汁煮立ち候時、魚を入れ、どぶをさし、塩加減吸ひ合はせ、出だし候なり。また、すましの時は、だしばかりにかけも少し落し候。この時は、上置き作り次第入る」とある。

『本朝食鑑』には、「近世上饌に供するが、冬月初めて獲れたものを貢献する。公庖でもまたこの味を賞しているので、価《ね》も貴《たか》い。春になれば価は賤《やす》くなり、衆人にも賞味出来るものとなるのである」とある。

アンコウは銚子から常磐にかけて生息するものが美味で「岐阜の鮎、水戸の鮟鱇、明石の鯛」といって、水戸藩では冬になると将軍家に献上していた。しかし、「鮟鱇は梅が咲くまで」といわれ、厳冬が旬で春になると値が下がる。

鮟鱇鍋河豚の苦説もなかりけり　　正岡子規
鮟鱇の肝うかみ出し鮟鱇鍋　　高浜虚子

イカ［烏賊］

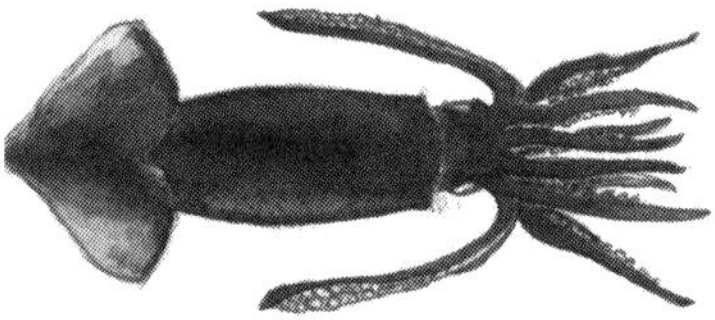
イカ

語源　名の由来は、その形状が「厳（イカ）つい」、「厳（イカ）めしい」から転訛したとの説がある。

漢字では「烏賊」と書くが、烏賊の字は、中国の古書『南越志』によれば「イカは烏を好むことから、水面に浮かび烏を腕で捕まえ、水中で食べることから、烏賊（うぞく）と書くようになった」という。

『和名抄』には、「烏賊は魚扁をつけて鰞鰂と書く」とある。

『本草綱目』には、「九月になつて寒鳥が水に入り、化してこの魚になる。黒い文様が法則的なので烏鰂という。鰂とは則のことである」とある。

『本朝食鑑』には、「江海のいたるところ、季節を問わず獲れる。春二・三月から秋七・八月にかけて最も多く獲れる。冬月でも獲れる。体形は小嚢のようで、口は腹の下方、足の上方にあり、眼は口の上方、八足は口の旁に聚り繞《めぐ》つている」とある。

英語では［squid and cuttlefish, inkfish］という。

イカとは、頭足綱のコウイカ目、ツツイカ目に属する軟体動物の総称で、主なものはスルメイカ、コウイカ、アオリイカ、モンゴウイカ、ヤリイカ、ケンサキイカ、ホタルイカがある。スルメイカは外套長約30㎝。また、深海に生息する大型イカではダイオウイカ（ツツガイカ目）がある。

「イカ墨」は替え玉の役目　イカは直腸の近くに墨ぶくろの開口があり、墨は漏斗を通じて自由に外海に吐くことができる。タコの吐き出した墨はモウモウとした黒い煙となり、それに紛れ身を隠す煙幕の役目があるのに比べて、イカの墨は吐き出した墨は自分と同じくらいの塊になって、しばらくは散らない。このためにイカ墨が自分の替え玉となって敵の目を欺く役目をする。コウイカの英名［sepia］は、絵の具の色名にもなっていて、「インクの魚」と呼ばれることもある。

イカサマという言葉があるがその語源は、『甲子夜話』によれば、「イカの墨で証文を書いても１年経つと消えてしまうので『イカサマ』という」とある。

イカ墨の料理には、「黒作り」（墨入りの塩辛）やパスタのソースに使ったイカスミスパゲッティなどが知られる。

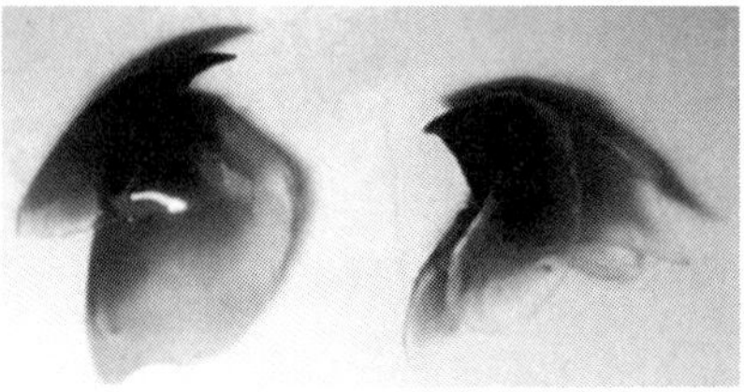

カラストンビ

「カラストンビ」は歯の代わり　イカ類は左右相称で一般に外套膜に包まれた胴と頭、腕がひと続きからなった部分からなる。イカやタコの漫画などではち巻きを巻いている部分は、頭ではなくて実は外套膜に包まれた胴で内臓が入っている。頭は腕の付け根の部分にあり、そこには目も口もある。

口には俗に「カラストンビ」という鋭く尖ったキチン質の顎板があり、これで餌をかみちぎる。口腔底には軟体動物特有の咀嚼器官である歯舌を備え、これで餌を擂り付けて食べる。腕（俗に足という）は、背側から腹側にかけて８本（４対）のほぼ同大同形のものが口を囲んで環状に配列し、さらに第３腕と第４腕の間から特別の伸縮自在の蝕腕が２本（１対）出るのが普通であるが、例外的にこれを欠くものもある。

種類で違う「イカの鰭」　イカの胴部の後方の両側に通称「イカの耳」と呼ばれる鰭があり、種類によってその形が異なり見分けるのに便利である。

① 三角形の鰭　　スルメイカ、ホタルイカ
② 細長い三角形の鰭　　ヤリイカ、ケンサキイカ
③ 円形の鰭　　ミミイカ
④ 楕円の鰭　　アオリイカ
⑤ 幅が狭く胴の左右を縁どっている鰭　　コウイカ

特異の「イカの交接」　全てのイカ類は雌雄異体で、有性生殖を行う。腕は10本であるが、雄の左の第４腕は交接腕で特殊な働きを持ち、先端は太くて吸盤は退化している。交尾に際して雄は精莢と呼ばれる精子の入った袋を交接腕を用いて雌に渡し、雌は精莢から発射された精子を蓄え、産卵時に卵を受精させる。生殖期は４～６月が多

い。沿岸性のコウイカ類やヤリイカ類などでは厚い寒天質にくるまれた卵を海底に産み付けるが、沖合性の種類は浮遊卵である。幼期は海流により漂流し分布域を拡大するが、ある大きさになると群生を示す。

古典落語の「テレスコ」 古典落語の「テレスコ」は、大要は次のようなものである。

浜に揚がった珍魚に困った漁師たちはその魚を奉行所に持ち込んだ。困り果てた代官は魚の名前を知っている者には褒美を取らすことにした。すると、ある男が名乗り出て、その魚の名は「テレスコ」だといって褒美をもらった。この男は次にその魚を開いたものを「ステレンキョ」といったため、代官は怒り、「このいつわりもの」と打ち首を宣告した。男は「死ぬ前に一目妻子に会わせて欲しい」と最後の望みをし、対面した妻へ一言「いいか、これからはイカを干したものを決してスルメというな」と遺言した。これを聞いた奉行は、膝をぽんと叩いて男を即座に無罪放免としたという。

ホタルイカの「発光器」 ホタルイカは、日本海全域と太平洋の一部に分布し、普通は深海に生息するが、晩春から初夏にかけて産卵のため沿岸に来遊する。その時期が旬である。

富山県滑川のホタルイカを最初に発見したのは、明治 38 年（1905）5 月 28 日、渡瀬庄三郎氏であって、学名にも渡瀬の名がついている。この日は、たまたま日本海海戦で日本が勝利した当日であるという（『河岸の魚』）。

ホタルイカは全身に粒条の発光器があって発光して美しい、とくに 4 番目の腕の先にある大きな発光器は、敵に襲われたり、網にかかったりすると強く光る。また、胴体の表面には小さな発光器が約 1000 個もあり、それらは自分の影を消して、外敵から身を守る目的で発光すると考えられている。

漁はこの来遊群を狙って定置網で行う。網の中で青く光るのが美しく、その光景を観るための観光船も出ている。富山湾（魚津市）の群遊海面は天然記念物に指定されている。

伝統漁法の「イカ巣曳漁」 イカの仲間でも背中に甲羅を持っている種類は、コウイカと名づけられた。墨の多いことから「スミイカ」ともいう。桜の頃に沿岸近くに産卵に寄ってきたコウイカを「花烏賊（ハナイカ）」あるいは「桜烏賊（サクライカ）」ともいう。生殖の場で他の雄に出会うと、白い肌によく目立つ暗紫色の線が浮かび上がり、縞模様が現れる。産卵孵化後２～３時間後には約８㎜の幼生となる。漁法に「イカ巣」という小枝を束ねたものを海底に沈め、それに産卵しようと近づくコウイカをイカ巣ごと曳網で捕り揚げる巣曳網漁がある。

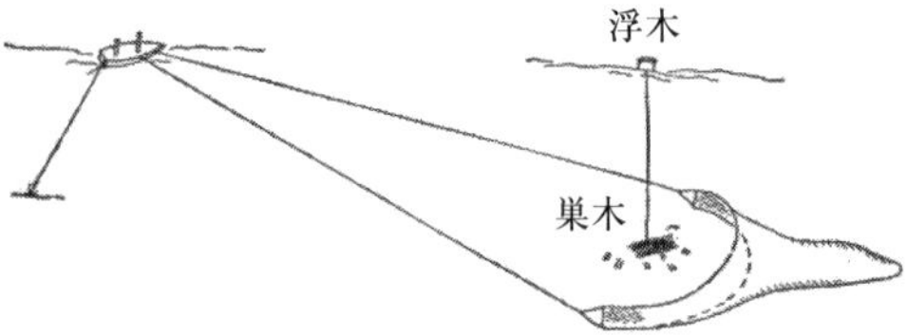

「イカ巣曳漁」の操業図

洗ひたる花烏賊墨をすこし吐き　　　　高浜虚子

万病に効ある「烏賊料理」 イカは、タウリンを多量に含有し、コレステロールの合成や分解を調節するほか、中性脂肪を減らし、血圧を正常に保ち､インシュリンの分泌を促して糖尿病を予防するなど、様々の健康効果があるといわれている。

『魚鑑』には、「下腹痛、下剤、眼病、婦人血の道、小児の夜尿症、耳だれ、火傷に薬利がある。するめはふぐにあたりたるに、煎じ用ひ、また焼きて食わせてもよい」とある。

また、ホタルイカの雄は雌に比べて極端に少なく1000分の１ともいわれている。このために古くから「蛍烏賊は、生きたまま鵜呑みにすると性欲の即効薬になる」といわれていた。

料理としては、肉の薄いスルメイカやヤリイカは、刺身（イカそうめん)、煮物、焼き物、和え物、天ぷらのほか中華料理、また、肉の厚いコウイカやアオリイカは刺身、鮨種、天ぷら、焼き物などにする。

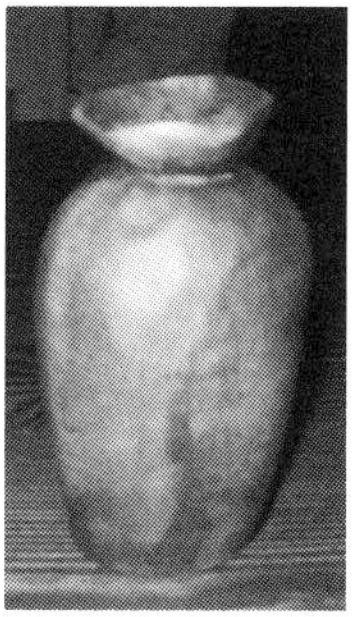

イカ徳利

イカの加工品としては、鯣、塩辛、イカ徳利、サキイカ、燻製などがある。イカ徳利は、イカの胴を徳利状に成型乾燥させたもので日本の伝統的な製品である。燗をした日本酒を入れて十数分おくとイカの風味のある酒が味わえる。数回利用したら焙って酒の肴として楽しめる。イカの塩辛は、皮付きのままの「赤づくり」、皮をむいて塩と麹につけた「白造り」がある。

烏賊売の声まぎらわし杜宇　　　　松尾芭蕉

イカナゴ［玉筋魚、鮊子］

語源　名の由来は「いかなるさかな」から転訛して、「如何（いか）魚（な）子（ご）」になったとの説がある。

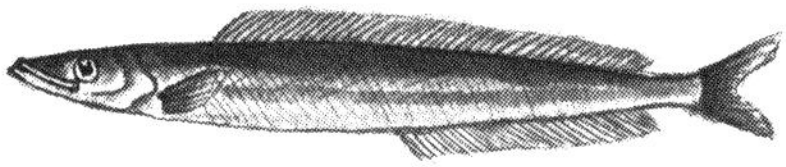

イカナゴ

『和漢三才図会』には、「背が青く、形がかますに似ている」と説明され、「玉筋魚」と書いて俗に「似加奈古」あるいは「加末須古」（かますこ）と呼んでいる、とある。

『魚鑑』には、「かますに似て小さく脂多し。三・四月の頃、これあり。このものにて、いかなご醤油をつくる」とある。

漢字では、「玉筋魚」「鮊子」と書く。英語では［sand eel］という。地方によって小型のものをコウナゴ（小女子）、大型のものをオオナゴという。そのほかメロオド（仙台）、カナギ（山口県）、カマスゴ（兵庫県）、ウラカナギ（唐津）などという。スズキ目イカナゴ科の海産魚。全長約20㎝。

イカナゴは「夏眠する魚」　イカナゴは、北海道から九州沖の沿岸に分布する。昼は遊泳生活をするが、夜は沿岸の砂底で海底生活をする。敵に襲われたり、体を休めるときには、砂の中にすっぽりと入り込むか、頭だけ出して身を隠す。夏の高水温期には砂中に潜って冬眠ならぬ夏眠をする。水温が下がる秋になると起き出して活動を開始する。

過去に行われた調査によると、６月に水温が19℃に上昇すると、砂中に潜って夏眠し、10月中旬になって、水温が17℃か18℃に下がると、浮上して索餌するという。

前述の『和漢三才図会』には、「讃州屋島および下関でこれを捕るが、翌日になると不意にいなくなっており、亦一異なり」とあり、イカナゴが夏眠するその生態が記述されている。

産卵期は、分布域の南部では12月上旬から２月、北海道では３月から５月である。産卵場は砂泥底で、卵は粘着性があり、砂泥に付着する。孵化後約１年で全長８～13㎝に達し成熟する。

バッチの形の「バッチ網漁」　イカナゴは、「バッチ網（船曳網）」「棒受網」「込瀬網」「こぎ刺網」「掬い網」などで獲る。

「バッチ網」は網の構造が大人がズボンの下にはくバッチ（股引）に似ているのでこの名がある。この漁業は伊勢湾、瀬戸内海、遠州灘などで行われており、イカナゴのほかカタクチイワシ、シラスなどを漁獲する。

バッチ網漁は、ふつう網船２隻、漁場を探索する魚探船２隻、運搬船１隻で構成されている。操業にあたっては、魚探船での探索で漁場が決まれば、網船２隻で１統の漁具を積載して漁場で網を投入する。

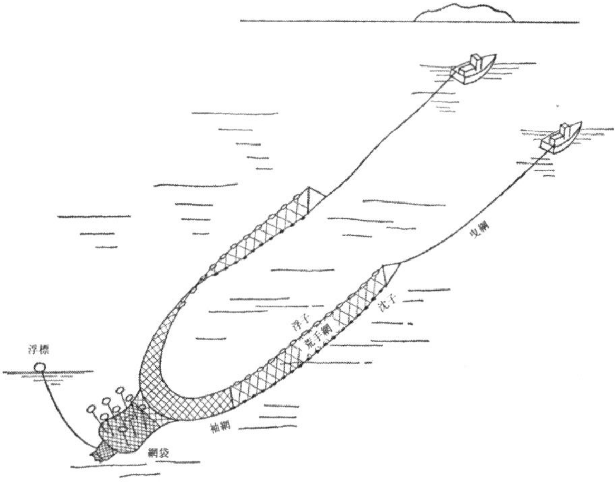

バッチ網見取図

続いて漁具を約１時間ほど曳網した後に両船は揚網して、運搬船とともにたも網で袋網から漁獲物を水揚げする。漁期はイカナゴは３月中旬から５月下旬、カタクチイワシは７月上旬から５月下旬である。

伝統の「イカナゴ餌床《えどこ》漁」　鳴門海峡付近では「イカナゴ餌床漁」という伝統漁法が行われていた。早春、沖で鷗《かもめ》が乱舞している下にイカナゴの大群がいると見当をつけ、小船で出かけて掬いとるものである。漁具はその名の示す通り網口が丸型の大型たま網である。

イカナゴ餌床漁の操業図

したがって、漁具の構造及び操業方法はきわめて原始的で簡単軽易なものであり、たま網自体は何ら特徴はないが、とくに鳴門地方では、

「鵜竿」と称する６～９ｍの竹竿を併用し、魚類あるいは鳥類に追われて集まったイカナゴをさらに密集させて、掬いやすくすること、また、鳴門海峡の急潮の中で容易に操作しやすいように著しく細長い船（この地方では「かんこ」と呼んでいる）を使用しているのが特徴である。

春の風物詩「イカナゴの釘煮」　イカナゴは、晩秋から冬にかけて生まれた３～４か月の稚魚を新子という。瀬戸内海では２月から５月頃までの体長が３㎝前後が最も美味である。この頃に獲れた鮮度のよい新子を明石や神戸では「釘煮」という佃煮にする習慣があり、春の風物詩となっている。釘煮は、水揚げされたイカナゴを平釜で醤油やみりん、砂糖、おろし生姜などで水分がなくなるまで煮込む。炊き上がったイカナゴは茶色く曲がっており、その姿が錆びた釘に見えることから「釘煮」と呼ばれるようになった。

イカナゴの釘煮

イカナゴの料理は、釘煮のほか、酢の物、釜揚げ、唐揚げ、付け焼き、天ぷらなどにする。香川県の江戸時代以来の特産である「イカナゴ醤油」は、イカナゴを３か月以上塩蔵してつくられる。鍋物などに利用される。

いかなごにまづ箸おろし母恋し　　　高浜虚子

イサキ［伊佐幾］

語源　名の由来は、外洋の岬付近、沖合の小島などの潮の速い荒波の礁に生息するので魚岬（いさき）になったとの説や磯（いそ）と魚（き）、あるいは幼魚に縞があり班（いそ）魚

イサキ

（き）からの転訛したという説などがある。

漢字で「伊佐幾」と書く。英語では［chicken grunt ］という。

『本朝食鑑』には、「伊佐幾は夏もっとも多し」とある。別名でイサギといい、地方名ではイッサキ（九州)、オクセイゴ（東北）など多くの呼び方がある。

スズキ目イサキ科の海産魚。全長約40㎝。

イサキの異名は「鍛冶屋殺し」　昔からイサキの骨は硬くて鋭いことから、誤って飲み込んでしまうと、喉に刺さって抜けにくいといわれている。和歌山県の白崎付近では、骨が喉に刺さって死んだ鍛冶屋がいたという言い伝えから「カジヤゴロシ（鍛冶屋殺し)」の異名がある。

『魚鑑』には、「この骨咽に立つ時は抜けがたし」とある。九州では「イサキは北を向いて食べろ」といい、イサキの骨や棘が喉に刺さって死に、北枕に寝かされる恐れがあるからだといわれている。

イサキは夜のほうが釣れる　イサキは、本州中部以南から南シナ海に分布する。体は細長い紡錘形で緑みを帯びた褐色で、沿岸の岩礁域に生息する。昼間は磯の近くを群雄するが、夜になると底を離れて浮き上がり、行動が活発になる。

したがって、釣りの棚は、昼間は底めに、夜は浅めになる。かなり夜行性の強い魚で、月夜より闇夜がより活発で、集魚灯により浮上したイサキが日没から夜中までよく釣れる。性質も敏感で、釣りのヒキが強くて食い込みもよく、釣りの棚も時間によってかわりやすいので、釣り人にとっても興味深い魚である。

産卵期は５～８月で、産卵期に群れをなす習性があって大漁が望める。産卵期が旬で美味く、鮮度のよいものは刺身にする。また塩焼き、バター焼きなどにする。

イシダイ ［石鯛］

語源　名の由来は、石をかみ砕くほどの丈夫な歯をもつ魚の意からだという。歯が積み重なり、間隙が石灰質で満たされたくちばしのようになっているのが特徴である。

イシダイ

『本朝食鑑』には、「この魚人の歯に似ている」とある。鋭い歯でウニや貝類のようなものをばりばり食べる。体側に７本の幅の広い黒い横縞があり、シマダイ、シチノジなどとも呼ばれる。この縞は成長すると明瞭でなくなり全体が黒ずんでくる。老成魚は口のまわりが黒くなってくるので、関西ではクログチ、クチグロ、ブラックマスクなどの呼び名がある。

幼魚期には、見慣れないものをつつく習性がある。これを利用して飼育し、芸を仕込むこともできるという。

漢字では「石鯛」と書く。英語では［parrot fish］という。スズキ目イシダイ科の海産魚。全長約40㎝。

イシダイは「縦縞か横縞か」　イシダイは前述したように体側に背部から腹部にかけての７本の縞があるのが特徴である。イシダイが泳いでいるときには縞が上から下に縦に見えるが、これは実際には「横縞（または横帯）」といい縦縞とはいわない。

これは魚にかぎらず生物はすべて、頭を上にした状態で考えることになっている。このためにイシダイ、デンジクダイは横縞で、カゴカキダイは縦縞である。イシダイの縞は、前述したように成長するとはっきりしなくなり全体に黒ずんでくる。また、老成魚では口のまわりが黒くなる。

イシダイは「グーグー鳴く魚」　イシダイは「グーグー啼く魚」として有名である。体内の浮き袋を使って水中でグーグーとかなり高い音を出す。これはお互いに仲間を誘い合う信号音であったり、敵への警戒音であるといわれている。北海道以南の各地に見られるが西日本に多い。産卵期は４～７月である。初夏から流れ藻に数センチの稚魚が見られる。５～10㎝ぐらいになると流れ藻から離れて礁に群れる。好奇心の強い魚で泳いでいると人間をつつくので、俗に「チンポカミ」という。大きくなるにつれて深みに移る。鋭い歯を使ってウニや貝類などの硬い餌をばりばり音を立ててかみ砕くが、この摂餌音によって仲間が餌場に集まってくるという。磯釣りの好対象魚である。旬は夏である。肉が硬いので、刺身、洗いが最高である。

イシダイは「荒磯釣りの花形」　イシダイの磯釣りは引きが強いので「磯の王者」といわれ、あまり釣れないので「幻の魚」ともいわれている。この釣りにいったん病みつきになったら、なかなか止められないという。

イシダイ釣りの歴史は昭和の初期に始まっている。昭和10年代に伊豆半島の南岸の八幡野のイシダイ釣りは有名である。

『釣技百科』には、八幡野の釣りについて「伊豆東海岸に於ける石鯛の釣期は陽春の頃であるが、天城山下の溶岩から五間の頑丈な伸べ竿を出して釣る。竿下は七、八尋から深い所では二十尋位に及ぶ所さへある。ここの石鯛は殆ど垂直に近い磯の駆けあがりに沿って近寄って来るので磯釣の場所としては一寸他にない足場のいい釣場が多い。石鯛は大抵の場合就鉤したら必ず岩礁の下か大岩の間に潜らうとする。其場合鉤素を岩すらせるのが普通で、テグスや人天道具は一耐りも無くすり切れて了ふ。八幡野の石鯛釣は鉤素に二重の銅線を三尺、それに五寸ばかりの渋染木綿糸を付け十八匁の鉛を錘とし、竿は頑丈一天張の四間位のものである。餌はサザエを割つて中の肉を鉤にさす。

そして釣餌の外に貝やウニ等の撒き餌を使へば更に有効」とある。

八幡野で始まったイシダイ釣りは、その後伊豆南端から大物を求めて伊豆七島の島々の荒磯の岩礁地帯がイシダイの好釣場となっている。イシダイは、背鰭に強い棘があり怪我をする恐れがあるので、必ず「たも網」を使用するなどして注意する必要がある。

イセエビ［伊勢海老］

語源　名の由来は、伊勢がイセエビの主産地であるからとする説のほか、磯に多くいることからの「イソエビ」の転訛説がある。また、イセエビが太く長い触角や形姿が兜に似て「威勢がいい」ので、武士に好まれ語呂合わせから定着したともいわれている。

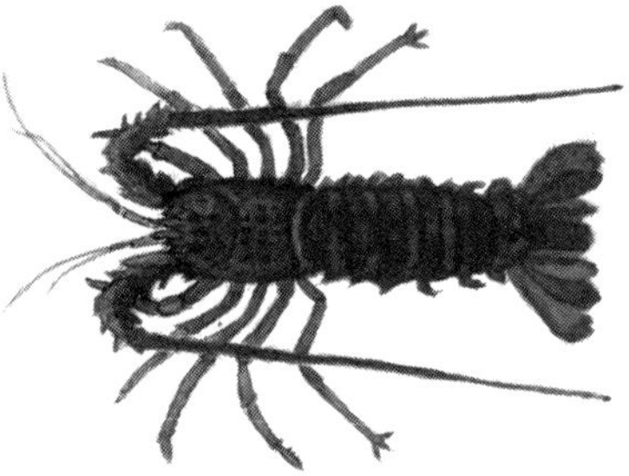

イセエビ

漢字では「伊勢海老」と書く。英語では［spiny lobster］という。

『大和本草』には、「此の海老、伊勢より多く来る故、伊勢海老と号す」とある。

また、『日本山海名産図会』には、「俗称伊勢鰕と云。是伊勢より京都へ送る。故に云ふなり。又鎌倉より江戸へ送る故に江戸にては鎌倉鰕と云。又志摩より尾張へ送る故に、尾張にては志摩鰕と云。又伊勢鰕の中に五色なる物有。甚だ奇品なり。髭白く背は碧重（あおくかさね）のところの幅輪、緑色その他黄赤黒相雑（まじる）」とある。

また、『和漢三才図会』には、「指は毛のようで尾の端は花びらのようであり、これを海老と称し祝賀の肴とする」とある。

イセエビ科の甲殻類。体長約35㎝。

長寿を祝う「賀寿饗宴《がじゅきょうえん》の魚」　イセエビは鮮やかな真紅色と立派な姿から、古来慶事に用いられてきた。平安時代には祝儀や酒宴の飾り物である「蓬莱飾《ほうらいかざり》」や「注連飾《しめかざり》」などに用いられた。蓬莱とは古代中国の神仙思想の中で説かれる仙境の一つである。仙境は山東半島のはるか東方の海中であり、不老不死の仙人が住むと伝えられていた。そんな仙境に似せて作らせたものである。

鎌倉時代には、イセエビの形が甲冑に身をかためた勇ましい姿に似ているということで、武士の間で盛んに儀式や祝儀に用いられた。江戸時代には、イセエビの「髭の長くなるまで、腰の曲がるまで」という縁起をかついで「賀寿饗宴の魚」として、長寿を祝う酒席で客をもてなすための肴として用いられた。

『本朝食鑑』には、「我が国では古来から、海老を賀寿饗宴の嘉殽（さかな）と称している。正月元日、門戸に松竹を立て、上に煮紅の海老および柚・柿の類を懸ける。また蓬莱盤の中に煮紅の海老を盛るが、これもやはり祝寿の意味でそうするのである」とある。また、『和漢三才図会』には、「指は毛のようで尾の端は花びらのようであり、これを海老と称して祝賀の際の魚とする」とある。さらに、『魚鑑』には、「延喜主計式（かずえしき）に、伊勢摂津和泉等貢す。古より賀寿又蓬莱盤中門松の飾に用ゆるは、寿を祝し老を慕の義なり」とある。

蓬莱に聞かばや伊勢の初便り　　　松尾芭蕉
伊勢海老の全き髭もめでたけれ　　高木蒼悟

神秘な「ガラスエビ」　イセエビの産卵期は、６～８月である。卵は球形で、直径は0.5～0.6㎜である。抱卵期間は35～50日で、フィロソーマと呼ばれる透明な薄板状の幼生として孵化する。１年近くの浮遊生活の間に脱皮を繰り返し、体長２㎝ほどのプエルルス幼生に変態して底生生活に移る。

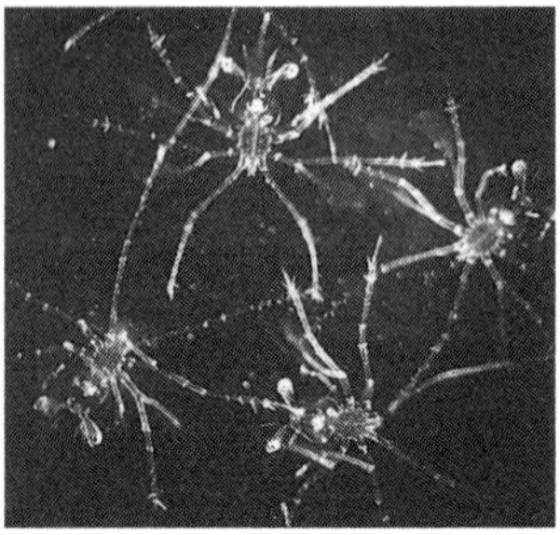

ガラスエビ

この後期、幼生は成体形に近いが、無色透明で、神秘で「ガラスエビ」とも呼ばれる。1回の脱皮で稚エビになるが、生殖可能な頭胸甲長約4㎝になるには孵化後2年かかる。体長35㎝に達する。一様に濃い赤褐色で特別の班紋はない。昼間は岩棚の割れ目に潜り、長い触覚を外に向けている。夜は外に出て、貝類やウニ、そのほか主として動物質を餌にする。

伝統漁法の「タコ脅し漁」　イセエビの漁法は、エビかごや素潜り漁も行われるが、多くはイセエビの習性を利用してエビ網と呼ばれる底刺し網で採捕する。刺し網は闇夜の夕方設置し、翌朝引き揚げて捕獲する。

伝統漁法でイセエビの「タコ脅し漁」というのがある。イセエビの天敵はタコで、岩礁の穴にいるイセエビをタコは脚を突っ込んで、吸盤で引きずり出して食べる。この習性を利用した変わったタコを獲る漁法である。それは長い竿の先にタコを結びつけてイセエビのいる穴に入れ、おびき出して、たも網で獲る潜水漁法である。この場合、マダコは小型の生きたものをそのまま竿の先につけた紐に結びつける。また、たも網はイセエビが入っても逃げないように細長くなっている。長崎県の五島、伊勢志摩などでは今でも行われている。

網捌《さば》く伊勢海老に手を触れしめず　　　右城墓石

豪華な姿造り　イセエビの旬は、活発に餌を食べる10月から11月である。イセエビは、腰が曲がっているところから長寿の象徴とされ、祝いの日の食卓に欠かせない食材である。イセエビは、殻が硬く、裏返してみてピンク色をしているものがよい。身は高タンパク質、低脂肪でカリウムやリンが多く、ビタミンB群、ナイアシンなどが含まれている。イセエビの姿造りは、桜鯛の姿造りと並んで豪華でめでたい日本料理の代表である。また、縦に２つに割って焼いた鬼殻焼き、殻のままぶつ切りにして煮る具足煮、味噌汁などがある。

イセエビの姿造り

イワシ［鰯、鰮］

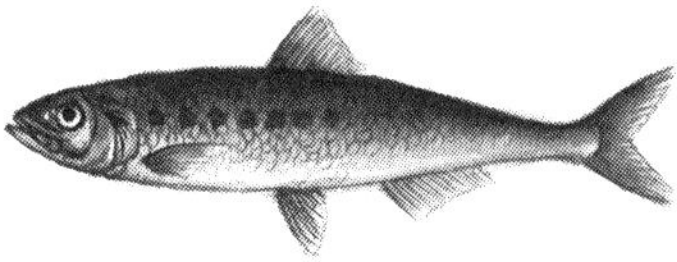
マイワシ

カタクチイワシ

語源　名の由来は、ほかの魚に食べられる弱い魚というところから「ヨワシ」が「イワシ」に転訛したものという説がある。

『魚鑑』には、「イワシ（鰯）はヨワシ（弱）の転ずるにて、この魚至つて脆弱なる故に名づく」とある。

また、イワシは卑しい魚ということから「イヤシ」が「イワシ」に転訛したとする説もある。これは、北海でスプラット(sprat)と呼び、取るに足りない物や人という意味で用いられているのと似ている。また、イワシを卑しいものとした行事で、「宮中では後水尾天皇（1612～29）の頃、正月１日にイワシを白い素焼きの器に入れて同じ形の陶器で蓋をして奉る儀式があった」という。

これは、宮中が著しく衰退してイワシしか食べることができなかったことを偲んだもので、蓋をするのは、卑しい魚なので天皇の目に触れさせないためだといわれている。

『大和本草』には､｢今俗も鰯の字を用ゆ｣とある。『魚鑑』には､｢市民常食の佐《たすけ》となること少なからず」とある。

イワシは、ニシン目ニシン科に属するイワシ類の総称。一般にはマイワシ（全長約25㎝)、ウルメイワシ（全長約30㎝)、カタクチイワシ（全長約18㎝）をいう。マイワシの「マ」は、イワシ類の代表格という意である。また、ウルメイワシは、目のふちが潤んでいるように見えることから、カタクチイワシは、下顎が上顎より極端に短いため、片口に見えることから名が付けられたという。

英語では［sardine］という。

大きさで変わる呼び名　マイワシは大きさによって、大羽イワシ（20㎝以上)､ニタリイワシ（18～20㎝)､中羽イワシ（15～18㎝)､小中羽イワシ（12～15㎝)、小羽イワシ（８～12㎝)、タックリ・ヒラゴ（５～８㎝)、カエリ（3.5～５㎝)、シラス･マシラス（3.5㎝以下）と呼ばれている。

マイワシは、初冬から晩春にかけて主に本州、四国、九州の沿岸域で産卵する。南から北に黒潮の流れに乗って北上し、産卵期は、太平洋側の日向灘、土佐湾では11月から4月にかけ、東海地方から房総半島沖合では3月から6月にかけてである。卵は、球形の分離浮性卵で、卵径は1.6～1.7㎜で、おおよそ1.5～3.5日で孵化し、３～４㎜の仔魚となる。35㎜くらいまでに成長した仔魚は、シラスまたはマシラスと呼ばれ、体には黒い色素がほとんどなく半透明である。この時期のものはシラス干しの原料として利用されている。さらに成長して４～６㎝になると、黒い色素と鱗が体の側面を覆うようになり、カエリまたはヒラゴと呼ばれ、煮干しの原料にされる。さらに成長して成魚になると、習慣的に小羽イワシ、中羽イワシ、大羽イワシと呼んで区別している。

「鰯雲」は豊漁の兆し　秋空に小さな白雲がさざ波状に集まって

いる巻積雲で巻雲の一種がある。イワシが群れているように見えるので「鰯雲」「鱗雲」という。また、鯖の背にある斑紋のように点々と並んでいるので鯖雲ともいう。この雲は前線付近に発生するので、降雨の前兆ともいわれる。また鰯雲が発生するとイワシの大漁が期待されるという。

『俳諧歳時記栞草』には、「秋天、鰯まづ寄らんとする時、一片の白雲あり、その雲段々として、波のごとし。これを鰯雲といふ」とある。

『本朝食鑑』には、「鰯の性質は相連なつて群行し澳《おき》より磯に向かつてくるが、その時は波が血の色のように赤くなる。この現象は、鰯の鼻が赤くて光るからであるという。漁人はこの鰯の群れの到来を予め識り、網を下しておいて獲る。ある人は、『鯨の来る時には大鰯が多く来るが、鰹の至る時は小鰯が多く至る』という。これは鰯が鯨・鰹の好い餌であつて、大洋より鯨鰹に逐われて磯近く到来したものであろうか」とある。

漁法は流し網、まき網、定置網など多様化しているが、古くは地引網や船で引く鰯網が主であった。秋から冬にかけて岸近くに押し寄せたイワシに、地引網で浜辺に大勢の人が集まった。また、江戸時代には岸に引き上げる地曳のほかに、網を舟に引き上げる「鰯網」という網をつかって船でイワシを獲っていた。

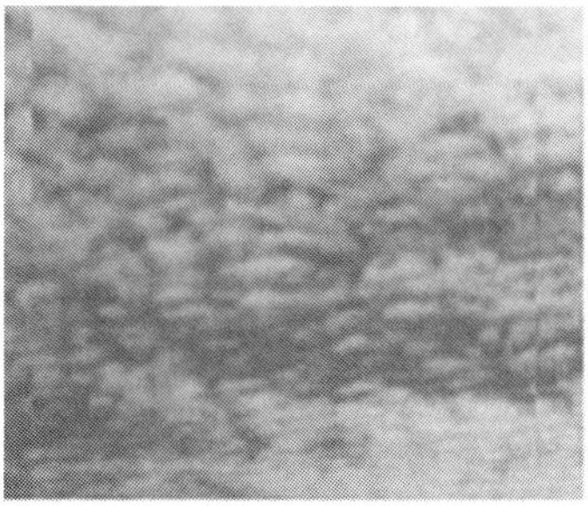

鰯　雲

鰯雲日和いよいよ定まりむ　　高浜虚子

夕焼や鰯の網に人だかり　　正岡子規

橋立湾の「金樽イワシ」　金樽イワシは京都府の橋立湾で獲れるマイワシで、天下の逸品といわれるほど美味である。金樽イワシの名前の由来は大要次のようなものである。

「丹後の殿様が藤原保昌であった頃である。ある夏に、保昌は家来を連れて天橋立に舟で遊んだが、そのおり大切にしていた金の樽を誤って海中に落としてしまった。ただちに浜の漁師に命じて、海底に網を曳かせて金の樽を探したがみつからない。しかし、不思議なことに、金の樽の代わりに、よく肥えたマイワシがどっさり獲れた。殿様は不機嫌であったが、家来のうち頭のよいのがいて『この鰯の肥えていること、とても普通の鰯とも思えません。金の樽がこの鰯に代わったのだと思います』といったために、殿様の不興が治まった」という。

それ以来橋立湾のイワシは、とくに『金樽イワシ』と呼ばれ人の注意をひき有名になった」

「江戸前イワシ」は絶品　東京湾のイワシはマイワシ、ウルメイワシ、カタクチイワシの３種類であるが、マイワシがほとんどである。マイワシは生まれてから死ぬまで、ほとんどがプランクトンを餌として食べている。

マイワシは秋から春にかけての産卵に向けて、日本列島沿いを南へ下りながら卵巣の卵を成熟させて、南日本から卵を産みはじめる。生まれた仔魚は黒潮の流れに乗って南から北へと運ばれながら、餌の豊富な海域を探し求めて回遊する。この群れの一部が東京湾の豊富なプランクトンを求めて入ってくる。

マイワシの群遊

マイワシは、外洋から東京湾内に入ってきたばかりのものと、10日も湾内で生息して湾内の豊富なプランクトンを摂取したものでは肉質が違って格段に味が違う。市場の魚屋が見ると、これらの両方のマイワシの違いはすぐわかり、江戸前のイワシとして全く違った高い値段がつけられる。

江戸前のイワシは、湾内の豊富なプランクトンを餌としており味がよく、それは天橋立近くの海で獲れる金樽イワシにも匹敵する逸品であるといわれている。

「鰯の頭も信心から」「鰯の頭も信心から」のことわざがある。節分にはイワシの頭を柊《ひいらぎ》の木の枝にさし、家の軒、戸口などにかざして邪気を払い、無病息災を祈る風習がある。柊は棘のある葉が邪鬼を刺すので、その進入を防ぎ、イワシの頭は邪鬼がその臭気を厭うところから、追い払うのに役立つのだという。

その由来は、平安朝の頃に鬼門（東北）の方角から「嗅鼻《かぐはな》」という鬼が都に侵入し、人間の素行を嗅ぎまわって、閻魔に讒訴《ざんそ》し、災難を持ってくるとの噂がひろまった。そこで人々は知恵をしぼって、閻魔の嫌う棘のある木と、鬼の嫌う魚の臭気で閻魔を撃退しようと考え、イワシの頭を柊の木にさして門戸に立てるようになったのが始まりだという。

日の光今朝や鰯のかしらより　　　　与謝蕪村
あやめ生ひけり軒の鰯のされこうべ　　松尾芭蕉

「紫式部」はイワシが大好物『三省録』には、『源氏物語』の作者紫式部は、実はイワシが大好物であったという逸話について次のように記述している。

「平安時代においては、上流社会の人々はイワシを卑しい食べ物として軽蔑していた。イワシ好きの紫式部はおおっぴらにイワシを食べることができなかった。夫の藤原宣孝《ふじわらののぶたか》が外出したのを幸いに、大好物のイワシを焼いて食べていた。するとその場に夫の宣孝が帰り、これを見て『かように卑しき魚を……』と絶句した。すると即座に才女の紫式部は次の返歌を作って返した。『日の本に　はやらせたまふ　石清水《いわしみず》　まいらぬ人は　あらじとぞおもふ』。これは、石清水八幡宮に“いわし”という言葉をかけて、『八幡宮に誰もがお参りするように、鰯を食べない人はいない』と歌ったのである。夫の宣孝はすっかり妻の才能と機転のよさに感服して、それ以後は夫婦そろって鰯を食べるようになった」。

鰯は七度洗えば鯛の味　イワシは人間の活動に必要な各種ビタミン（A、B、D、E）やカルシウムなどのミネラルを豊富に含んでいる。また近年、ＥＰＡ（エイコサペンタエン酸）やＤＨＡ（ドコサペンタエン酸）が血中のコレステロールを低下させ、心筋梗塞、脳梗塞などの成人病を予防することで注目を浴びている。

『本朝食鑑』には、「陽を盛んにし陰を滋い気血を潤し筋肉を強め臓腑を補い経路を通じ老を養い弱を育て人を肥健せしめる」と述べている。

イワシは脂の乗った旬が美味だといわれている。イワシの場合は脂の乗った時期が結構長いので、おのずと楽しめる期間も長くなる。

昔から「鰯は七度洗えば鯛の味」というが、よく洗って脂気を落とすことによって味がよくなる。さらに『本朝食鑑』には、「鰯の鮮やかなるもの、膾《なます》となしたり、炙《いりもの》にしたりする。醃《しおづけ》は炙つて食う。またどちらも好い醋を醤に加えて煮て食べるのも佳い。その味は頭にあつて、ことわざに『鰯の頭雁の味』というのがそれである。あるいは甘塩にしたものや、糠漬けにしたものや、塩麹漬けにしたものがあり、塩麹漬けは黒漬けという」とある。

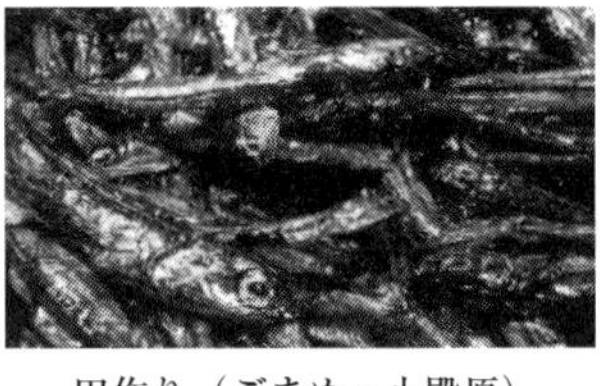
田作り（ごまめ・小殿原）

イワシの料理の定番は、塩焼き、煮付け、刺身、なます、揚げ物、つみれ汁である。イワシの代表的な干物の一つに目刺《めざし》がある。目刺はマイワシ、カタクチイワシの目を藁や竹串などで通して数尾を一緒にして乾燥したものである。古くから庶民の手軽な食べ物として安価だが、腹に独特の苦みがあり味わいぶかい。

鰯焼く片山畠や薄かすみ　　小林一茶

失せてゆく目刺のにがみ酒ふくむ　　高浜虚子

「田作り」は正月の縁起物　「田作り」は、カタクチイワシ（ヒシコ）の幼魚を洗って、天日乾燥して作ったものである。田作りのいわれは、昔はイワシを田の肥料としたことから、豊作を祈念して「五万米《ごまめ》」または「伍真米《ごまめ》」ともいった。田作りを炒って、砂糖、醤油、味醂などで味付けして煮つめて作ったものを「ごまめ」といい、姿は小さいがお頭つきで縁起がよいとして、武士の間で「小殿原」または「小殿腹」（若殿たちという意味の女房語）と呼んだという。小さくても一人前に形態が整っている喩《たと》えとして「ゴマメでも尾頭付き」「ゴマメも魚《とと》のうち」という言葉がある。ごまめは、古くから正月料理として欠かせない縁起物とされた。

『本朝食鑑』には、「乾かすものを号して鱓《ぜん》といひ、伍真米《ごまめ》と訓ず。稲梁を種うる者、乾鯷（ヒシコ）を灰に和してこれに培ふ。ゆゑに稲梁豊盈、米甘実なり。よりて乾鯷を号して、田作といふ。また乾鰯を用ふるもまたあり。今世、歳賀婚儀の供膳、必ず乾鯷・大豆あるいは塩乾の鰯・塩乾の小鯛をもつて、食器に盛りて、規祝の供となす。これもまた、田作の義を取るか。あるいは小殿腹と称して、子孫繁栄の義を祝するなり」とある。

世の中になれぬごまめの形かな　　正岡子規

田作の口で鳴けり猫の恋　　森川許六

ウグイ［鯎、石斑魚］

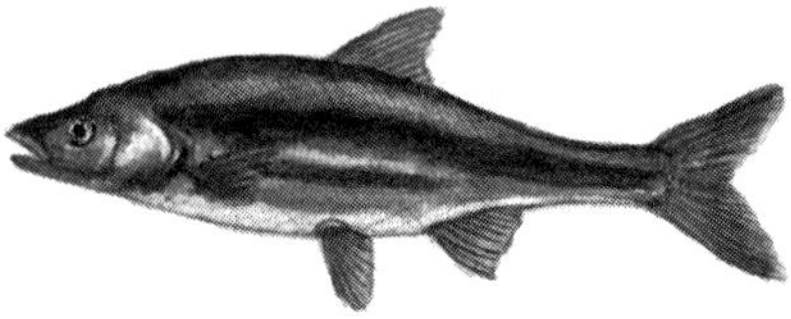
ウグイ

語源　名前の由来は、鳥の鵜（ウ）に食べられる魚からの転訛したという説がある。福島県の只見川では、ウグイが鵜にほとんど食べられるという。

また、水底を離れて泳ぐことから「浮魚」の訛語という説などある。東北、北海道ではアカハラ、中国、四国ではイダ、関東ではハヤなどの地方名称が多い。漢字では「鯎」「石斑魚」と書く。英語では［dace, chub］という。

『わくかせわ』には、「正字いまだ詳らかならず。鯎の字を用ひ来たれる。俗字成りとぞ。この魚処々にあり、まづ江湖に多し。五六寸より、大なるもの七八寸、背黒く腹鰭赤し、信州諏訪の湖水にて赤魚といひ、筥根にて赤腹といふ。そのほか処々にありて、春花咲き散るころ取るものを桜鯎といふなり」とある。

ウグイは春の産卵期になると体は黒ずみ、銀白色の腹部に３列の朱色の線が出現し、日増しに色濃くなる。そして、花の盛りの春に群れをなして川に上りはじめる。この頃のウグイを「花鯎」とか「桜鯎」という。コイ目コイ科の淡水魚。全長約 30㎝。

「田沢湖のウグイ」の歴史　田沢湖には昔はここだけに生息していたといわれるクニマスをはじめ、ニジマス、ウグイ、コイ、フナなどの淡水魚が多く、周辺の住民は、これらの魚を獲って生計をたてていた者も少なくなかったといわれている。

ところが、日中戦争が始まった昭和 12 年に軍部の命令で電力を確保するために、付近に流れている玉川からいったん水を田沢湖に導入し、さらにこれを落下させて発電所を建設した。この玉川の水が問題で、酸度が非常に高く（PH3.8）、いわゆる悪水、毒水といわれ、いきおい湖全体の酸度（PH4.5）もあがり、田沢湖に生息していた魚介類のみならずプランクトンまで一挙に死滅させ、日本一青く澄んで透明度の高い、死の湖になってしまったのである。

昭和41年5月19日
田沢湖にウグイがお嫁入り
酸性水でも繁殖
"死の湖"の観光にひと役
稚魚20万尾、

河北新報（1966.5.19）

その後昭和39年になって、秋田県庁では地元の田沢湖町、西木村（現在の仙北市）からの要望もあって、青森県の酸性の強い宇曽利湖（PH3.5）に生息しているウグイを田沢湖に移植することにした。このために県の補助金で田沢湖町にウグイの卵の孵化池をつくり、宇曽利湖で採取したウグイの卵を孵化させだんだんと田沢湖の水に馴化させながら放流した。筆者は当時の秋田県の水産課長として参画したが、地元の新聞各紙が大々的にとりあげて「田沢湖の幻のウグイ」「恐山からウグイのお嫁入り」「死の湖の観光にひと役」など大いに賑わったものである。その後も田沢湖町と西木村が共同で平成16年まで通算40年の間、孵化放流が続けられた。この結果、現在では田沢湖にも相当量のウグイが生息し、釣りの対象となっている（『さかな随談』）。

「国樔の翁」の伝説　『源平盛衰記』には、大海人皇子とウグイを結びつけた話が記載されているが、これについて『大和伝説』（高田十郎、昭和８年）には、「国樔の翁伝説」（奈良県吉野郡国樔村）として詳細に記述されている。その大要は次の通りである。

むかし、大海人皇子が敵に追われて吉野山を下りて国樔の河辺をさまよっていた。

その時、ひとりの漁翁が川舟に乗って現れ、とっさにその舟を河原に伏せて皇子をおおい、舟底にはぬれ着物を引っ張っておいた。敵はたちまちその後を追って皇子に迫った。翁は追手の大将であるミルメ・カクハナの隙をねらって、一撃にこれを打ち倒した。手下どもは、この勢いに恐れてちりじりバラバラに逃げうせた。

こうして、翁は皇子の危難を救い、付近の和田の岩屋に案内して、粟飯にウグイを添えて差し上げた。すると、皇子はウグイの片側だけ召し上がり、残りの片側を水中に投じて、戦さの勝敗を占われた。魚は勢いよく活きて水中をはねまわり、皇子の先勝を予示した。皇子は大いに喜び、「世にいでば腹赤の魚の片割れも　国樔の翁がふちにすむ月」の歌を詠まれた。天皇の即位後もこれを記念して元日の祝いに地元の人からウグイと粟飯が届けられたという。

奇怪な「集団産卵」　ウグイの産卵期は３～５月で、産卵に先立って雄がまず興奮して雌を追って飛び跳ね、やがて砂礫や小石の産卵床で雌１尾に雄数尾が頭を突っ込むようにして抱卵放精して産卵する。

ウグイの最大の特徴は、このように美しく婚姻色で色づいた魚が集まって行うすさまじい光景の集団産卵である。ウグイの産卵の習性を利用して行う漁法に「瀬付漁法」というのがある。産卵期に河川内に石、礫などにより、産卵床となる瀬を人工的に設け、集まったウグイを投網、釣り、引っかけなどによって採捕する。産卵期のものは、長野、栃木、群馬などでは食用として珍重される。冬場食べると生臭みは少ない。魚田（田楽）、塩焼き、甘露煮、フライなどにする。

また、地方によって、石川のひねずし（塩漬けにしたウグイの慣れ鮨）、徳島のウグイの酢びて（３枚におろして酢味噌で和えたもの）、鳥取のウグイのしゃぶ（ウグイを入れた汁）などがある。

うぐひあり渋鮎ありともてなさる　　　　高浜虚子

ウナギ［鰻］

語源　名の由来は、古名の「むなぎ」が転じてウナギになったという。

ウナギ

『万葉集』には「武奈伎（ムナギ）」として次のように記載されている。大伴家持の歌で「石麻呂に吾もの申す夏痩せに良しという物ぞ武奈伎獲り食せ」というのがある。

『日本釈明』には、「ムとウとは音通ずるが故にウナギといい、その意味棟木（ムナギ）なり。その形丸くして長く、家の棟木に似るなり」とある。

『物類称呼』には、「山城国宇治にてうじまろと云。此魚の称なる物を京にてめゝぞううなぎと云。江戸にてめそと云。上総にてかようと云。常陸にてがよこと云。信濃にてすべらと云。土佐にてはりうなぎと云」とある。

漢字で、「鰻」と書く。「曼」の字は、「細長い」「長くのびる」という意味で、細長い魚であるウナギを表す字に充てられたという。世界に約20種類いるが、日本には北海道以南に生息するニホンウナギ（全長約1m）と、関東以南に生息するオオウナギ（全長約2m）の2種類である。英語では[eel]という。ウナギ目ウナギ科の硬骨魚の総称、またはその一種。

ウナギの「故郷の海」　海で生まれ淡水域で成長し、産卵期にまた故郷の海に戻る魚で、産卵場は深海だが場所は諸説がある。

水産総合研究センター、東京大学海洋研究所などでは、マリアナ諸島西方の太平洋海域でウナギの産卵場調査の結果、2008年6～8月

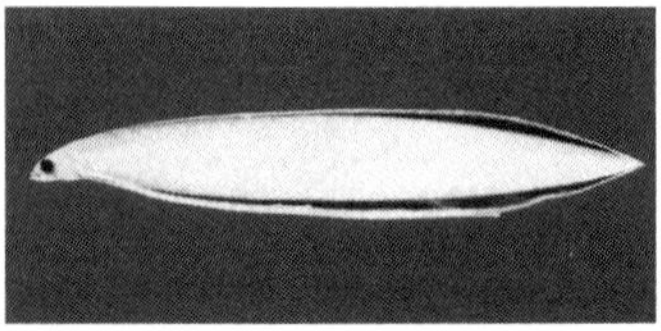

柳葉型幼生（レプトセファルス）

の調査で成熟したニホンウナギ、オオウナギの固体及び仔魚を捕獲した。また、2009年の５月には天然ウナギの卵を採集することに成功した。ウナギの成熟固体の海洋での捕獲及び卵の採集は世界で初めてのことで、産卵生態の解明やウナギを卵から育てる完全養殖の実用化の今後が期待される。

ウナギは卵から孵った直後から川にのぼってくるまでに、卵→レプトセファルス→シラスウナギ→成魚という順に形と色彩が変わる。

写真は沖縄南方の海で獲れた珍しいウナギの柳葉型幼生（レプトセファルス）で、全長６㎝である。このあとスマートなシラスウナギに変態する。シラスウナギは３月から５月頃群生で川をのぼり体長10㎝になると小川や湖沼に定着し、小魚・エビ・水棲昆虫などを食べて成長する。ウナギの成熟年令は一定していないが、早いものは生後５～６年、遅いものは生後12年ほどで成熟する。

「山芋変じて鰻と化す」　ウナギは、体の表面に多量の粘液を分泌し、皮膚呼吸の能力もすぐれているので、雨が降ったあとなどでは水中から出て湿った地面を這ってかなりの距離を移動することができる。川と連絡のない池などでウナギが生息しているのはこの性質によるものである。このために山芋と混同して「山芋変じて鰻と化す」といわれたという。山芋も鰻も滋養競争の食べ物として結びつけられたものである。

『醒睡笑《せいすいしょう》』には、「ある寺の住職が鰻を料理しようと鰻に包丁をあてたところへ檀家が訪ねて来たが、住職は少しもあわてず『世界みな不思議をもつて成り立つ。昔より山の芋は歳経れば鰻になると申すのを、虚説ならんと疑つたが､見る見るうちに鰻になりて候』といつた」とある。

古川柳に「山の芋鰻に化ける法事をし」というのがある。そもそも

「山芋変じて鰻と化す」というのは、「落鰻」のことである。前述したように淡水で10年前後生息したウナギは海に下って産卵する。産卵のために川を下るウナギは「落鰻」または「下り鰻」と呼んでいる。落鰻は昔から簗で捕っているが、この簗を「鰻簗」という。落鰻は脂が乗って美味である。

『改正月令博物筌』には、「秋の水の漲り落つる時、水勢にひかれて落ち来る鰻を、簗を打ちて取ることなり」とある。

鰻簗木曽の夜汽車の照らし過ぐ　　　大野林火

伝統漁法の「鰻の穴釣り」　穴釣りは、細い竹の先へ地獄鉤《ばり》という鉤をつけ、糸をつけてウナギのいそうな穴へ入れる。ウナギがいれば押し出すような感触をうける。ウナギは一気に餌を飲み込む習性があるので釣れたら、竹でなく糸を手繰って釣りあげる。

『本朝食鑑』には、「凡そ鰻の性質は、善く穴を深く穿ち、そこにうずくまつていたり、あるいは泥の中に深く潜んでいることもあつて捕らえにくい。釣つて捕るにしても、歯が強いので、ややもすれば釣糸を切られてしまう」とある。

また、『魚猟手引』には、地獄鉤について「直なる鉤のまん中へ糸をつけ、其糸にかまわず、みみずをさし置くなり、魚の腹に入りたる時引かば、鉤は横になりて、鉤とれる事なし。さて魚をとりたらば、びくの中にいれ見れば、魚の腹に鉤出るなり。是をつまみ出し、糸はいとばかり、又口より引出すべし」とある。

穴釣りは他にない独特の釣り方で、古川柳に「うなぎ釣穴また穴を穴めぐり」というのがある。

鰻の穴釣り（『地口絵手本』梅亭樵父）より

伝統漁法の「鰻掻き」　ウナギの漁法は、一本釣り、置鉤《おきばり》、縄釣り、鰻掻き、鰻筒、待網、鰻簗など地方によってその種類は多い。

「鰻掻き」は鰻鎌ともいい、江戸時代から伝わる伝統漁法である。長さ２m弱の樫の棒に鉄製の棒を付け、鉄のたがが抜けないように止める。先端はかぎとなっていて、操作中棒を泥中より引き抜くとき、ウナギ掻きにとまって採捕される。鉄棒の腹面は鈍い刃状をなし、泥をよくかけるようになっている。船上に立って使用するものと、座って使うものとがある。

『本朝食鑑』には、「近世漁夫は反曲つた鉾を水中に立て、頻りに水底の泥を掻き鰻をひつ懸けてとつているが、一日かけて数百尾もとれることがある。これを鰻掻という」とある。

『日本山海名物図会』には、ウナギ漁について「江州瀬田より出るうなぎ名物也。小舟に乗り釣針にて流しづりにて取也。又うなぎかきという物有、これにて水中をかきても取也。日向国よりいずるうなぎ甚大き也。ふとさは一尺まわり長さ六尺余なるあり。余国にはなき大うなぎ也」とある。

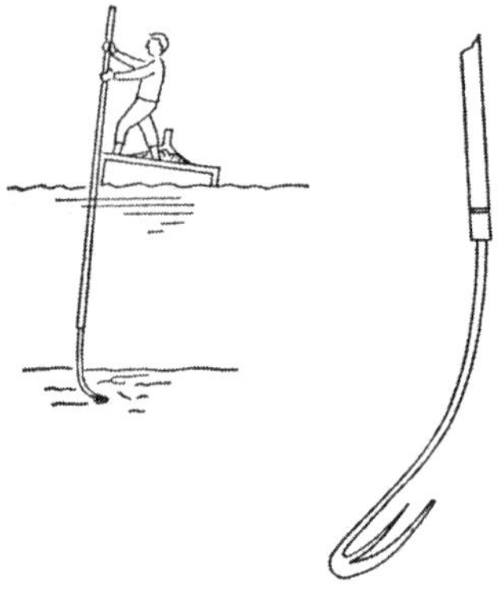

ウナギ掻き操業図

古川柳 に「せつかちに見へて気長な鰻かき」「うなぎかき只春の日にまかせつゝ」というのがある。

また、ウナギの変わった捕り方について『美味求真』には、「岩石の間にアユを握れる手を差入れ、親指にてアユを揉み潰す。するとウナギはアユの香を嗅ぎつけて、続々と集まつてくる。その中、大きなウナギは親指の頭を好餌と思い、ひとのみにしようと噛付いてくる。その瞬間に親指に力を入れ、食指にてウナギのエラを押えつけて、そのうなぎまま穴より引き出し、左手でウナギの胴を押えた籠の中にいれる」とある。

鰻掻くやひろやかに水の面　　　　　　飯田蛇笏

「毒流しの祟り」伝説　昔からウナギの伝説は多いが、ここではその代表的な「毒流しの祟り」に関する伝説について述べる。『老媼茶話』によれば、大要は次のようなものである。

「慶長16年の7月、当時の会津藩主であった蒲生飛騨守秀行は会津の只見川で毒流しをして魚を獲ることを計画した。ところが毒流しの行われる前日に、1軒の貧しい百姓家に見なれぬ旅の僧が現れ宿を求めた。心よく迎え入れた主人に、旅僧は毒流しをやめるように藩主に頼んでくれといった。主はなす術《すべ》もなくその晩は、粟飯を出してもてなした。藩主は計画通り翌日毒流しを行ったが、山のように獲れた魚の中に長さ3m以上もあるウナギが混ざっていた。怪しんで腹を裂いてみると、腹の中から粟飯が出てきたという。そして、その年の8月末には大地震と山崩れによって只見川は埋まって大洪水となり、翌年5月には藩主の蒲生秀行は急死した。誰もが大ウナギの祟りだといったという」

ナツメヤシ、ゴマノハグサなどの有毒なサポニンを含む植物の汁を川に流して魚を獲る毒流しの漁法は、非常に古くから行われていた。しかし、この方法は魚を根こそぎ獲ってしまうので、今から千年も前の陽成天皇の元慶年間（877～）に禁止されて今に至っている。

現在では、法律（「水産資源保護法第6条　水産動植物をまひさせ、又は死なせる有毒物を使用して、水産動植物を採捕してはならない」）で禁止されている。これに違反した者は、同法第36条で「3年以下の懲役又は200万円の以下の罰金に処せられる」とされている。

孝女と鰻（貞秀）

「孝女と鰻」伝説　ウナギには、良質の蛋白質やビタミン、カルシウムなどがバランス良く含まれており、古くから栄養食品として推奨されている。

『万葉集』には、大伴家持が「石麻呂に吾もの申す夏痩せに良しという物ぞ武奈伎《むなぎ》獲り食せ」と詠んでいる。

江戸時代にも、ウナギはたいへんに栄養のすぐれた食品とされていた。

『近世畸人伝』には、孝女と鰻に関する美談が記述されているが、その大要は次の通りである。

大和の国の竹内村というところに60歳を過ぎた伊麻子という１人の寡婦がいた。伊麻子には亡き夫の父がいて、その義父に孝養を尽くしていたのである。高齢であるうえに重い病気にかかり、悪化するばかりであった。ある日、義父がうわごとのように鰻が食べたいというのを聞いて、苦労して毎日川のあちこちを探し回ったが徒労にに終わった。ある夜のこと、台所で大きな音がしたので見ると、水桶の中に大きな１尾の鰻がいて跳ねていた。驚いて天の恵みとばかり早速料理して義父に食べさせた。ところが不思議なことに、義父はだんだんと元気が出てきて間もなく床を離れることができた。

このことは、『孝貞女鏡』の中で「孝女と鰻」と題する絵にも描かれている。

ウナギの蒲焼き

「蒲焼き」の始まり　『守貞漫稿』には、「鰻を筒切りにして串に刺して焼きし也、形蒲の穂に似たる故の名也」とある。古くは、ウナギは裂かずに口から竹串を刺して焼いたが、その形が蒲の穂に似ているので蒲焼きと呼んだ。江戸初期に鰻を裂いて開く手法が開発され、『傍廂』（斎藤彦麻呂、嘉永６年）にある「鎧の袖、草摺には似れど、蒲の穂には似もつかず」という形状になったが、蒲焼きが話題になったのは江戸中期以降である。

江戸時代の鰻屋

蒲焼きは、現在では関東では背開きにして、焼きのあと一度蒸してからたれで焼く。

関西では腹開きで、素焼きにしてからたれで焼く。

蒲焼きのほかに白焼き、卵で巻いた鰻《う》巻きがある、茶碗蒸の具にも用いられる。肝は肝吸、骨は骨煎餅、頭は兜焼きにする。

「鰻丼」の始まり　鰻丼の起源については、江戸末期に芝居を見ながらでも美味しく食べられるようにと、飯の間にウナギをはさんだものを作ったのが始まりである。

『俗事百工起源』には、「いつも芝居へ取寄用ひし故、焼さましに成しをいとひて、今助の工夫にて、大きな丼に飯とうなぎを一緒に入交ぜ、蓋をなしておき用ひしが、至つて風味よろしとて、皆人同じく用ひしが始めなりと云ふ」とあり、堺芝居金主（芝居興行主）の大久保今助が創始者であるという。

当時は、いずれのうなぎ屋でも「丼うなぎ飯」の看板のない店はなかったという。

『狂歌江都名所図会』には、「茶もうまき水道橋の鰻見世　丼めしも安い森山」とある。

「土用鰻」の始まり　土用の丑の日にウナギを食べる習慣は、江戸時代からである。ウナギの宣伝のために、平賀源内や大田南畝（蜀山人）が考え出した知恵だという。

また、『江戸買物独案内』によれば、「春木屋善兵衛という、伊勢の津の大名屋敷出入りの魚商があつた。たまたま土用の子、丑、寅の三日間鰻を入れたところ、藤堂藩では丑の日の鰻が一番美味であつたので、その風説が世間につたわり、土用の丑の日に、鰻を食う習慣ができた」という。

土用の丑の日には、どこの鰻屋もたいへん繁盛したという。「鰻の蒲焼き」は江戸の食文化をささえつづけてきたのである。ウナギは江戸前のものであったが、今ではそのほとんどは、ほかからの移入物の旅鰻にとってかわられている。

『柳多留』に、「丑の日にかごでのり込む旅うなぎ」がある。

包丁で鰻よりつつ夕すずみ　　　　小林一茶

「ウナギの刺身」がないわけ　ウナギやアナゴなどのウナギ目の魚の血液にはイクチオトキシン（ichthyotoxin）という神経毒が含まれている。食べると下痢・嘔吐などの中毒症状を起こし、目にはいれば結膜炎になる。また、指などの傷口につくと一種の皮膚炎を起こす。その皮膚炎は、傷口が最初10円硬貨大にはれて赤くなる。かゆみはあるが自覚症状や圧痛はない。

しかし、長時間にわたって体の血管およびリンパに沿って伝播する固有の匍匐性進行症状を呈する。たとえば、指にできたものが5～6か月後には腕から胸に移行する。しかし、イクシオトキシンの弱点は熱に弱いことで60℃で5分程度の加熱によって分解してしまう。

したがって、刺身好きな日本人もウナギを刺身で食べる習慣は昔からなく、もっぱら蒲焼きなどの熱を加えた料理しかないのである。ウナギを触るときは傷口のない手で触るか手袋をはめ、手をよく洗うことが大切である。

ウニ［海胆、雲丹、海栗］

語源　名の由来は、海丹（ウミニ）あるいは海胆（ウミイ）から転訛したとの説がある。「海栗」は形がイガグリに似ているからである。カセ、ガゼは古称で、地方名にも残っている。漢字では「海胆」「雲丹」「海栗」と書く。英語では［sea urchin］という。

『魚鑑』には、「その棘落ちれば状星兜に似たり。これをかぶとかひといふ。棘を香箸介《かうばしかひ》といふ」とある。『和名抄』には、「『霊螺子』と書いて『うに』と訓じる」とある。

ウニ綱に属する棘皮動物の総称。ウニ類はすべて海産動物で潮間帯の石の下や岩のくぼみに棲むものから、水深6000 mの深海に棲むものまで生息範囲は広い。

現在、知られているものは9000種にも及んでいる。日本近海に生息している主なるものは、ムラサキウニ、アカウニ、バフンウニ、シラヒゲウニなどである。

アリストテレスの提灯　ウニの殻の中は、ほとんどが消化管と生殖巣で占められ、食い気（個体維持）と色気（種族維持）であふれた動物である。旺盛な食い気は、殻の下面中央部にある強力な５枚歯の提灯型の口器による。この口器を「アリストテレスの提灯」という。

「動物学の祖」といわれるギリシャの哲学者、アリストテレス（紀元前382～322年）は地中海のレスボス島で海産動物の研究中にこれを発見して命名したといわれている。

この口器は丈夫で海底の有機物や海草類、動物の死体などをかじって食べる。ウニの口は体の下方に位置し、排泄口は体の上方に位置し、陸上の生物とは天地が逆になっている。岩のくぼみや陰に生息するウニが岩に付いた藻や流れてくる藻を食べるためには、この方が都合がよく、海中では排泄口が上方の位置にあった方が排泄物は海水が流してくれるので都合がよいわけである。

伝統漁法の「ウニ籠漁」　ウニの漁法は、素潜りで捕るほかは、船上から箱眼鏡で見ながら長い柄の付いたたも網ややすで捕る「ウニすくい網漁」、「ウニ突刺漁」や底曳網の一種の「ウニ桁網漁」などがある。

また、変わった伝統漁法としては、青森県などで古くから行われている「ウニ籠漁」がある。籠に海藻をウニの餌として付けて、漁場の海底に延縄式に敷設して捕る漁法である。餌はコンブ、ワカメ、サルメンなどの海藻を用いるが、網の中の中部に糸でしばり付ける。漁場は水深 15 ～ 30 mで海藻の少ない比較的平らな場所をえらぶ。

操業にあたっては、潮に流されやすいので、籠が海底に逆さにならないように注意しなければならない。設置の場所が決まると、錨を投入し、潮上から潮下に幹縄が十分延びるように順次籠を入れ、最後に一方の錨を投入して設置が終わる。籠の数は 100 ～ 200 個を用いる。漁獲および籠の点検は朝夕２回行う。操業は周年可能であるが、資源保護の上から３～５月の海底の濁る時期に主として行われる。

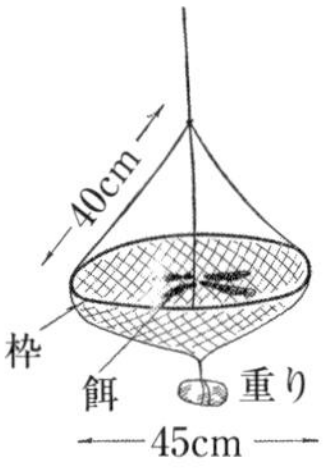

ウニ籠の見取図

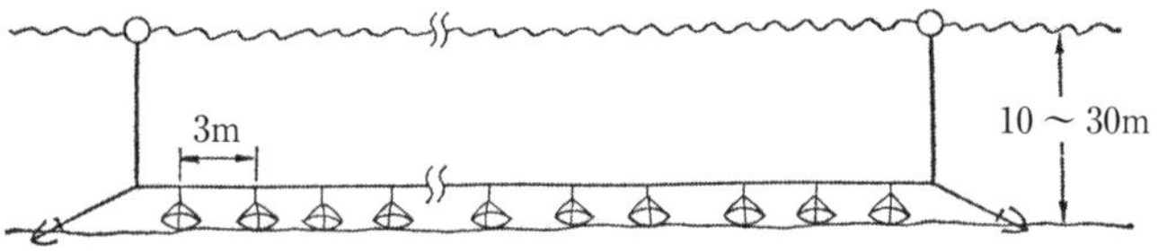

ウニ籠漁の操業図

ウニは「三大珍味の一つ」

越前海膽の採捕

ウニは、「このわた」「唐墨」とともに海の日本三大珍味の一つとして江戸時代から大変好まれた。ウニの特有の旨み成分はメチオニンであり、βカロチンやビタミンAを豊富に含んでいて、現在では塩漬けにしただけの塩ウニのほか、粒ウニ、練ウニと称する市販品がある。

江戸時代には越前、薩摩、肥前などの産が良品とされた。

料理としては、ウニ田楽、ウニ焼きなどがあり、田楽は塩ウニを酒でのばして豆腐に塗って焼く。ウニ焼きは現在のように魚などに塗って焼いた。

『日本山海名産図会』には、「是塩辛中の第一とす。諸島にあれども越前、薩摩の物名品とす。殻円うして橘子《たちばな》のごとく、棘多くして栗の毬《いが》に似たり。(中略)紫黄なる物は薩摩島津の産なり。和潤《やわらか》にして香芬《におい》甚《はなはだ》勝《まさ》れり。越前の物は粘《ねばり》ありて光艶《つや》も他を越たり。又物に調味しては味噌にかえて一格の雅味あり。海膽焼、海膽田楽など好事に任せてしかり。漁捕は海人干潟に出て岩間にもとめ、即肉を採り殻を去りよく洗いて桶に収めて亭長《といや》に送る。亭長塩に和して售《う》る」とある。

エイ ［鱏、鱝］

語源　名の由来については諸説あるが、アイヌ語から出た古語で「棘、矢」、刺されて痛むことを表す「アイ」が転訛したという説やエイの尾が長いため「燕尾（えんお）」と呼んだものがエイに転訛したとする説がある。

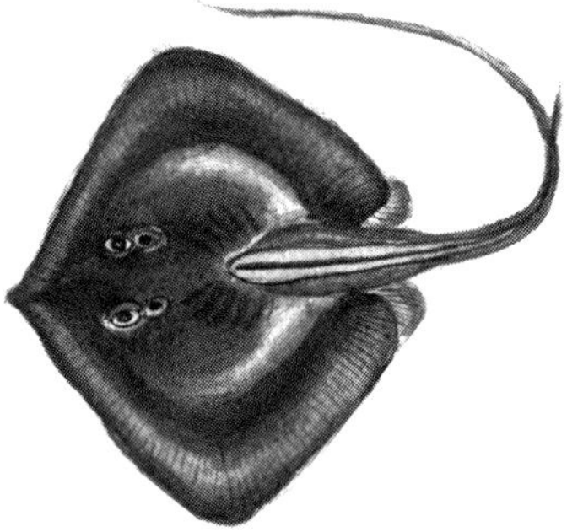

アカエイ

さらに、イデハリ（出針）からの転訛、エハリ（枝針）からの転訛、エダヒラキ（枝開）からの転訛などの説がある。

『和名抄』には、「鱏を衣比《えひ》と訓じ、音は尋、または淫」とある。

『本草綱目』には、「この魚は延長《ながい》ので尋の字に拠り、覃の字に拠る。どちらも延長の意である」とある。

『三国通覧図説』には、「鱝魚《えい》には甚大なるものあり、希に浮び出る時背の広さ方六、七十丈のものもあり」とある。

漢字では「鱏」「鱝」と書く。英語では、アカエイ類を［ray］、ガンギエイ類を［skate］、ノコギリエイ類を［sawfish］、シビレエイ類を［elecric ray］という。

エイは、軟骨魚類のエイ目の総称で、日本にはアカエイ、ガンギエイ、ノコギリエイ、シビレエイなど76種が分布している。アカエイは全長約2mで、むち状の長い尾をもち、尾部背面には1～3本の毒棘があり、刺されると危険である。

エイの毒は要注意　エイの中には外敵から身を守る手段として尾の付け根あたりに鋭い毒棘を備えているものがいる。この棘の縁はノコギリ状になっていて、粘膜細胞から分泌される毒液を２本の溝で棘全体に行き渡らせている。そのため、刺さると外傷以上に激しい痛みを伴う。過去に船上で漁師がアカエイに刺されて死亡した例もあり、刺されないように十分注意する必要がある。エイの毒は古くから恐れられ、刺されたときは楠の枝を煎じて飲むか、樟脳を塗るとよいなどといわれたこともあった。分泌されている毒は、複数の成分からなるタンパク質性のため、熱することである程度分解し、失効させることができるという。

いずれにしても激痛の激しいときは医療機関の手当を受けることが望ましい。

『コタン生物記』には、「北海道内浦湾付近では熊を求めて山歩きをする際、杖にアカエイの尾の乾かしたものを取り付けて、毒槍を作って携行した。ふつうの槍や矢、刃物も刺さらないくらい身をかためている熊でも、これを使うと簡単にしとめられる。また、人を殺した熊は、その足跡にこの毒槍の穂先を刺すだけで死に、盗人もその足跡にこれを刺されると動けなくなるという」とある。

アカエイの交尾　日本産エイのうち、最も代表的なものはアカエイである。主に本州の中部以南に分布し、まれに北海道でも獲れる。全長は約２ｍで、体盤は菱形で扁平、背面は褐色で、腹面の周辺部は橙黄色である。笞状の長い尾をもち、尾鰭はない。尾部背面に１～３本の毒棘があり、刺されると危険である。胴と一緒になった翼のような胸鰭をヒラヒラとさせて泳ぐさまは渋うちわのようでもある。

冬の間は深みにいるが、春になると浅海に移動し、内湾の砂地に集まってくる。海底に体をつけていると、カレイ、ヒラメと同様に保護色で、居場所がわかりにくい。卵胎生（卵を体内で孵化して仔魚を産む魚）で、産仔期は５～８月、浅場の砂底に10尾近くの仔魚を産む。主に貝類や甲殻類を食べる。雄の尾の付け根には、腹鰭の一部が変形した左右２本の陰茎に相当する鰭脚《ききゃく》があり、雌と腹合わせになって挿入して交尾する。この雄の生殖器が、女陰に似ているところからエイの俗名を「傾城魚《けいせいぎょ》」という。

傾城とは美女のことで、漢書のなかに「美人が色香で城や国を傾け滅ぼす」というのがある。転じて遊女を意味するようにもなった。

『臙脂筆』（飯島花月、刊行年不詳）には、「赤えい一名傾城魚といひ、傾城魚の抱心いかに春の海、といへる俳句あり」とある。

古川柳に「鱝《えい》の穴突つつき御用しかられる」というのがある。

アカエイは、ぬた、煮つけ、焼き物などにする。赤味噌を使った味噌汁は美味である。

『三才図会』には、「煮て食えば瀉痢を止め、その胆は小児の鳥目を治す」とある。

伝統漁法の「空釣漁」「空釣漁」は、夏期沿岸に接近遊泳するアカエイを対象とし、幹縄に浮子を付けた針間の近い延縄状の引っ掛け具を無餌のまま縄のれん状に静置しておき、これに遭遇したアカエイが枝縄を押し分けて前へ進もうとするとき、枝縄の先端に結び付けた針に引っ掛ったものを採捕する漁業である。福岡県、熊本県、千葉県、北海道（カジキエイ）などで行われている。

操業は夜間に行われ、アカエイの生息する砂泥質の海域を選び、餌

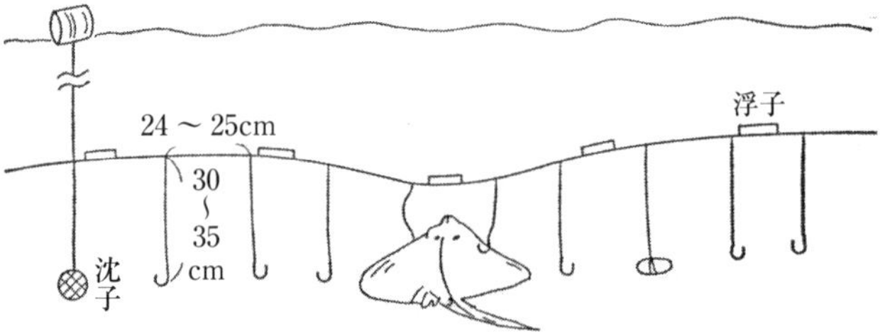

エイ空釣漁具の見取図

は付けない針のままで底延縄状に投入して海底に静止させる。敷設が終わったらそのまま数時間静止しておき、索餌などのため活動を開始するエイ類がこれに遭遇して枝縄を押しのけて進もうとするとき、枝縄の先端に結び付けた針に引っ掛けて採捕する。漁期は５月から７月頃である。

オコゼ［鬼虎魚］

語源　和名「オニオコゼ」のことを通称「オコゼ」という。オニオコゼは、カジカ目オニオコゼ科の海産魚。全長約25㎝。オコゼの名の由来には諸説ある。

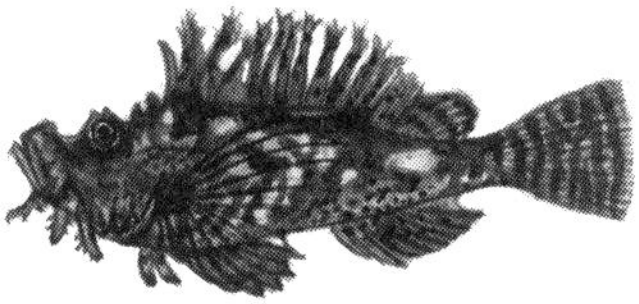
オニオコゼ

①オコは「痴（おこ）」、ゼは魚の語尾で、容姿の醜い魚の意という説
②背鰭を矛に見立てて矛背（ほこせ）の転訛したとする説
③背鰭の毒針に刺された折に、オコ（愚かな者）にセ（施してしまえ）と言ったことからの転訛したとする説

などある。オニオコゼのオニは鬼の意で、漢字で「鬼虎魚」と書く。地方名称で、オコゼ（諸地方で一般にいう）、アカオコゼ（東京）、オクジ（秋田）、オコジョ（新潟）、ヤマノカミ（愛媛）などという。英語では［devil stinger］という。

「山の神」の伝承　山の神は醜女であるとする伝承もあり、自分より醜いものがあれば喜ぶとして、顔が醜いオコゼを山の神に供える習慣がある。山で仕事をする猟師、山師、放牧者などがオコゼを山の神に供えてお祈りすると望みがかなえれるといわれている。

『大和本草』にも「海人用て山神を祭り、日和と得ものあらん事を祈る」とある。

日本各地に「山の神伝承」は多い、たとえば、秋田県北秋田市観光協会の「マタギの里」によると「マタギは、高峻険阻な山岳に挑み、常に遭難や雪崩などの自然災害にあう危険にさらされるため、いつとはなしに護符、呪物崇拝の自然宗教に目覚めた。それが山岳宗教と結びついて、山神崇拝となった。阿仁の山の神は、女性神だと信じられている。そして山のすべてを支配しているため、その怒りを受けないように細心の注意を払う。山の神はマタギに獲物を授けてくれることはもとより、遭難を未然に防ぎ、マタギが難儀しているときには救ってくれる。つまり山では四六時中、山の神の保護を受けていると信じ、山の神を心のよりどころにしている。この山の神は醜女《しこめ》で異常に嫉妬深いと言われ、自分より醜い深海魚のオコゼを見ると『自分より醜いものがいる』と喜ぶため、マタギはオコゼを山の神に捧げて機嫌をとる。また山の神は男好きだけれど、ほかの男神たちは恐れて近寄らないので、山に来る生身の人間に懸想するという。そこでマタギたちは、山の神の機嫌をそこねまいと心を砕いてきたのである」と記述されている。

奇怪な「産卵行動」　オニオコゼは、本州中部以南の日本各地に分布する。沿岸から200 mまでの砂泥底に生息している。生息場所によっては体色が異なり、沿岸のものは暗茶褐色で、深場のものは赤または黄色である。目の付近、後頭部の凹凸は著しく、鱗がないなどの特徴をもっている。背鰭の棘は毒を持ち、刺されると激痛が走る。夜行性で日中は砂に潜り、夜間は小魚や甲殻類を補食する。産卵は６～７月で分離浮遊卵を産む。

オニオコゼの産卵行動は変わっていて、まず腹のふくれた大型の雌が砂底から出て、胸鰭を大きく動かして泳ぎはじめる。これを見た小型の雄は砂底から出て雌の周囲を泳ぎまわる。そのうち、雄は雌の左右に寄り添って、上層に突進した両者は体を烈しく振るわせて、雌は抱卵、雄は放精する。受精した卵は海中に浮遊し、2日ほどで孵化する。孵化した仔魚は胸鰭が大きく、約10日間浮遊生活をしたあとで、親魚と同様に海底生活に入る。

カキ ［牡蠣］

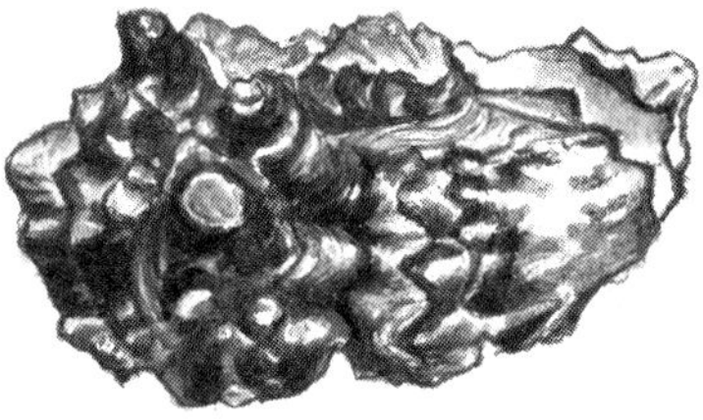

マガキ

語源 名の由来は、天然のカキを「掻き落として取る」ことから「カキ」に転訛したとする説がある。

漢字では、「牡蠣」と書く。

「蠣」の1字でカキを意味するが、中国ではカキはすべて雄と考えられていたために「牡（オス）」の字が書き加えられたという。英語では［oyster］という。

『日本山海名産図会』には、「蚌蛤《ぼうごう》の類皆胎生、卵生なり。此物にして惟《ひとり》化生の自然物なり。石に付て動くことなければ、雌雄の道なし。皆牡なりとするが故に牡蠣《ぼれい》と云。蠣とは其貝の粗大なるを云。石に付て磈礧《かきなり》つらなりて房のごときを呼んで蠣房《れいぼう》という」とある。

また、漢字で「石花（カキ）」とも書く。『改正月令博物筌』には、「蠣一名、石花。石に生じてつきたるが花のごとし」とある。

イタボガキ科の二枚貝の総称であるが、普通はカキといえばマガキを指すことが多い。殻長約9㎝、殻高約5㎝。

雌雄同体で卵生 マガキは雌雄同体で卵生である。雌雄同体であるが雌性の強いものと雄性の強いものとがあり、雌雄性の割合はそのときの条件で決定される。産卵後や環境が悪いときは雄性が強くなる。

イタボガキなど卵胎生の種類では、雌雄の卵子と精子が同じ生殖腺内でできるが、マガキなど卵生の種類では、卵子と精子が交代でつくられる。マガキの場合はみかけ上は雌雄の別があるようにみえるので、過去には雌雄異体と思われていた。生殖腺はいずれの場合にも白いので、みな雄のように思われていたので、前述のように「牡蠣」という字が充てられた。

卵は１個の親貝から５千万〜１億くらい産卵され、順次発生が進んで10日前後で他物に付着する。このときに貝殻などを沈めて幼貝を付着させ種カキとする。１年で約６㎝、２年で10㎝に成長するが、その後はあまり大きくならない。

「牡蠣養殖」の始まり　日本では種ガキの養殖による生産は、江戸時代からすでに行われていた。前述の『日本山海名産図会』には、「畜所各城下より一里或は三里にも沖に及べり。干潮の時潟の砂上に大竹を以て垣を結い、列ぬること凡一里許、号（なづけ）てひびと云。高一丈余長一丁許を一口と定め、分限に任せて其数幾口も畜えり。垣の形への字の如く作り、三尺余の隙を所々に明て魚其間に聚（あつまる）を捕也。ひびは潮の来る毎に小き牡蠣又海苔の付て残るを、二月より十月までの間は時々是を備中鍬にて掻落し、又五間或は十間四方許、高一丈許の同じく竹垣にて結廻したるいけすの如き物の内の砂中一尺許掘り埋み、畜うこと三年にして成熟とす」とある。

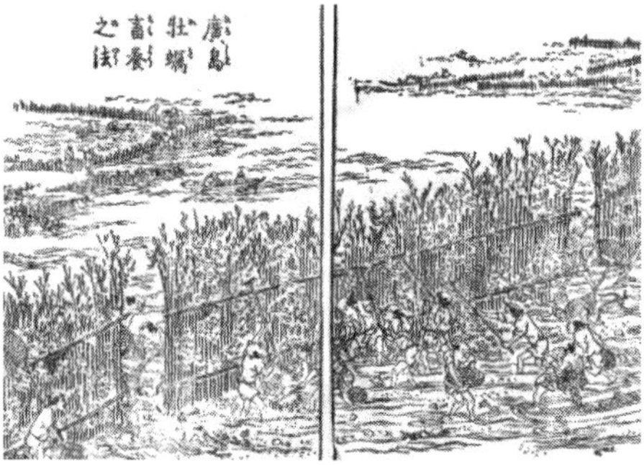

広島牡蠣畜養之図

養殖の簡単な方法は古くローマ時代から試みられ、現在では世界各地で行われている。外国では海底に種カキをまく「地まき式養殖」が行われている。日本でも行われていたが、現在では筏に人工的に採取した幼貝を付着させた貝殻を延縄式に吊るして海を立体式に利用できる「垂下式養殖」が行われている。

冬の風物詩「牡蠣船」　江戸時代より始まった「牡蠣船」は、広島から大阪などにカキを積んで運んだ。中は座敷になっていて船中でカキ料理を食べさせた。大阪の道頓堀などでは冬の風物詩となっていた。

『改正月令博物筌』には、「浪花川岸所々に舟をとどめて牡蠣を商ふ。みな広島より来たりて、他国のものなし。冬月来たるとき、同日に来たり、越年して、また同日に帰る」とある。

『浪華百事談』（著者不詳）によれば、「何時のころにや有りけん、大坂大火有りしとき、その延焼する火勢はなはだ烈しく、かの橋詰に掲示する高札すでに灰燼とならんとす。藝州より来れる蠣売はせ付けて、一生懸命にて猛火の中に四枚の高札をおろして、直ちに町奉行所に持参せり。その功により爾後橋下につなぎて蠣を売り、また年を経て舟中を座敷の如くなして蠣一しきの料理をはじめしなりと故翁の物語にききし」とある。

牡蠣舟や旅の難波の冬こもり　　尾崎紅葉
牡蠣舟に寄らずの水の関所なる　　久米正雄

江戸の「牡蠣《かき》殻葺《がらぶき》屋根」　牡蠣殻葺屋根とは、牡蠣殻を屋根にぎっしりと敷き並べた屋根をいう。これは草葺《くさぶき》屋根の多かった江戸時代に江戸で飛び火を防ぐために造られたものである。明暦3年（1657）の江戸大火以後はたびたび幕府の「お触れ」が出て牡蠣殻葺を町民に奨励している。

『塵塚談』には、「貝殻屋根並月役といふ材木の事、我等廿歳頃までは江戸の端々は、武家町家とも多く蠣屋根にてありし也、白山御殿付近御家人の家は、みなこけら葺にて蠣屋根也、月役といふて、長さ一間に幅一寸四五分のわり木をのぢにし、それより板にて葺、そのうへに蠣を敷ならべる事也」とある。

牡蠣殻葺は、板張り屋根を造り、その上に石よりも軽い牡蠣殻を敷き詰めたものであって飛び火に強いものであった。現在でも、これに由来する「蠣殻町」という町名（東京都中央区日本橋蠣殻町）が残っている。

「R」の付かない月は食うな　カキは海のミルクといわれるほど栄養豊富で、グリコーゲンのほか、タウリン、ビタミン、ミネラルが豊富である。料理としては、酢物、焼き物（煎牡蠣）、鍋物、牡蠣飯、フライ、グラタンなど多彩である。

カキは冬期が旬であり、12月から２月はグリコーゲンたっぷりで最高に美味である。「花見過ぎたらカキ食うな」といい、外国でも「カキはRの付かない月（５～８月）のものは食べるな」といわれる。この時期のカキは身がやせてまずく、細菌汚染による中毒が起こりやすい。

『本朝食鑑』には、「九十月より春三月に至るまで、味美味なり。夏月は肉脆くして、味ははなはだ苦く、食するによろしからず」とある。

しかし、例外として、天然のイワガキ（岩牡蠣）は夏期が旬である。イワガキもイタボガキ科の二枚貝。陸奥湾から九州まで分布し、水深２～10 mの岩礁に付着している。

牡蠣汁や居続けしたる二日酔　　　正岡子規

カサゴ［笠子］

語源 名の由来は、頭が大きく三度笠をかぶったように見えるところから漢字で「笠子」と書き、カサゴになったという。また、漢字で「瘡魚」の字を充て、体皮がかさかさしており皮膚病の瘡《かさ》にかかったように見えるからとの説がある。

カサゴ

『和漢三才図会』には、藻魚という総称で記され、「肉は淡泊で脂は少なく、味はよい。どんな病の者が食べても差し支えない」とある。

『本朝食鑑』には、「細鱗、長鰭であつて、尾には岐《また》がない。肉は淡泊で、味は美《よ》く、脂は少ない」とある。

カサゴはフサカサゴ科（別名カサゴ科）に属する海産魚の総称、またはその一種（カサゴ属）。全長約30cm。フサカサゴ科に属する海産魚は多く、日本産だけでも72種に及んでいる。カサゴは沿岸魚で北海道から九州にいたる岩礁ないしは石底に棲む魚であるが、浅い所にいるものは黒褐色、深い所にいるものは赤みが強く美しい姿をしている。

英語では［rock fish, scorpion fish］という。

「安本丹《あんぽんたん》」はカサゴの仲間 寛政年間（1789〜1801）の江戸市中に「安本丹」と呼ばれる魚（カサゴの一種）が出まわったという。これは、身は大きいが味が悪く、大きくて旨そうな魚だと最初は喜んだ人も次第に見向きもしなくなった。それ以来、体ばかりが大きくて中身の乏しい愚かな人間を指して「安本丹」と呼ぶようになったという。古川柳に「馬鹿も海　安本丹も海でとれ」というのがある。

バカガイもカサゴも同じ海産物である。『魚鑑』には、「この魚をあんぽんたんという」とある。

また、口先だけで実行の伴わないことの喩えとして「磯の笠子は口ばかり」という。これは、カサゴの口が大きくて、骨っぽくて食べられる部分が少ないことによる。現在、和名には「アンポンタン」の魚類名はない。

特異の「卵胎生魚」　カサゴは卵胎生魚（卵を体内で孵化して仔魚を産む魚）で、雄には肛門付近に輸卵管と輸尿管がのびた交接器がある。雌雄ともに２～３年で成熟するが、雄は９～10月に精巣が急激に大きくなり精子形成が行われるのに対し、雌は11～12月に卵巣が急激に熟する。交尾は雄が成熟する10～11月に行われ、雌の体内に入った精子は卵の成熟をまって受精する。卵は体内で孵化して、仔魚は３～４回に分けて産み出される。産出時期は11～３月で、数ミリほどの仔魚を産む。

１回に産まれる仔魚の数は２年魚で５千尾、３年魚以上では１万４千～１万５千尾である。成長は生後２年くらいは雄雌同じであるが、その後の成長は雄の方が早く、20㎝になるのに雄は４年であるに対して、雌は６年かかるといわれている。成長すると岩の割れ目などに身を潜め、小魚、エビ、カニを食べる。

浮き袋で鳴く魚　カサゴは危険に遭遇するとグウグウ鳴いて、仲間に危険を知らせる。音を出すのは浮き袋で、厚い皮の内側が２室に分かれた薄い膜の袋があり、ガスが隔壁中央の小さな孔を通るときに音が出るといわれている。そして浮き袋を動かす筋肉が耳石の入った頭にくっつき、発音器と聴覚器が連結している。

カサゴは、北海道南部の沿岸域に広く分布している。磯や沖合いの岩礁地帯に生息しているが、沿岸地帯に棲むものは黒褐色を帯びている、深みに棲むものは赤みが強い。カサゴは周囲の環境に合わせて色合いを変えて、体を隠す傾向の強い魚類の典型である。

初心者向けの釣魚　カサゴは磯釣りの絶好の対象であり、初心者でも１年を通じて比較的簡単に釣れるので、子供から大人まで広く親しまれている。

磯釣りは、岩場やテトラポットなどの穴をねらって釣る穴釣りは、一度に数尾釣れることが多い。船釣りは初冬から初春にかけて行われる。餌はイカや魚の短冊、エビなどを用いる。

『釣技百科』には、湘南方面のカサゴ釣りについて「カサゴは沖釣りでは、鯛、甘鯛、黒鯛、アイナメ等の底魚の外道として盛んに釣れるがカサゴ専門に釣る事も珍しくない。船を流していて魚信があったらすぐ合わせる。口が素晴らしく大きいから大抵は間違いなくかゝる。岩礁に潜るから手早く根から引き離す事が肝要である」とある。

カジカ［鰍］

カジカ

語源　カジカは河鹿蛙《かじかがえる》と外見が似ているので、近世まで混同されていたため、この名がつけられた。

『日本釈明』には、「河鹿なり、山河にある魚也、夜なきて其音たかし」とある。

『本朝食鑑』のカジカの項には、「歌人これを詠じて山川閑寂の賞となすといへども全く別物なり」とある。古名では「石伏《いしぶし》」といい、『源氏物語』の「常夏の巻」にも記述されている。

『改正月令博物筌』には、「説々紛々として、いまだたしかならぬは、むべなり。これはすべて山川にすむ魚のぎぎ・いしぶし・ごり・かりぶつ・かまつかなどなり。処々方言もあるなり。また一種春季とするかじかは、魚にあらず。むかし井出の蛙といふものなりと、この説、藤堂楽庵初めていひ出したるものなり」とある。

漢字では「鰍」と書くが、中国では「ドジョウ」を指す。その形や行動がドジョウと似ていて、また秋の魚であることから用いられるようになった。地方名称ではキス(青森)、ゴリ(北陸)、ウシヌスト(岡山県湯原)、ドンボ(福岡）などという。英語では［sculpin］という。カサゴ目カジカ科の淡水魚。全長 13 ～ 15㎝。

「ごり押し」の由来　カジカ（ゴリ）を獲る漁法には、下流に網を設けて、上流で棒でカジカを脅して追い込む「カジカ（ゴリ）押し漁」というのがある。「ごり押し」という言葉の由来は、この漁法が転じて無理やり相手にいうことをきかせ、強引に物事を進めることをいうようになった。

『日本山海名産図会』には、「漁捕は筵二枚を継ぎて浅瀬に伏せ、小石を多く置き一方の両方の耳を二人して持ちあげいれば、又一人川下より長三尺余りの撞木を以て川の底をすりて追登る。魚追われて筵の上の小石に附き隠るを、其儘石とともにあげ採るなり。是を鮴押《ごりおし》という」とある。

金沢名産「ごりの佃煮」　料理は、煮物、焼き物、揚げ物、味噌汁、佃煮などがある。揚げ物は、小骨が多いので、竹串などで腸《わた》を取り出した後に丸ごと唐揚げにする。味噌汁はぶつ切りにして煮込むが、だしが利いて美味い。金沢の犀川・浅野川の「ごり汁」「ごりの佃煮」は有名である。

加茂川のごり押し漁

「ごりの佃煮」は、米飴と醤油で炊きあげた佃煮で、甘さを押さえてあり、ごり本来の風味を楽しむことができる。

『わくかせわ』には、「石斑魚なり。種類多し。加茂川に極小なるをゴリと云ふ。京師の茶人賞翫して羹とす。膩《あぶら》多くはなはだ美味なり。また一種、イシブシ、これも一寸に満たず小なり。同、加茂川および江東の川々に多し。江州の俗、チンコといひ、あるいはチチカブリといふ。順の和名抄に鮹《ちちかぶり》と出せるもの、これなるべし。ゴリより小、膩すくなく味かろし。また、三谷にあるもの、大きさ三四寸、斑紋ありて形はゴリ・石ブシに同じ。（中略）炙り食す、佳品なり」とある。

カツオ［鰹］

語源　名の由来は、カツオは古くは生食はせず、乾燥したり、火を通して食べていたので肉質が硬く「カタウオ」といった。それが「カツオ」に転訛したという。

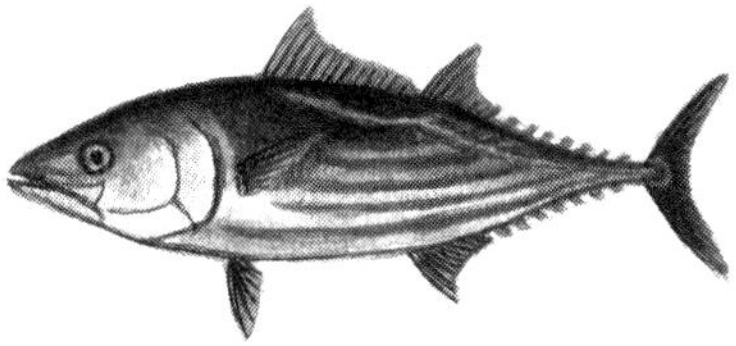
カツオ

漢字では「鰹」と書くが、古くは「堅魚」と書いていた。また、「松魚」とも書くが、鰹節が松材の赤身の部分に似ていることから書くようになった。

『滑稽雑談』には、「常陸国誌に曰、鰹、もと堅魚となす。按ずるに、古事記・万葉集、みな堅魚に作りて、鰹の字なし。後世合して一字となすのみ」とある。

また、『貞丈雑紀』には、「カツオは古くから生食せず、乾したるばかりを用いしなり。乾せば堅くなる故にカタウオを略してカツオと呼び、後に『鰹』の字を作り出したり」とある。

また、「勝つ魚」という充て字も使われ縁起のよい魚とされる。

『北条五代記』には、「天文６年（1537）夏、北条氏綱が小田原沖でカツオ釣りを見物中、カツオが氏綱の船に飛び込んだ。「勝つ魚」が飛び込み縁起がいいと、その後武州との戦で大勝し、以来、出陣の祝いにはかならずカツオを供するようにした」とある。

鰹木《かつおぎ》・千木《ちぎ》は、神社建築に見られる建造物の屋根に設けられた部材である。「鰹木」は、形が鰹節に似ていることが名前の由来であるといわれる。

英語では［skipjack（米），bonito（英）］という。スズキ目サバ科の海産魚。全長約 90㎝。

「女房を質に入れても初鰹」　カツオの北上は３月頃四国沖に、４月には紀州沖に、そして青葉の頃になると関東近海にさしかかる。

『華実年浪草』には、「大和本草に曰、相州鎌倉あるいは小田原辺、これを釣りて江府に送る。最もその早く出づるもの、これを初鰹と称して賞味す」とある。

古川柳に「女房を質に入れても初鰹」とあるように、青葉の頃になると脂ものり、江戸庶民に非常に珍重されてきた。そして、江戸中期頃になると非常に高価になったという。

『魚々食紀』によると、「文化９年（1812）の旧暦３月 25 日に 17 本の初鰹が入荷して、そのうち６本は将軍家がお買い上げ、２本はさる貴い家への贈り物、１本は当時有名であった料理屋の「八尾善」へ、そして歌舞伎役者の中村歌右門が１本を３両（約 10 万円）で求めて仲間にご馳走した」とある。

目には青葉山郭公初鰹　　　　山口素堂
鎌倉を生きて出でけむ初鰹　　松尾芭蕉
芝浦や初鰹から夜の明ける　　小林一茶

「戻り鰹」は達人の味　前述した初鰹の北上群が５〜６月には伊豆や房総沖に達し、さらに三陸沖に移動するが、水温が下がる10月頃に南下しはじめる。この南下群を「秋鰹」「戻り鰹」という。秋鰹は脂がのってこれも美味である。前述したように、初鰹は江戸時代から特に江戸っ子が競って食べた。これに対して最近では脂ののりきった戻り鰹を好む人が増えてきた。初夏の初鰹と９月頃の戻り鰹の脂肪含有量を比べると、初鰹は２〜３％に対して戻り鰹は約10％で、現代人はあぶらっこい味を好む傾向にある。魚市場の人、料理人、漁師などその道の人はこの季節のカツオが最上の味で、秋こそカツオの本当の旬であるという。

わが宿のおくれ鰹も月夜かな　　　　与謝蕪村

高速で運搬する「押送船《おしょくり》」　江戸中期頃には、富裕な商人の間で初鰹を他人よりも一刻も早く求めるのに金に糸目をつけなかったという。このために漁場からの高速で運搬する船を「押送船」といった。

『魚鑑』には、「実に夏月の上珍之に過はなし。故に東都の諸人上下なく、その魁を競ふ。別て六七月のころ、相豆房総（相模・伊豆・安房・上総）の海上にこれを釣り得て急ぎ小船に帆をまきて、順風激浪のはかちなく、夜中に来るを夜かつをと称へて物事の酒客、千金をなげうつところとなり」とある。

また、『五月雨草紙』には、「奢侈の人の初鰹を賞翫するに、魚屋の持ち来るを待てば、その品すでに劣るとて、時節を計り品川沖へ予め舟を出し置き、三浦三崎の方より、鰹魚積みたる押送船を見掛次第漕寄せ、金一両を投げ込めば、舟子は合点して、鰹魚を出すを得て、櫓を飛ばして帰り来る。これを名付けて真の初鰹喰いと云えり」とある。

この「押送船」というのは、三浦半島や房総半島、伊豆半島の沿岸などから江戸に鮮魚を運んだ高速輸送船である。８人で艪を漕ぐので、八丁艪ともいった。当時は房総半島の先端からだと１日か２日で江戸の魚河岸に到着したという。

宝暦11年（1761）の江戸川柳に「初鰹むかでのような船に乗り」というのがある。三浦半島や房総半島の南部の各浦にはこの押送船があったという。

カツオの発見には「鯨付き群」　カツオ群の後方にクジラ（主にイワシクジラ、マッコウクジラ）が追随している状態を「鯨付き群」いう。多くは１～２頭のクジラで、カツオ群の駆り立てたイワシなどを横取りして食べる一方、カツオはカジキを怖れるが、クジラに寄り付いていれば安全であるので、両者は相互扶助の関係を持っている。クジラの吹き上げる潮吹きは遠方からも見えるので、カツオ群の発見に利用され、北太平洋の北緯35度以南の海区に多く出現した。

カツオの漁法には、竿釣りとまき網がある。カツオの竿釣りは生き餌を用いる。出漁に先だって漁船の活魚槽にイワシを生かしておいて、漁場で魚群を発見すると、船側から散水し、同時に生きたイワシを撒いて、これに集まるカツオを釣り上げる。初めは釣針に生き餌を使うが、魚の食いがよくなると擬餌針を使って釣る。

『日本山海名産図会』には、「釣人は一艘に十二人釣竿一間許ともに常の物より太し。針の尖にかえりなし。舟に生簀筵等の波除あり。さて、釣をはじむるに、先《まず》生たる鰯を多く水上に放てば、鰹これに附て踊り集る。其中へ針に鰯を尾よりさし、群衆の中へ投れば、乍喰附て暫くも猶予のひまなくひきあげひきあげ一顧

土州の鰹釣り漁

カツオのたたき

に数十尾を獲ること堂に数矢を発つがごとし（京三十三間堂で通し矢の数を競うことをいう）」とある。

松魚舟子供上りの漁夫もゐる
高浜虚子

江戸の「刺身屋」 カツオは古くから主に釣りで獲っていたが、鮮度が落ちやすく下級魚とされ、生では食べなかった。鎌倉時代になって「勝つ魚」として縁起を担いで、武士をはじめ庶民にも生で食べられるようになった。

『本朝食鑑』には、「凡そ生食する場合、芥醋汁《からしす》に和したり、あるいは冷塩酒に和したりして、これを俗に刺身と称している」とある。江戸末期には、カツオやマグロを中心に魚の刺身が安価で滋養に富んでいることが知れわたると、それを専門に扱う「刺身屋」が現れ、安価な店として庶民に歓迎された。

『守貞漫稿』には、「刺身屋。鰹及びまぐろの刺身をもつぱらとし、この一種を生業とする者、諸所に多し。銭五十文、百文ばかりを得る。粗製なれども、料理屋より下値なる故に行われる」とある。

カツオの料理は、現在では刺身、たたき、塩焼き、煮物、内臓は塩辛（酒盗）などがある。カツオの刺身、たたきは、本来皮付きにつくり、これを「芝づくり」という。

カツオのたたきは、刺身の一種でカツオを節状に切ったあと、皮の部分を藁などの火で炙り氷でしめたものを切り、薬味とタレをかけたものをいう。

鰹売いかなる人を酔すらん　　松尾芭蕉
鰹一本長屋のさわぎかな　　小林一茶

「鰹節」は伝統の調味食品　前述したようにカツオは古くは生食はせず、乾燥したり、火を通して食べていた。

『本朝食鑑』には、「節とは、乾鰹が竹節のようで堅硬なところからそういうのである。『延喜式』に堅魚《かつお》とあるのは悉く乾鰹であつて、今の鰹節のことである。生節は、生鮮なものを切り、皮を去り、煮熟し、紅が白色に変色したものを爆乾し、三両日を経て用いるものである。堅魚は我が国の日用の物で、五味の偏《かたより》を調和し、膏腴《うまみ》の美を発生させ、塩梅（調味料）の中の主たるものである。それ故、上は廟堂より下は田舎に至るまで、一日もなくてはかなわぬものである」とある。

室町時代に入り、干し鰹に「焙乾」という技術が導入され、「鰹節」が生まれた。江戸時代に入る前から焙乾小屋は、五島・平戸・紀伊・志摩・土佐各国の鰹浦に建てられていた。 江戸時代初頭には、北九州方面で作られた鰹節は、ポルトガル船・イギリス船などにより、平戸から琉球を経て、明国・シャム国などに輸出されていたという。「鰹節」は日本が誇る伝統の調味食品である。鰹の節類には、新節、生節（なまり節）、鰹節などがある。新節は、初夏に獲れた小ぶりのカツオから作ったやわらかめの鰹節で、削ぎ切りにして生姜醤油か山葵醤油で食べる。生節は大きなカツオを３枚におろして骨を捨て、２枚の身を生干しにしたものをいう。身を削って大根下ろしと酢醤油で食べたり、煮て食べたりする。

蒸して乾魚に制す

また、鰹節はカツオを３枚におろして

煮熟・焙乾・黴付けなどを行い、その間日乾を含めて十分乾燥した日本独特の調味食品である。

鰹節には、旨み成分である多量のイノシン酸を含んでおり「だし」をとる食品の原料として適している。前述の『滑稽雑談』には、「私に云、これ松魚といふものを脯（ほしうを）とす。このもの、四月ごろより地によつて多く出て、脯のいまだ乾かざるものを生鰹（なまぶし）とす。この月ごろ、筍に和へ羹として賞せり」とある。

また、 前述の『日本山海名産図会』には、「かくて形様を能程に造り、籠にならべ幾重もかさねて大釜の沸湯に蒸して下の籠より次第に取出し、水に冷し又小骨を去りよく洗浄（あら）い、又長五尺許の底は竹簾の蒸籠にならべ、大抵三十日許乾し曝し鮫をもつて又削作り、縄にて磨くを成就とす。背は上へ反り腹は直也」とある。

虫ぼしや片山里の松魚節　　炭　太祇
煮鰹をほして新樹の煙かな　　服部嵐雪

カレイ ［鰈］

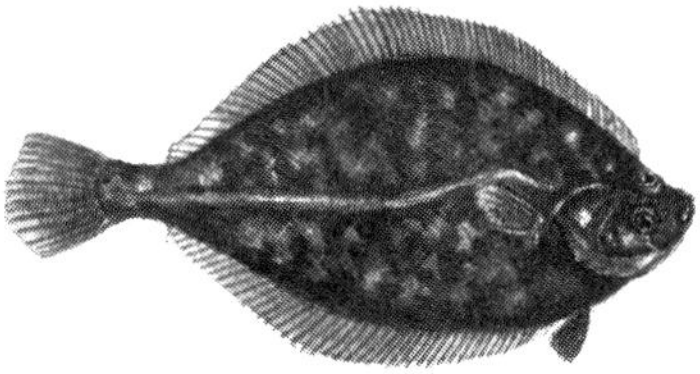

マコガレイ

イシガレイ

語源　名の由来は、古名の「カレエヒ」「カラエイ」から転訛したという。『本草和名』には、「加良衣比（カラエイ）」とある。カレイは一方に目がついており、体の色も左右で違っているので、片割れのような魚の意味で「カタワレイオ（片割れ魚）」から転訛したともいう。

漢字では、「鰈」と書く。英語では［flatfish, flounder］という。アイヌ語では、「横になっているもの」「薄っぺらいもの」の意でシャマンベ、カマウリという。

カレイ目カレイ科の魚類の総称。日本では約40種類あるが主なるものはマガレイ（全長約43㎝）、マコガレイ（全長約30㎝）、イシガレイ（全長約40㎝）、ホシガレイ（全長約40㎝）、メイタガレイ（全長約30㎝）、ヤナギガレイ（全長約30㎝）などがある。

城下ガレイは「殿様魚」　城下ガレイとは、大分県別府湾に面した日出町で獲れるマコガレイのことである。その漁場では、海中から清水が湧いており海水性・淡水性の両プランクトンの豊富な餌のある水域で育っており、味は淡白かつ上品で絶品であるという。江戸時代には将軍家への献上品とされ、地元でも年に一度藩主と側近が口にするだけであった。庶民が食すと罰せられたことから、別名「殿様魚」とも呼ばれていた。

城下ガレイは、フグ造りの刺身や洗いとして賞味される。毎年5月に、日出町で城下ガレイ祭りが開催され、各種のイベントが行われており、城下ガレイを安価に味わうことができる。

左ヒラメに右カレイは「比目《ひもく》の魚」　カレイ、ヒラメのことで、夫婦仲睦まじいことの喩えとして「比目の魚」ということわざがある。また、中国の伝説には「比目魚といって雄と雌が目のない方を寄せ合って、仲良く２身同体となって泳ぐ魚がいる」という。これは夫婦仲がよいたとえ話である。

しかし、「左ヒラメに右カレイ」といわれるようにヒラメは雌雄ともに目のある方が体の左側、カレイは右側である。したがって同じヒラメのメスとオスが、同じ向きに体を寄せ合うことはできない。「左ヒラメに右カレイ」といわれるが、いずれも生まれたときには普通の魚のように体側の左右にそれぞれついている。それが、成長して海底で生活しはじめる時期に合わせて、片側に移動する。

江戸前の「カレイ突き」　古くから東京湾の葛西方面を中心に「カレイ突き」という変わった漁法が盛んに行われていた。遊漁としても深川の船宿などで楽しませてくれた。

「カレイ突き」は、魚を確認して突き刺すのを「見突き」といい、舟に並んで舟を流しながら流しもりを両手でたえず海底を突き刺して獲る漁法を「流し突き」といった。

明治時代には、葛西、大森、砂川などでは、周年、6～10人で下げ潮の際に三枚州付近の水深1.5 mほどの漁場を昼夜操業し、カレイ、コチ、アカエイなどを獲っていた。

「見突き」は、主に大森付近で行われ、8月上旬から4月下旬にわたって水深1.2 ～1.5 mの漁場で昼のみ操業してカレイ、コチなどを獲っていた。

流し突き（「東京都内湾漁業興亡史」より）

高能率の「板曳網漁」　「板曳網」は、袋状の網の口に「網口開口板」という板状のもので、水の

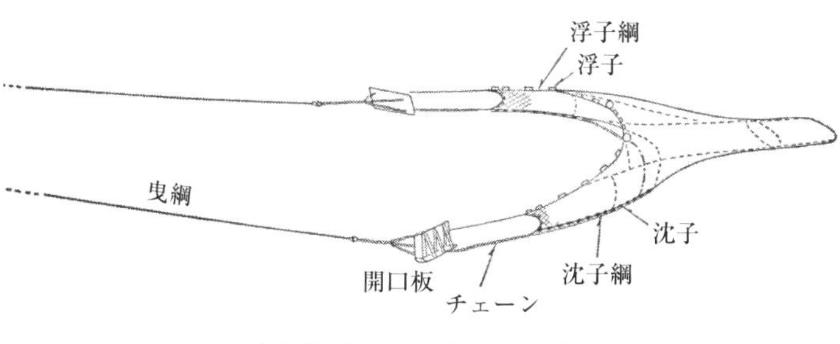

板曳網（4～5t船用）の見取図

抵抗を受けることによって網の口を押し広げる構造になっている漁具で、カレイ、ヒラメなど海の底に棲息している魚を採捕する高能率の漁法である。

この漁法は、日本沿岸では古くから使用されているが、大型のものはオッタートロルといってオッターボード（網口開口板）を有しており、海外でも使用されている。板曳網は、普通の底曳網に比べて漁具費、人件費が少なく、漁獲効率もよいが、他の漁業とのトラブルも多く、水産資源保護上の問題もあり、漁業法、水産資源保護法に基づく「小型機船底曳網漁業取締規則」で農林水産大臣の指定する海域以外は使用を禁止されている。現在、瀬戸内海、紀伊水道、伊勢湾、千葉、茨城、福島の沖合いおよび山形、秋田、新潟の沖合いの一部海域について解除区域が指定されている。網口開口板の構造、規模も海域により異なるが、一枚板から、L字状のもの、あるいは鉄板、チェーンなどを用いたものまである（『日本漁具・漁法図説増補二訂版』）。

名産の「若狭カレイ」　前述したようにカレイは種類が多いが料理としては、煮付け、塩焼き、唐揚げなどにするほか、鮮度のよいものは刺身などで生食する。ことに前述したようにマコガレイの一種「城下ガレイ」は有名で、フグ造りの刺身や洗いは美味である。また、ムシガレイとヤナギムシガレイは水分が多いので一塩の生干しにされることが多い。

とくに若狭湾で獲れるヤナギムシガレイは、「若狭ガレイ」と呼ばれ名産品として有名である。

『日本山海名産図会』では、これを雲上の珍味と賞して「若狭鰈　塩蔵風乾（し

若狭蒸鰈制

おぼし）し是をむし鰈と云は塩蒸なり。火気に触れし物にはあらず。先取得し鮮物を一夜塩水に浸し半熟し、又砂上に置き藁薦《こも》を覆い、温湿の気にて蒸して後二枚ずつ尾を糸に繋ぎ、少しく乾かし一日の止宿も忌みて即日京師に出す。其時期に於ては日毎隔日の往還とはなれり。淡乾の品多しとはいえども是天下の出類、雲上の珍味と云べし」とある。

キス［鱚］

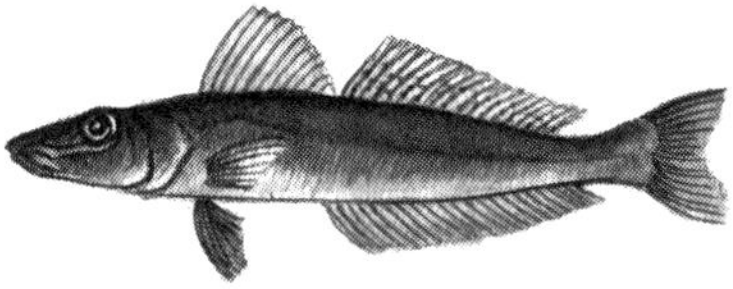
シロギス

語源　名の由来は、味が淡泊であることから「潔（キヨシ）」の転訛したものという説、混じり気のない「生（キ）」と飾り気のない「直（ス）」から「キス」となったとの説などがある。古くはキスコやキスゴと呼び、現在でも全国各地でキスゴと呼ばれる。

『和漢三才図会』には、「幾須子。大なるものを、古豆乃（こつの）という」とある。また、『本朝食鑑』には、「江《いりえ》から河へ上つてくるのを河幾須という。形状は薄小で、円くなく、色も碧を帯びている。江海にいるのを海幾須という。形状は円大で、肥えていて、色も白い。（中略）一種に、形状は円く、肥大で、白黒の虎班《とらふ》のあるのを虎幾須《とらきす》という。味もやはり美い」とある。

『大和本草』には、「虎キスゴ。関東にあり。キスゴに似て虎の文あり。味も亦キスゴに似たり。長さ五六寸、七八寸あり。穴キスゴ。常のキスゴより長く、尾の方小なり。身に処々赤処あり」とある。

『物類称呼』には、「関西にきすご、江戸にてきすと云。伊勢の白子にて雨の魚と云。雨ふる日多くとる魚也。故に名とす。紀州にてだうほうと云」とある。

漢字では「鱚」と書き、めでたい祝儀魚に数えられる。英語では[silver whiting]という。

キス目キス科の海産魚。キスにはシロギス（全長約20㎝）、アオギス（全長約45㎝）別名ヤギスがある。

アオギスの「脚立釣り」　昔は、「食べるなら白鱚、釣るなら青鱚」といわれ、アオギスは音に敏感で船では釣れず、海中に脚立を立てて釣られた。

『和漢三才図会』に「秋月江戸品川芝の海浜にて貴賤之を釣る」とあり、とくに脚立釣りは江戸前の風物詩として名をはせた。

アオギスの脚立釣りは、日本最古の釣り専門書といわれる『何羨録』によれば、「寛文年中（1661～73）上総の国の漁師仁兵衛と云ふ男が江戸の鐵砲洲で試みたのが嚆矢である」と記述されている。

アオギスの脚立釣り

このようにアオギス釣りは江戸時代に江戸ではじまり、東京の中川河口から江戸川河口あたりの浅場に脚立を立てていたが、その後江戸前の開発とともに、戦前から釣り場は千葉県の船橋市、浦安市、富津市青堀へと移り、昭和43年（1968）に蔵波（元袖ヶ浦市）や青堀を最後に見られなくなったという。

シロギスは「船釣り」　シロギス釣りは、八十八夜を過ぎてからである。八十八夜は立春から数えて88日で、

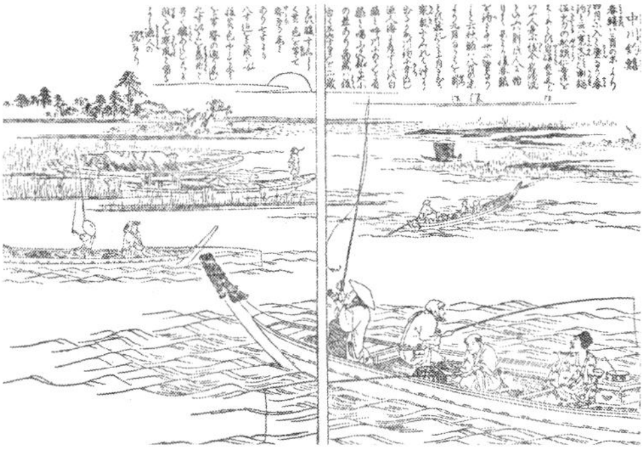
中川釣鱚（江戸名所図会）

５月２日頃である。

キスは日本全国どこの海でも釣れて、代表的な釣りの対象魚である。魚信が明瞭で釣り人に好まれる。

また、キス釣りは女性、子供でもよく釣れるので、最近とくに家族連れが増えている。

『本朝食鑑』には、「江より河に上るものを、河幾須《かわきす》といふ。江海《うみ》にあるものを海幾須《うみきす》といふ。漁人、蛤蜊《しおふき》および蝦《えび》をもつて餌となして、これを釣る。あるいは網をあげてこれを採る。江都の芝浜・品川・中川、七八月の際に官客市人、画船を泛《う》かべ、水嬉《みずあそび》を張りて（開いて）、争ひてこれを釣る。最も武江の勝遊となす」と載っている。

「海幾須」とはシロギス、「画船」とは飾り船、「武江」とは江戸のことで、この頃から江戸前のシロギス釣りは盛んであった。

　引潮や今がさかひや鱚を釣る　　　　高浜年男

天ぷらの上手なコツ　キスは白身の上品な魚で、天ぷら、刺身、昆布じめ、塩焼き、フライ、酢の物などにする。

また、キスは江戸前の三大天ぷら種としてハゼ、メゴチと並んで人気がある。これはキスの脂肪含有量は約１％しかないので、油を使った天ぷらは、上品な味で食感がよいという。

また、キスの水分の含有量は80％もあるので、料理する前に食塩水で処理したほうが身肉に弾力性がでて美味である。

キスやアナゴは、皮の方の衣を厚めにし、必ず皮を下にして油の中に入れる。縮みやすい皮がサッと固まるので身が丸くならない。エビの場合には、腹の部分に３～４か所の切れ目を入れて揚げると丸くならない。

『譚海』には、「きすを生にて骨をきり開きたるを、葛の粉をふりかけて、まな板の上にてそろそろうつときは、きすの肉いかほども広く成り、吸い物に四角に切りて用う」とある。

一片の蓼の葉あをし鱚にそへ　　　富安風生

キチジ［喜知次、吉次］

キチジ

語源　名の由来は、体色が黄色がかった血色であるので「黄血（キチ）」と魚を示す語尾「魚（ジ）」を付けて「キチジ」に転訛したとの説がある。

また、朱赤色の体色がおめでたいことから「吉魚（キチジ）」という説もある。

カサゴ目フサカサゴ科の海産魚。全長約 30㎝。

地方名では、キンキ、キンキン、アカジ、アスナロなどがある。キンキンはアイヌ語で「輝くばかりに赤く美しい魚」の意である。アスナロは神奈川県三崎での地方名で、ヒノキ科の翌檜《あすなろ》の語源「明日はヒノキになろう」から名づけられたといわれている。

漢字では、「喜知次」「吉次」と書く。英語では［thornhead, idiot］という。

魚市場では、キンキまたはキンキンの名で売られている。

最近、大型魚は乱獲で漁獲が激減し、店頭には出なくなった。三陸沖、北海道沖では底曳網や延縄の主要な対象魚である。

「浮き袋」のない魚　キチジは、北海道のオホーツク海沿岸から駿河湾にかけて分布し、とくに北海道や三陸地方に多く、日本海にはいない。水深200～1000 mの深海の岩礁性の海底に生息している。深海魚の中には浮き袋のないものがあるがキチジもその仲間で浮き袋を有していない。

深海魚を引き揚げると気圧の急激な変化で、浮き袋が破裂したり、口から飛び出したりするが、キチジはその点の心配は必要のない魚である。

三陸沖、北海道沖では底曳網や延縄の主要な対象魚で、旬は秋から冬である。深海魚特有の淡泊さと脂肪があり、煮物と一夜干しは最高に美味である。また、開き干しにしたものを味噌漬け、粕漬けにする。高級蒲鉾の材料にもされる。

網走の「釣りキンキ」 キンキは高級魚であるが、その中でも網走の「釣りキンキ」はとくに優良品で、平成18年に産地ブランド品として商標登録された。

網走沖北方約100㎞、水深500 mあたりの岩場の漁場で釣り上げられたキンキは、船上ですぐに選別して箱詰めにされ、帰港するとただちに首都圏や大阪など各地にブランド品として出荷されている。

各地の漁場で乱獲され、大型魚が少なくなった現在でも、ここでは資源調整が行われ大型サイズのものが多く、延縄でていねいに釣り上げる。底曳きで獲ったものに比べ体が網ですれていないので、きれいで鮮度がよく、市場価格では、キロ当たり5000～6000円の高値で取り引きされている。

クジラ ［鯨］

ナガスクジラ

マッコウクジラ

語源　クジラの表面上の皮膚の色は黒が多く、その中の肉（または腹の皮膚）の色は白色であるので「黒（クロ）」と「白（シロ）」をつなげて言い、それが訛って「クジラ」となったとの説がある。

また、クジラは口が広いので「口広」が訛って「クジラ」となったとの説もある。

漢字で「鯨」と書き、京は数の大きい単位（兆の１万倍）を示すものであり、大きい魚という意味である。英語では［whale］という。

『古事記』に「久冶良」という魚がでてくる。「久冶とは白黒を意味し、良とは得体の知れない大きな生きものをさす」とある。『万葉集』には、「鯨魚」「不知魚」などと記され、「イサナ」と呼ばれていた。イサナは古代朝鮮語で「大きな魚」の意味である。『祖庭事苑』（中国の字典、宋の睦庵善卿撰）には、「鯨は波を鼓《う》てば雷となり水を噴けば雨になる」とある。また、鯨は伊勢大神宮の使い姫だという民間信仰もあって縁起のよい動物とされていたので、勇魚・勇伯・海翁などの雅称をもち、雄は鯨、雌は鯢と書かれる。クジラは、クジラ目に属する哺乳動物の総称。しかし、習慣的には体長数メートル以上のものをクジラといい、それ以下をイルカと呼ぶ場合が多い。

クジラ類は世界で83種類いるといわれているが、これらのうち国際捕鯨委員会（ＩＷＣ）が現在管理しているクジラ類は、シロナガスクジラ、ナガスクジラ、ミンククジラ、ザトウクジラ、セミクジラ（以上ヒゲクジラ類）およびマッコウクジラ（ハクジラ類）などの13種類である（『さかな随談』）。

クジラの胎児（1961年）

クジラ目に属する哺乳類の総称。クジラの体は巨大で、体長および体重はそれぞれ、シロナガスクジラは25～27m・100～150t、ナガスクジラは21～22m・45～75t、ミンククジラは8.5～9m・5～8t、マッコウクジラは11～15m・40～50tである。

クジラの先祖は「陸上生活」 クジラは終生水中で生活し、体は紡錘形で魚に似るが、肺で呼吸し、水温とは無関係に体温は一定であること、胎生で哺乳すること、鱗が全くないことで哺乳動物であることがわかる。クジラの先祖はかつては陸上で生活していたが、餌を追って海に入り、やがてクジラへと進化したといわれている。

陸上で生活していた時代には前肢と後肢の4本があったが、現在では後肢（胎児のときにはその痕跡がみられるが、成長段階で消え、生まれるときにはない）はなく、前肢は胸鰭に変化したといわれている。毛は口周辺に少数あるだけである。鼻孔は頭の上部に開き、耳殻はなく、乳は一対が下部にある。

このように先祖が陸上で生活したといわれるクジラが、なぜ、陸に打ち上げられたりすると死んでしまうのか。その理由は、クジラの肋骨と胸骨の連結が弱く、胸壁もやわらかい、そのために体を支える前肢、後肢がなく、陸に上がると体重の重みで胸が圧迫され、呼吸が困難になり、やがて死んでしまう。肺で呼吸するクジラも今では水中で生活するしかないのである。

マッコウジジラ

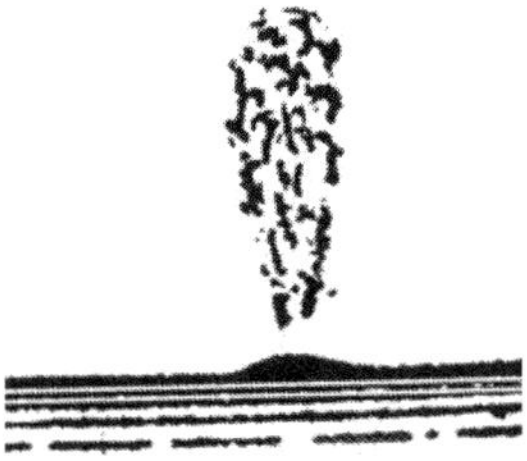
ナガスクジラ

クジラの「潮吹き」

クジラの「潮吹き」　クジラは長時間水中に潜ることができる。普通の種類では20～30分である。マッコウクジラは、70分も潜ることができる。海底1000メートルまで潜水し、ダイオウイカを餌としている。その理由は、筋肉中に血液中のヘモグロビンに似たミオクロビンがあり、大量の酸素を蓄えることができるからである。

水中から浮き上がるといわゆる潮を吹くが、これは潮ではなく肺の空気を吐き出すもので、圧力と温度の急変で水滴が生じ、雲のように見える。その形が種類によって異なるので、クジラの種類などを見分けることができる。

鯨よる大海原の静かさよ　　　　　　正岡子規

クジラの「体温調節」　クジラは低い海水の中で定温（39～40℃）を保つために、エネルギーをなるべく消耗しないような構造、すなわち分厚い皮下脂肪で外の定温を遮断し、鰭と後肢しか熱を放出しないようになっている。汗をかく汗腺もない。

また、血管は、静脈が動脈を取り巻き、動脈から静脈へ交流式の熱交換をしている。体表の温度が海の温度と同じくらい下がっても対応できるように、循環の途中で熱交換を行ってエネルギーを節約するシステムになっているのである。

逆に暖かいところで余分の熱を放出するためにも、分厚い脂肪層が役立っている。脂肪層には収縮可能な血管が分布していて、暑いときはこれを開いて血液を体表近くまで循環させ、血液を海水で冷やすのである。

クジラの「授乳法」　クジラは哺乳動物で、生後７か月間は母乳によって生育する。１日に約700ℓの母乳を飲み、１日に体長が３～４㎝は伸び、体重が100kgも増えるといわれている。クジラの乳頭口は、尾部に近い下腹部の肛門の上部の膣口をはさんで左右にある。

クジラの授乳は海面で行われる。母クジラは子クジラが授乳しやすいように、海面において体の向きを変え乳首を水面に近づける。子クジラが鼻孔を水面を出して、空気を吸いながら母乳を飲む。そのさいに子クジラは、乳首に舌を隙間なく巻き付けるようにして母乳を飲むので、母乳と一緒に海水を飲み込むことはない。また、クジラの乳腺は約２ｍもあり、多量の母乳が子クジラの喉に送り込まれ、とくに吸い込むこともなく飲むことができる。

クジラは「恵比須さま」　日本人とクジラとのかかわりは昔から今日まで深いものがある。日本人はクジラを慈しみ、大切に利用してきた。「一頭の鯨で七浦賑わう」といわれるほど、肉、皮はもちろん骨、内臓など余すところなく利用してきた歴史と文化がある。戦後の食糧の少なかった時代もクジラの配給の恩恵にあずかってきた。

日本にはクジラの恵比須信仰、鯨唄や踊りなど、数々の伝統がいまだに残っている。また、古くから捕らえたクジラの骨を祀った鯨塚は全国各地にあった。クジラを恵比須の対象としている漁村は多い。クジラはイワシなどの魚の群れを沿岸や内湾に追い込み、そのお陰で大漁をもたらすことがあるからである。「恵比須さま」であるクジラが海岸に漂着したりした場合はていねいに供養し、ときには戒名まで授けられて祀られたのである。

東品川（利田神社）の「鯨塚」　東京・東品川の利田《かただ》神社には江戸時代にクジラの骨を葬った鯨塚と鯨碑がある。鯨碑は写真のような富士山の形をしており、中央に「鯨碑」と篆書《てんしょ》で書かれ、当時の俳人

利田神社の鯨塚

谷素外がクジラの捕獲の経過と自らが詠んだ次の句が刻まれている。

江戸に鳴る冥加やたかしなつ鯨
谷　素外

伝説によると、寛政10年（1798）5月1日に1頭のクジラが品川沖に迷い込んだ、付近の漁師が総出で天王洲の岸に追い込んでこれを捕らえた。これは、当時の瓦版に取り上げられ、江戸中の評判になって、一目見ようとクジラ見物人が殺到した。そして、「品川沖にとまりしセミクジラ　皆みんみん飛んでくるなり」という狂歌まで流行した。

十一代将軍家斉も5月3日には芝の浜御殿にクジラを引き寄せご覧になり、その長さ9間1尺（16.6 m）、高さ6尺8寸（約2 m余）の大きなクジラを見て喜び、クジラを捕った漁師たちに「猟師町元浦」と書いた旗を贈ったという。

『海鰌談』には、「幼童、婦女の遠く行て見ること能はざる者に示すために、作る」と記され、諸書を引いてクジラの形状、種類が図示してある。

品川でのクジラは当時それほど有名であったのである。

鯨塚は、利田神社のほか東京都三宅島鯨神社、千葉県勝山浮島神社、和歌山県大地町恵比須の宮、宮城県唐沢町三崎神社、長崎県有川町海童神社など全国に非常に多い。

突きとめた鯨や眠る峰の月　　　　与謝蕪村

「鯨尺」の由来　鯨尺は江戸時代につくられた裁縫用の物差しで、クジラのひげで作られていたためこの名がある。その目盛の1尺は鯨尺と呼ばれ、曲尺《かねじゃく》の1尺2寸5分（約38cm）にあたる長さを基準にして作ったもので、鯨尺の8寸が曲尺の1尺に当たる。鯨尺が使われ

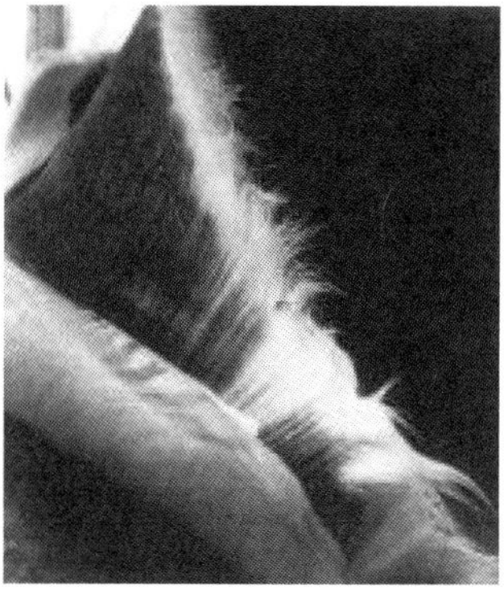
ナガスクジラのひげ

る前は、１尺２寸の呉服尺が裁縫用として使われていたが、呉服尺も鯨のひげで作られていたこともあり、呉服尺も鯨尺と呼ばれた時期がある。

『本朝度量権衡攷』には、「商売上手な商人が客寄せのためにそれまでの呉服尺より五分長い物差しを使用して布や絹を売ったことが始まりである」とある。

江戸時代初期の小噺に、奈良の大仏と土佐の鯨、どちらが大きいかで言い争いとなり、最後に「金（曲尺）より鯨（鯨尺）の方が二寸長い」という落ちになるというものがあった。

ツチクジラの「タレ」　ツチクジラは、前述のＩＷＣの管理以外のものでアカボウクジラ科の歯鯨類に属している。頭の形が木槌に似ているので標準和名がつけられた。日本では千葉県を中心に江戸時代からツチクジラの捕獲が行われた（東京湾内における捕鯨は明治初年に消滅した）。

最近では、昭和 63 年（1988）の捕鯨モラトリアム決定以後は IWC の管轄外の鯨種として農林水産大臣によって毎年許可されているツチクジラの捕獲数の枠が決められている。

ツチクジラ

昭和 63 年には、千葉県のほかに宮城県（鮎川）と北海道（網走）が参入し、枠を 54 頭に拡大、さらに平成 12 年（2000）には 62 頭まで広げて今

ダイオウイカ（1961）
（マッコウクジラの胃から採取）

日にいたっている。

千葉県南房総に江戸時代から伝わる鯨肉の食べ物で、「クジラのたれ」という珍味がある。これはツチクジラの肉を味のついた汁（これもタレと呼ぶ）に漬け込み、天日で干した「鯨の乾肉」である。房州地方では、今でもみやげものとして売り出されていて人気がある。火に炙《あぶ》ると濡れ羽色に変わってなかなかおつな味わいがある。

マッコウクジラからの「竜涎香《りゅうぜんこう》」　竜涎香は、マッコウクジラの体内でつくられる塊状の動物性香料である。抹香ともいう。

英語では［ambergris］といい、「灰色の琥珀」を意味するフランス語の［ambre gris］から転訛したという。竜涎香にはマッコウクジラの食料となる深海のダイオウイカなどのイカ類の硬いくちばし（カラストンビ）が含まれていることが多い。そのため、竜涎香は消化できなかった食物を消化分泌物により結石化させ、排泄したものとも考えられているが、その生理的機構や意義に関しては不明な点が多い。名の由来は、中国では竜の涎《よだれ》が固まってできたことによるといわれる。

古くは６～７世紀にアラビアで使用された記録があり、中世ヨーロッパの貴族が珍重したともいう。マッコウクジラの糞と共に海中に排出されることもあり、また、捕鯨が盛んなときには鯨体を解剖する際に腸管の内に見つかることもあった。大小不定形の塊状として、ときには鼈甲色、ときには黒色、粘質固体、半透明で、たまにその中にイカのくちばしを含むこともあった。過去には高価に売買され、生地の品物自身には芳香はないが、これを精製または他の香料と合わせ使用するときに初めて芳香が得られ、香料の持続性があるという。現在では入手が難しく、じゃ香と並ぶ高価で貴重な天然の香り素材とされている。

クニマス ［国鱒］

語源　秋田藩（久保田藩ともいう）の藩主佐竹公が江戸時代に田沢湖を訪れた際に、地元で田沢湖特産のクニマスを差し上げたところ、大変美味でご機嫌がよく、お国(出羽の国)の鱒というところから「国鱒」と名づけられたという。

クニマス

サケ目サケ科の淡水魚。全長約40cm。別名キノシリマス(木の尻鱒)ともいう。キノシリマスの語源は、後述する「辰子姫伝説」にあるように松明にした木の尻（薪）を田沢湖に投げ込んだところその薪が魚に変わったので名づけられたという。英語ではblack kokaneeという。

クニマスは、かつて田沢湖にのみ生息した固有種である。

『田沢湖の魚族』には、他に類を見ない学会の稀種であると「クニマスの幼魚を見て直感するのは、国鱒は紅鱒(姫鱒の母系)、桜鱒(ヤマメ一名ヤマベの母系)並びに琵琶鱒(アマゴの母系)とは全然別個の種類であるということである。然らば本邦近海に産する鱒のどの種が田沢湖に陸封されるようになったのであるかというと、このような幼魚を持つ鱒は何処にも見当たらないので、その点を明らかにすることは至難である。これを要するに国鱒は他に類例を見ない学界の稀種である」と述べている。

クニマスの体は全体的に灰色、もしくは黒色で下腹部は淡い。幼魚は9個前後の班紋模様（パーマーク）を有する。皮膚は厚く、粘液が多い。

田沢湖の水深は日本一といわれ深いところで約420 mもあるが、クニマスは普通は水深100 ～ 300 m付近の深部に生息し、産卵は水深

40～50 mの浅瀬で行われていたという。

秋田県水産試験場では、昭和13年（1938）3月まで過去10数年に亘り年々クニマスの人工孵化放流の増殖事業が行われていた。クニマスは「1尾、米1升」といわれた高級魚であり、昭和10年（1935）には漁獲量が8万8千尾近くあったという。

しかし、「田沢湖のウグイの歴史」（本書72頁参照）の項で述べたように昭和12年（1937）に時の軍部の命令で発電所の建設のために玉川の酸性の強い毒水（PH3.8）といわれる水を田沢湖に導入したのを契機に1年をまたずにクニマスは絶滅したのである。

西湖のクニマス　田沢湖での絶滅から約70年後の平成22年（2010）に富士五湖の一つ、西湖でクニマスが生息していることが確認された。田沢湖で絶滅する数年前に西湖に10万個の卵が放流されたという記録があるが、これが繁殖を繰り返して現在に至ったものと考えられている。

現在、西湖のクニマスを田沢湖に逆移植しようとする運動があるが、田沢湖の水はなお酸性（PH約5.0）が強く難しい。

ウグイは「酸性型塩基性細胞」が発達しており（金子豊二『魚類におけるイオン調節と塩類細胞』化学と生物35巻1997ほか）、前述したように移植には成功したが、クニマスの場合には、現段階では多くの問題が残されている（『さかな随談』）。

辰子姫伝説　田沢湖の辰子姫伝説とクニマスの話は次のようなものである。

「田沢湖の近くに三之丞という人がいて、辰子という世にもまれな美人の娘がいた。辰子はもっと美しくなりたいと思って、28歳になったある日から毎夜毎夜そっと寝床を抜け出しては神社にお参りした。その百日目の夜、祈り終わって目を明けると、神様が現れて『この山を北に行くときれいな泉が湧き出ているのでそれを飲むとよい』とのお告げがあった。

そして何日たったある日に、辰子は山にわらびを採りに友達と一緒に出かけたが、辰子はたえず心の中で『神様のお告げの泉が見つかりますように』とお祈りしていた。間もなく小さな小川を見つけた、そこには見慣れない魚が泳いでいた。辰子はその数尾を捕って友達と一緒に焼いて食べたが、今まで経験したことのないほど旨かったという。ところがどうした訳かその魚を食べ終わった後、ひどく喉が渇いたので、急いで小川にひきかえしたところ、川岸の岩の間からこんこんと泉が湧き出ていた（いまでも「潟頭の泉」として、田沢湖北、御座石神社西方20 mの場所にある）。辰子はこれぞ神のお告げの泉とばかり、続けさまに飲んだ。

しかし、いつまでたっても喉の渇きはとまらなかった。おかしいなと思って何の気なしに小川に映っている自分の姿を見て驚いた。美しい辰子の姿はいつの間にか大きな龍の姿になっていたのである。

そして一天にわかにかき曇り、雷を交えた滝のような大雨が沛然として降ってきた。そして雨水で谷はうずまり、たちまちそこに湖ができたが、雨はいっこうにやむ気配がない。友達が帰って辰子の母にこのことの一部始終を話すと、母は驚いてその場所に行ってみると湖面の上に龍が現れて、それがいつの間にか辰子の姿に変わり、別れを惜しみながら湖の底に消えていった。

田沢湖（辰子姫像）

そのおりに、これを見たみんなが悲しみ、松明にした木の尻（薪）を湖に捨てたところ、その薪がクニマスに変わったという。このクニマスは辰子がみんなへのお詫びの贈りものであったといわれている」

以上が、永遠の若さと美貌を願って湖神となった美少女辰子姫の伝説である。

今は、美しい辰子姫のブロンズ像が田沢湖の岸近くに青い湖水を背にして清らかに立っている。

ヒメマスよりも美味い高級魚　田沢湖のクニマスは、高級魚であるために専業の漁師がいて「刳《く》り舟」（丸木舟）を使用し操業していた。1～3月が最盛期であった。漁獲後はすぐに死んで徐々に白く変色したという。

クニマスは、田沢湖という栄養分の少ない湖でミジンコなどを主に摂っていたために釣りの対象とはならず、その漁はもっぱら刺し網で行われていた。刺し網は、春夏は水深150 m前後、秋冬は260 m前後に入れられていた。

身は白く柔らかでヒメマスよりも美味で高級魚とされた。大正時代は全長30cm前後のクニマスは1尾35銭、米1升と交換できるほどの価値をもっていたという。地元でも祝い事や正月などのときにしか食べることのできない高級魚で、昭和天皇に献上されたこともあるという。

豊漁の年でも地元では冠婚といった特別のとき以外は食べなかったといい、大半は雑魚箱に入れて近くの角館町に売りにでたが、その角館でも買う家は地主、上級武士、豪商などに決まっていたという。売り子は、このために「軒打ち」いい、あらかじめ買ってくれそうな家を覚えておいて売り歩いたという。料理する場合は、焼き魚にすることが多かったという。

クロダイ［黒鯛］

語源　名の由来は、体の色が黒っぽいタイであることからといわれている。

クロダイ

『和名類聚抄』には、「久呂太比（クロダヒ）」の名前が登場している。

スズキ目タイ科の海産魚。全長約45㎝。関西ではチヌ、関東では１歳未満をチン、２歳をカイズ、３歳以上をクロダイと呼ぶ。

漢字では［黒鯛］と書く。英語で［black porgy］という。

『和漢三才図会』には、チヌの語源について「泉州より多く産す、古くは泉州を茅渟《ちぬ》の懸と称へたり、故にこれを名とす」とある。

『日本書紀』には、「神功皇后が角鹿《つるが》より渟田《ぬた》の門に到つて船上で食する時、海鯽（ちぬ）魚が多く船の傍に聚《あつま》つた」とある。

『和名類聚抄』には、「海鯽を知沼と訓じている」とある。

『本朝食鑑』には、「黒鯛。一名は尨魚《くろだい》。ある人は尨魚の小さいのを知奴鯛《ちぬだい》という」とある。

雄から雌に「性転換」　クロダイは「雄性先熟」といって、雄として成熟した後に雌に性転換する魚である。幼魚期はすべて雄で全長10㎝を超えると精子ができる。15～20㎝くらいになると卵巣も発達し、雌雄同体となるが、産卵の際には雄の働きをする。それが20㎝を超える頃から雌の働きをするものが現れ、さらに25～30㎝の５年魚になると完全に雄と雌に分離する。しかし、雌が圧倒的に多い。産卵期は４～８月で、沿岸浅場で10～20万粒の分離浮遊卵を産む。

クロダイは血を荒らす　クロダイは沿岸魚で、一般に50ｍ以下の浅海の砂泥地に生息し、時には半鹹水域に、また幼魚は潮だまりに入ることもある。両顎の発達した臼歯により、貝類、蟹類、フジツボ、クモヒトデなどの硬いものをよく食べる。また、ゴカイ類なども食べる雑食性の魚である。

「クロダイは血を荒らす」とも「クロダイは血を荒らすから妊婦に食わせるな」といわれるが、丈夫な歯で何でも貪り食う習性からでたもので、とくに根拠はない。江戸時代にはクロダイを食べると流産の原因にもなり、そのうえ芥子を併食すると堕胎の罪を犯すことにもなったという。

古川柳に「黒だひは白木の台へのらぬ魚」「黒鯛をいのちにかけて下女喰らひ」「黒鯛を芥子で旅の留守に喰ひ」というのがある。

また、いかもの食いを「黒鯛のような奴」という言葉もある。単に「黒鯛」といえば、不身持ちの女性や娼婦にたとえられた。

しかし、クロダイは美味で、洗い、刺身として食される。その他、塩焼き、味噌漬けもよい。

チヌ釣りは「最高の釣趣」　クロダイ（チヌ）釣りは、釣り人にとって最高の釣趣のある釣りといわれ、各地で独特の釣り方が発達している。クロダイは海底の砂泥地の近くを遊泳し、表層にはあまり上がってこない。性質は利口でずるく、動作が素早く警戒心が強い。そのうえ釣り糸の細かさや釣り餌の大小､味に対して非常に敏感である。普通は何でも食うくせに釣餌に対して選り好みが激しく、釣りには工夫が必要とされる。

釣りの好期は初夏から晩秋にかけてである。夜行性であるため夜釣りが多いが、潮に濁りある時や多少波立つ日なら昼間でも釣れる。防波堤、岸壁、桟橋などの近くに魚が集まってくるので、これらの場所は釣りやすい。釣り方としては大別して浮き釣り、ふかせ釣り、投げ釣りがある。

関西の釣り人はクロダイをチヌと呼んでチヌ釣りが盛んである。最近では養殖筏の下に寄ったチヌを狙う筏釣りが盛んで、この釣りは合わせから取り込みまでの妙味があるとされる。

コイ ［鯉］

語源 名の由来は、高位（コウイ）からの転訛だといわれ、古くから貫禄十分な風格ある魚といわれている。

コイ

『本朝食鑑』には、「昔から鯉は魚の主とされており、したがつて後人はこれを諸魚の長としている。能く神変し、禹門《うもん》に躍り登る故事によつてであろうか」とある。

また、雌雄相恋して離れないので、「恋」からでたともいわれる。

『倭訓栞』には、「語源は恋と同一である」とある。

漢字では「鯉」と書くが、これは鯉の鱗が約36枚あることから、36町が1里に相当するので「里」が用いられたとの説もある。英語では［carp］という。

コイ目コイ科の淡水魚。全長30～60cm。飼育品種には、ヤマトゴイ、ドイツゴイ（カワゴイ、カガミゴイ）、ニシキゴイなどがある。

ハラワタのない魚 「江戸っ子は五月の鯉の吹き流し、口先ばかりでハラワタはなし」という言葉がある。江戸っ子は、言葉は荒っぽいが、腹の中にわだかまりがなく、気持ちはさっぱりしていることのたとえである。コイはどのような水質の中でも生息し、いかなる環境にも順応できるたくましさを持っている。抵抗力も強く水の外でも暫くは生きることができる。

また、コイは他の魚と比べて形態上もいくつかの変わった特徴がある。４本の口ひげをもっていること、上下の両顎に歯がないが、その代わりに喉の骨に３列臼状の歯をもっていること、背鰭の基底部の長いこと、また、胃がなく食べたものを直接腸に送り、そこで消化することなどである。冒頭の言葉の「ハラワタなし」は正確には「胃袋なし」というのが正しいのかもしれない。

体長は普通 30 ～ 60㎝であるが、記録では１.５ｍ、4.5kgというのもあるという。

報恩寺の「鯉の俎開き」『徒然草』には、「鯉は魚のなかでも尊いものであるから、宮中の膳部料理（四条流）として尊いお方の前で調理される」とある。今でも、埼玉県の秩父神社や東京都台東区の報恩寺の「鯉の俎開き」や神奈川県の鎌倉八幡宮の「包丁式」といった行事が行われている。

報恩寺での行事は、毎年１月 12 日に行われる。この行事は 750 年以上前から行われ、仏教と神道が混合したもので、天神様への報恩感謝の気持ちをあらわす儀式といわれている。寺の開祖性信上人の画像の前に２尾の大鯉を供えた後、土佐烏帽子《えぼし》、直垂《ひたたれ》姿の庖丁人が包丁を右手に、長い鉄の真魚箸《まなばし》を左手にコイには指一本触れないで、古式に則って切りさばかれる。

報恩寺の「鯉の俎開き」

出世の象徴「鯉のぼり」　毎年５月は鯉のぼりの季節である。江戸時代には武家が家紋や鍾馗《しょうき》の絵を染め抜いた幟を立てるのに対して、町人は、滝を登ろうとする鯉を「出世の象徴」として５月５日の端午の節句に鯉幟を立て、男子の成長を祈った。

鯉のぼり（川越）

これは、コイは多産であること、コイは口許に歯がなくて喉に鋭い歯があり、胃袋がなくて食道が腸に直結し消化吸収が早く発育がよいので子供の成育を祝福して鯉幟を掲揚したのである。

ちなみに「端午の節句」は、「重五」ともいう。五が午（太陽の勢いが熾《さか》んな時刻と方位）と同音であるので、初めて五が重なる日に、太陽の力と菖蒲や蓬《よもぎ》の薬効で邪気を払い害虫や蛇の毒を除くために行う行事でもある。

古川柳に「鯉を下ろして蒼朮《そうじゅつ》を焚いて居る」というのがある。蒼朮は、オケラともいう菊科で多年生の薬草で、これを焼いて邪気を払っている情景を詠んだ句であろう。

『日本歳時記』には、「紙旗にはいろいろ絵を書きて長竿につけ戸外に立てる、あるいは長旛（長い旗）を加え吹きながしとする」とある。

また、『江戸歳時記』（天保年間）には、「紙にて鯉の形を作り竹の先につけて幟とともにつけること近世の習なり」とある。

鯉幟ここにも日本男児あり　　　　巌谷小波

コイは「長命の魚」　日本には「鯉の滝登り」ということばがあり、中国には「龍門の鯉」ということばがある。これは立身出世の意である。また中国では、「黄河上流の龍門峡の激流をさかのぼりた鯉が龍となる」という伝説があり、料理にも「龍門登鯉」という献立がある。

また、鯉は淡水の王といわれ、とくに滝登りの鯉の様子は好んで描かれてきた。

コイは「長命の魚」ともいわれている。普通は30年ほど生息するが、

70 ～ 80 年を超えるものもある。『これが日本一』（吉永康平、昭和36 年〈1961〉）には、「岐阜県加茂郡東白川村越原の越原家の池には宝暦元年（1751）生まれの雌、文化 10 年（1813）生まれの雄など150 年を超える鯉が 6 尾もいる」とある。

夕立にうたるゝ鯉のかしらかな　　　正岡子規

「稲田養鯉」の始まり　昭和の初期頃までは、水田にコイの稚魚を放し養殖する「稲田養鯉」が盛んであった。弘化元年（1844）に長野県佐久の浅沼太一郎が屋敷裏の稲田にコイを放ったのが始まりで、明治 10 年頃には全国に広がり盛んに行われるようになった。稲作の方法は地方によってかなり違っているので、それに応じて稲田養鯉の方法にも多少の差異がある。

一般には稲田に発生する天然餌料のみで無投餌でコイを育てる場合と、投餌をして魚を十分に育てる場合とがある。昭和中期以後は稲田への農薬散布が行われるようになり、残念ながら稲田養鯉は溜池養殖にとってかわられた。

蓑和田の鯉の運上一年物　　　井原西鶴

味も釣りも寒鯉が最高　産卵期は 4 ～ 7 月で、親魚の群れが岸近くの浅所に来遊して水草、ヨシ、マコモなどの葉や茎などに産卵する。孵化後 2 ～ 3 年で成熟する。湖、池、沼、大きな河川の中下流域に棲み、冬になって水温が下がると水底の泥沼底に潜って餌などはほとんどとらない。

寒中のコイは美味であるので、とくに「寒鯉」という。

『美味求真』には、「東京の人は鯉を夏期に食すること多けれど、夏は最も不味の時にて、12 月より 3 月頃までを最上の旬とす」とある。

また、釣り師にとっても寒鯉の釣りは難しく一番釣りの醍醐味があるという。古くから寒鯉釣りは人気がある。

『滑稽雑談』には、「按ずるに、このもの江湖池沢に生ず。（中略）

定州にて取るもの、江武へ多く出て、これを買ふといへり。他国にも、寒の鯉を捕ることはべるよし」とある。

寒鯉の一擲したる力かな　　　　高浜虚子

寒鯉の居るといふなる水蒼し　　　　前田普羅

コイは「授乳の薬」　コイには蛋白質、ビタミンB_1・D・Eが豊富に含まれている。古くから「鯉こく」が母乳の分泌をよくすることは知られており、娘が出産すると里からコイを届ける風習があった。

コイの洗い

古川柳に「乳の薬にと里から魚がくる」「乳の薬里から魚を見舞ふなり」というのがある。

また、妊娠中や病後などの体力が落ちた後の回復には最高に効果があるともいわれている。魚類の中では、とくにビタミンB_1を多く含んでいるので、糖質の代謝に役立ち、疲労回復の効果が高い食品とされている。

『徒然草』には、鯉の効用について「鯉を食べた日は髪がそそげず（みだれない）」とある。

料理としては、洗い・鯉こく・うま煮・飯鮨・中華風丸揚げなどがある。コイの洗いは、芥子味噌で食べる。

中国では「龍門の鯉」ということばがあり、立身出世の象徴とされている。「龍門登鯉」という献立があるほどである。

昼中の杯取りぬあらひ鯉　　　　尾崎紅葉

コチ［鯒］

語源　名の由来は、その形が神官の持っている笏《しゃく》に似ており、笏を「こつ」とも呼んだことから転訛したとする説がある。また、コチの骨が硬いことからコツ（骨）と呼ばれたことから転訛したとする説もある。

マゴチ

『大和本草』には、「まれにヒキガエルがコチに化することがある」とある。また、『魚鑑』には、「コチは江戸に多く、コイ、スズキに次いで酒の肴の逸品である」とある。

漢字では「鯒」と書く。英語では［flathead］という。カサゴ目コチ科の海産魚の総称。または、その一種のマゴチを指す場合もある。マゴチは全長約50㎝。

日本近海のコチの種類には、コチ（マゴチ）、メゴチ、イネゴチ、アカゴチなどがある。

雄から雌へ「性転換」　メゴチ、イネゴチなどは雌から雄に性転換するが、マゴチはしない。メゴチ、イネゴチなどは、孵化後２年まではすべて雄であるが、３年頃から成熟がはじまり、体長50㎝以上になるとほとんどのものが雌に転換する。ちなみに、性転換する魚類は300種くらいあるといわれ、主なるものを挙げれば次のようなものがある。

雌から雄へ性転換：ホンソメワケベラ、キンギョハナダイ、マハタ、キュウセン、キンギョハタダイ、オウムブダイなど

雄から雌へ性転換：クマノミ、クロダイ、メゴチ、イネゴチ、ハナ

ヒゲウツボなど

雄と雌双方向へ性転換：ダルマハゼ、オキナワベニハゼ、ホシササノハベラ、アカハラヤッコ、オキゴンベなど

「コチの頭は嫁に食わせろ」「コチの頭には姑の知らぬ身がある」の俗諺もある。「コチの頭は嫁に食わせろ」というのは、コチの頭は骨ばかりで「嫁いびりの言葉」ともとれるが、反面、「コチの頭には姑の知らぬ身がある」の言葉の通り、頬にはカサゴなどと同じように美味しい身がつまっていて、「嫁を大切にする言葉」でもあるという。

『本朝食鑑』には、「コチは胃を開き、食をすすめ、肌肉をすこやかにする。渋り腹、切り傷、下痢に効き、血をめぐらし、肌を生かし、腹下しを止め、小水を通じ、両腎を補い、遺尿を治す」とある。

コチは、白身の魚で身が引き締まり、たいへん美味である。旬は夏で、洗いや薄造りにし、ポン酢醤油や梅肉醤油、山葵醤油などで食べる。また、焼き物、煮物、天ぷら、ちり鍋などにするほか、酒の肴としてなますにもする。

コノシロ［鰶、鮗、鰤］

語源　名の由来は、『慈元抄』に「焼く臭いが人を焼く臭いと似ているいるところから、この魚を焼いて子の代わりとした」とあり、そこからコノシロになったという説がある。

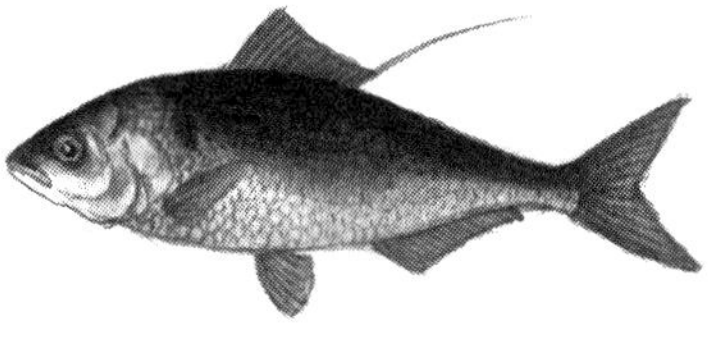

コノシロ

『物類称呼』には、「生まれた子供が次々と死ぬ家では子の胞衣《えな》とコノシロを一緒に埋めると、子は生まれ代わって育つが、この子には一

生コノシロは食べさせない」とあり、「子の代」としたことからとの説もある。

コノシロを食べることは「この城を食べる」ことに通じ、武士の間では嫌われコハダと呼んだという。

『塵塚談』には、コノシロについて「武家は決して食せざりしものなり」とある。

しかし、これとは逆に『江戸懐古録』には、「康生二年、道灌が江ノ島弁天に詣でての帰途、船にコノシロが飛び込んできた。そこで道灌は『九城（コノシロ）我が手中に入る。これ我が武を輝かす吉兆なり』と喜び、その時に江戸城の築城を思い立つた」とある。

ニシン目コノシロ科の海産魚。全長約25㎝。関東では、コノシロの当歳魚をシンコ、15㎝程度のものをコハダ、関西ではツナシと呼ぶ。

漢字では、「鰶」「鮗」「鰣」と書く。コノシロは、稲荷の使姫であり狐の好物であるから、初午の日に限り桐の台に載せ神前に供えられ、正一位の位がつく（食らいつく）という意味で魚偏に祭と書く字を拝領したという。英語では［gizzard shad］という。

古川柳に「初午があるのでこのしろ台に載せ」というのがある。

「子の代」の伝説　コノシロの名の由来となったという「子の代伝説」について、『本朝食鑑』には、次のように記述されている。

「曾《かつ》て聞いた話であるが、昔、野州室の八嶋の市中に富商がおり、一人の美しい娘をもうけた。この娘は、年ごろを過ぎたがまだ他に嫁がず、空しく深窓の中に暮らしていた。たまたま市辺に流寓の公子の某《なにがし》というものがおり、常に富商の家にきていつしか親しい間柄となり、遂に娘と密かに通じるようになった。父母はそうなったことを予め識っていたが、拒む気持ちはなく、内心ではすぐにも娘をその公子に嫁がせ財を分け与え同居させようと考えていた。けれども外部のそしりをはばかってまだ果たさぬうち、州の刺史がその娘の美貌を聞き伝え、娘をお側へさし出すことをもとめてきた。親たちはもとめられてもあたえず、そうこうするうちに刺史は大いにいかって、心中常づね罪をかまえてその家をほうむろうと計画していた。父母は災禍がまさに至らんとするのを察し、世間には『娘はやまいに遭ってにわかに病没いたしました』と表言し、新しく棺桶を作り、その中に鰶《このしろ》数百尾を盛り入れて死者のように偽装し、父母と親睦した者たちは、喪服をまとい柩を引き、ともに野に出てあな中に据えて荼毘《だび》にふした。刺史はそのことを聞いて大いに哀嘆した。その後日を経て、父母および公子は娘を携えてひそかに他国へ出ていった。後代の人はこの話を憐れみ、和歌にして悼傷している。それから津那志《つなし》を子代《このしろ》と呼んで鰶の字を充てるが、それはこの魚が娘の死の身代わりになったためであるという」とある。

江戸庶民に愛された「押し鮨」　コノシロは、関西では塩焼き、煮付けにするが、東京では10㎝ほどのものをコハダと称し「コハダの握り鮨」は江戸前の定番である。コハダの握り鮨の前身といえるものに「当座鮓」というのがある。当座鮓は早鮓、押し鮨とも呼ばれ、宝暦（1751～63）の頃から出回りはじめた。これは、飯と具を桶に入れてちょっと押さえつけるようにして、そのまま食べるもので、簡便さをねらったものである。

『浪華百事談』には、「鮓とよべるものは総て酢桶に製して、早くも一日一夜、あるひは二日も経て後食用とす。然るに鮨箱に飯を入れ、魚肉精物をおき圧板をおき、両手にてよく押して直ちに売るものをかくいひ、また暫時重石をおきて売るも、また早酢と云ひしぞ」とある。

押し鮨の行商

コハダの当座鮓は安価な鮨として庶民に愛されたという。夏になると鮨箱を重ねたものをかついだ行商が、江戸のあちこちで売り声賑やかに訪れた。

当時の『柳多留』には、「鯵のすうこはだのすうと賑やかさ」（すうとは鮨の意）という句が掲載されている。

しかし、「けちな鮨コハダの皮に飯を張り」という句もあり、この鮨はコハダの魚肉が透き通るぐらい薄くて、それが飯に張りつけてある状態であるともいう。

『文字の知画』には、釣餌の箱のような物に鮨を詰め、幾重にも重ねて担っている「押し鮨の行商」の画が記載されている。

サケ［鮭］

語源　サケの語源について、『日本釈明』には、「サケは裂なり」とあり、その肉片が裂けやすいことから転訛したという。

シロザケ

また、サケの地方名称は東日本では古くはスケと言ったので、サケに転訛したともいわれている。さらに、身が酒に酔ったように赤いので「酒気（サカケ）」からきたとする説、瀬を遡上する「瀬蹴（セゲリ）」からきたとする説などがある。アイヌはサケを「カムイチェプ」と呼んだが、カムイとは神様、チェプとは魚の意である。

サケ目サケ科サケ属に属する魚。サケ属には、サケ（シロザケ）、カラフトマス、サクラマス、ベニザケ、マスノスケ、ギンザケなどがある。シロザケは全長約１m。地方名ではシャケ、東北でアキザケ、アキアジともいう。また、秋にさきがけて夏に岩手、北海道東岸に現れるサケをナツザケ、トキシラズと呼んでいるが、身がしまり高級品とされる。

また、「圭児（ケイジ）」は繁殖年齢に達しない索餌回遊中のもので沿岸で漁獲され、高級品として珍重される。「目近（メジカ）」は、産卵回遊中のもので、まだ成熟せず鼻先と目の距離が近いものをいう。ブナは成熟して川を遡上し、体色の変わったもので、ホッチャレは、鼻先が曲がったサケで、卵巣や精巣をとったまずい魚肉のことをいう。

英語では［salmon］という。

弥生時代の「鮭石」　東北、北海道地方では、弥生時代の先住民にとって鮭は重要な生活の糧であり、その豊漁を祈って石に鮭の絵を彫った「魚形文刻石」（通称「鮭石」）が出土している。その場所は秋田県由利本荘市矢島町で、秋田県の重要文化財に指定されており、由利本荘市矢島郷土資料館に展示されている。前杉遺跡（矢島町城内前杉）の鮭石は直径1.5 m、短経90㎝、最厚部は中程で45㎝で、その石には魚の形が多数線刻されており、12尾の魚が確認されている。このほか鮭獅子は大谷地、針ケ岡の２個所でも発見されている。これらの鮭石が発見された付近からは石器、土器、土偶などが多数発見されている。

鮭石（矢島郷土資料館蔵）

母川に帰る「サケの習性」　サケは北洋で大きく成長して生まれた川、母川を目ざして再び帰って産卵する習性をもっている。この習性を回帰性という。この回帰本能の最も強いのはベニザケ、マスノスケといわれている。

シロザケ、カラフトマスは、70～80％が母川に帰り、残りが母川に近い川などにのぼっている。サケが母川に回帰するのは、その川の水の臭いを覚えているからだといわれているが、これを「臭覚回帰説」といい、サケは目で陽の高さや角度を測って進路を決める。

母川の河口に集まったサケ

また、太陽の位置で時を知る本能をもっていて、「天文航法」で母川への旅を続けるのだという「太陽コンパス説」がある。

このほか「地磁気説」「海流説」等があげられているが真偽のほどは定かでない。

魚の通路の妨害は「法律違反」　サケ・マス類やアユなどのようなさく河魚類の水産資源の保護対策の一環として、その河川などの通路となる水面に設置されている工作物または新たに設置されようとしている工作物に対して、水産資源保護法に基づいて種々の制限または禁止事項が定められている。

河川などに設けられている既設の工作物については、その所有者または占有者は、サケなどのさく河魚類のさく上を妨げないようその工作物を管理することが義務づけられており、さらに農林水産大臣または都道府県知事が、その義務が遵守されていないと認められるときは、その工作物の所有者等に対して、魚類のさく上を妨げないように管理することを命ずることができる（水産資源保護法第22条）。

河川などに新たに工作物を設置する場合には、農林水産大臣は、さく河魚類の通路を害するおそれがあると認めたときは、水面の一定区域を限って、そのなかで工作物の設置を制限し、禁止することができる（水産資源保護法第23条第1項）。この場合に、その工作物を設置しようとする者に対し、さく河魚類の通路ま

魚道（さく河魚類の通路）の一例

たは通路に代わるべき施設、たとえば、魚道、魚梯などの人工通路等の設置を命ずることができ、もしくはこれらの水面におけるさく河魚類またはその他の魚類の繁殖に必要な、人工孵化施設、畜養施設等の施設を設置し、または、それらの資源の孵化放流などの方法を講ずることを命ずることができる（水産資源保護法第23条第2項）。

サケの「人工孵化事業」　サケ類のもつ回帰性についてわが国では古くから知られており、江戸時代にはすでに天然産卵に対する保護助長が行われていた。明治21年（1888）に北海道の石狩川の支流の千歳川に官営の千歳中央孵化場が建設されてから本格的に孵化事業が始められた。昭和26年（1951）には水産資源保護法が公布され、同法に基づいて昭和27年に北海道における孵化放流事業は国に移され「水産庁北海道さけ・ます孵化場」が設置された。その後、水産庁北海道さけ・ます孵化場の事業は、現在、独立行政法人水産総合研究センターのさけ・ますセンターに引き継がれ、水産資源保護法第20条に基づき国の監督下のもとに人工孵化事業が実施されている。一方、本州においては、藩制時代からあった自然産卵保護制度が明治になっても引き継がれていたが、北海道における孵化放流事業の普及・発展の影響により徐々に孵化場が建設された。全ての孵化放流事業は民営により行われていたが、昭和30年（1955）からは国費・県費の補助事業として実施されている。

サケ類の孵化放流の行程は次のとおりである。

①親サケの捕獲　9月から12月にかけて産卵のために母川へ戻ってきた親魚を捕獲する。未成熟な親魚は、成熟して卵が採れるまでの期間、陸上蓄養池あるいは河川内生け簀等において蓄養する。

②採卵・受精　成熟した雌から切開法により採卵する。これに雄の精子をかけて受精させる。雌1尾から約2,500粒の採卵ができる。

③仔魚の孵化　卵は約8℃の水を流した孵化槽に収容してから、約

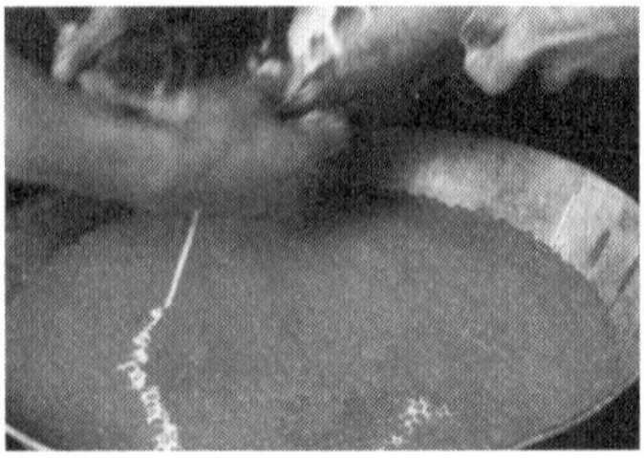

採卵・受精

サケの孵化

1か月経過すると外から仔魚の目が見えてくる。それからさらに1か月で仔魚が孵化してくる。

④浮上・飼育　仔魚は約50日でさい嚢（稚魚の腹部にある栄養のつまった袋）の栄養を吸収し、稚魚として浮上し、遊泳を始める。これより約1か月の間、飼育池で餌を与えて丈夫な稚魚に育て、放流に適した時期を待つ。

⑤放流　3月から5月にかけて川や海の水温や餌の状態が稚魚の成育に適した時期（沿岸水温5℃以上13℃以下）になると、河川に放流する。このころの稚魚の体長は4～5cm（約1g）になる。

サーモンフィッシングは「河川では禁止」　母川回帰性のサケ類の親魚を産卵前に採捕しつくしては、次世代の再生産が絶え、サケ類資源が壊滅となることにもなる。このようなサケ類資源の特性から、わが国では水産資源保護法第25条に基づいて、河川・湖沼等の内水面でサケを採捕することが原則として禁止されている。ただし、漁業の免許を受けた者や水産資源保護法第4条および漁業法第65条の規定による省令または都道府県漁業調整規則に定める手続きによって、農林水産大臣または都道府県知事の許可を受けた者が、その免許またはその許可に基づいてする場合には、例外的にサケの採捕が認められている。

したがって、一般にはサケの孵化放流の増殖事業のためにサケを採捕する場合は、漁協の組合員が免許に基づいて採捕が行われている。また、日本の場合には遊漁者がサーモンフィッシングを行うことは、原則として海面では沖釣り、岸釣りができるが、河川などの内水面においては、許可された場合を除き、釣りを含めていかなる方法でも捕ることができない。

水産資源保護法第25条、漁業法第8条第3項に規定する内水面においては、さく河魚類のうちサケを採捕してはならない。但し、漁業の免許を受けた者又は漁業法第65条第1項 及びこの法律の第4条の規定に基づく農林水産省令若しくは規則の規定により農林水産大臣若しくは都道府県知事の許可を受けた者が、当該免許又は許可に基づいて採捕する場合は、この限りでない。

「初鮭」は将軍家へ献上　サケは9月に川を上りはじめるが、初めて川をさかのぼるサケを「初鮭」という。

『北越雪譜』には、「江戸の初鰹に劣らず初鮭は銀の如く光り、内の色、紅を塗りたる如し」とある。江戸時代には、「初鮭」は将軍家へ献上された。

『滑稽雑談』には、「越国の民、七月中旬より初鱖《さけ》を猟る船をしつらひ、漁者袴を著し、あまなくこれをさぐり求む。その初めて鱖をえたる時は、その地の長に告げて、これを飛脚を以て将軍家へ奉る。その録は米一石・白銀二枚、その国司またその地の長よりこれを与ふ。二番鱖《さけ》は漁者の録米半石・白銀一枚賜ふといふ」とある。

また、初鮭は庶民の間でも古くから珍重され江戸時代には相当の高値を呼んでいた。

『慶長見聞集』には、「近年初鮭一喉五十両、三十両のあたひする。古への例にこそ一字千金、春宵一刻千金などとあれ、今は初鮭一喉あたひ千金とや云はん、是も大海の生魚なきがゆへ也」とある。

　一番にはつ鮭来り馳走砂　　　小林一茶

初鮭や只一尺の唐錦　　　　　　　大島蓼太

「ほちゃれ」の定め　母川に帰ったサケの雌雄は上流で力を合わせて産卵床をつくり、雌が卵を産みつけると、雄は雌に体をすり寄せて、精子を射出して受精する。産卵が終わると雄は雌から離れるが、雌は産卵床の上流側に砂を掘り、その上を覆う。子孫を残すために全力を振りしぼって産卵を終わり、サケは精も根も尽き果て、尾羽打ち枯らして３～５年の短い生涯を閉じる。鼻は欠け、鱗は落ち、皮は破れ、文字通り満身創痍の姿になる、この状態を「ほっちゃれ」「ほっちゃり」という。食べたとしても大根以下の味となり、俗に「川大根」という。痩せ衰えたサケは、水の流れに押し流されながら、やがて力つきて雄も雌も息をひきとっていく。

『改正月令博物筌』に「鮎と同じく春江海の間に生じて、秋に至りて河上に上るなり。秋の末に黒点を生じて死すといえり。一年限りのものゆゑに、鮎を小年魚といひ、鮭を大年魚といふなり。奥羽の間に多し」とある。

ぼろのごと放つちやれ鮭の横たわる　　　　　大野林火

野辺といふ鮭の末路に妻つれて　　　　　古舘曹人

「鮭の大助」の民話　サケに関する民話も多いが、その代表的なのが「鮭の大助」である。岩手県気仙沼郡竹駒村（現、陸前高田市）に羽瀬家という旧家があり、そこに伝わる民話である。『鮭鱒聚苑』によれば、大要は次のようなものである。

「羽瀬家の先祖は他国から落ちのびてきた武士で、竹駒村で代々牛を飼って生計をたてていた。ところが、毎年どこからともなく大きな鷲が飛んできて、しばしば牛をさらっていくので、その家の主人は困ったものだと考えたすえ、牛の代わりに自分が牛の皮をかぶって鷲のくるのを待ちかまえた。鷲が飛んできて牛の皮をかぶった主人は空高くつれさらわれてしまった。そして、主人をつれていったのは、玄界灘の沖にある名もない孤島であった。

主人が途方にくれていると、そこにいずこともなく１人の老爺が現れて『自分は鮭の化身で、大助というものである。毎年12月20日、我々の仲間は気仙沼の今泉川へ産卵するのを例としているので、その好意に報いるため、あなたを故郷にお送り申しあげましょう。早く背にお乗りください』というので、その背に乗ると、たちまち故郷に戻ることができた。鮭の好意に深く感謝した羽瀬家の主人は、その後毎年12月20日を期して鮭に感謝の意を示すことにした。そして、御神酒を供え、川口に行って鮭網の一部を切るという儀式を執り行い、長くその儀式は続いたという」

この伝説からも、気仙沼あたりでは相当古くから鮭網を用いた鮭漁が盛んに行われていたことがわかる。

「鮭颪《さけおろし》」は鮭漁の前兆　奥羽地方で、サケが産卵のために川を遡上する陰暦８月頃（仲秋の頃）に吹く強い風のことを「鮭颪」という。鮭颪が吹くと鮭漁が始まる前兆とされている。

『物類称《ぶつるいしょう》呼《こ》』にも、「八月（陰暦）の風を暴風といふ。陸奥にて、鮭颪と呼ぶ。この頃より鮭の魚を捕るといへり」とある。

サケの漁獲は、大きく分けると海で獲る場合と川で獲る場合がある。海での漁獲は魚食利用のうえから重要な役割を果たしている。川の場合には、現在ではサケの魚食目的よりも資源保護のうえから人工孵化事業を実施するための漁獲である。海での漁獲の一つは産卵のために母川に回帰するサケを沿岸で漁獲するもので、定置網で獲るほか延縄を使っても獲る。ほかの一つは北洋の海域などで索餌回遊中のサケを５～８月頃に大規模な流し網を使って獲るものがある。

しかし、北洋漁場は海洋法条約による200海里体制への移行に伴い多くの漁場を失い漁獲が激減した。

石を置く板屋しらけつ鮭おろし　　松瀬青々

スジコとイクラの違い　サケの卵巣を一腹まるごと塩漬けにしたものをスジコという。スジコをばらばらにほぐして塩漬けにしたものをイクラという。

一般には、未熟卵をスジコに、成熟卵をイクラにする。塩漬けのまま食べることが多いが、このほか醤油漬け、粕漬けなども作られる。もともとはイクラはロシア語の魚卵の意で、スジコは日本語の「筋子」の意である。

また、ハラゴ（鮞）は胎《はら》の子で、魚の卵巣や産卵前の卵を指すが、季語ではサケの卵を指す。

　はらら子を千々にくだくや後の月　　　宝井其角

「氷頭《ひず》」は鼻先の軟骨　「氷頭」とは、サケの鼻先の軟骨の部分で、氷のように透きとおって見えるのでこの名がある。氷頭をなますにしたものが「氷頭なます」で、コリコリとした独特の歯ざわりが昔から好まれ、食事のおかずとしても酒の肴としても「北国の珍味」として昔から好まれる。

氷頭なます

『北越雪譜』には、「頭骨の澄徹なるところを氷頭とて膾に雅なり」とある。

また、サケの変わった料理に「ちゃんちゃん焼き」というのがあるが、サケなどの魚と野菜を鉄板で焼いた料理である。

北海道の漁師の名物料理で、最近では全国に普及している。語源は、サケを焼くときに、鉄板がチャンチャンという音を立てるからなどの説がある。

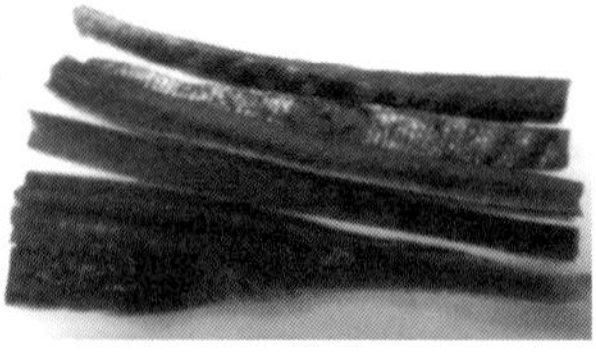

鮭とば

鮭に酒換へてうき世をえぞしらぬ　　与謝蕪村

珍味の「鮭とば」「鮭とば」は、乾鮭《からさけ》の一種で秋鮭を半身に下して皮付きのまま縦に細く切り、海水で洗って潮風に当てて干したものである。北海道・東北地方での冬の風物詩ともなっている。もともとは、アイヌ民族の保存食であった。「とば」とは、アイヌ語の「トウパ」（鮭を割ったもの）から転訛したものだという。また、「とば」は漢字で「冬葉」と書くが、これは雪がちらつく頃、枯れ木に残る１枚のちぢれた枯れ葉に似ていることからだという。細かく切って、そのままか、軽くあぶって食べる。酒の肴として珍味で大変好まれる。

乾鮭は、昔は北海道、東北地方で盛んに作られたが、サケの内臓を除去し、家の軒下などにぶら下げて乾燥させたものである。現在ではサケを乾燥させる習慣は少くなったが、江戸時代には魚を保存・輸送する方法として盛んに作られた。

『本朝食鑑』には、「松前・秋田および両越に最も多くして、諸州に伝送す。その法、生鮭を獲りて腸を去り、屋上に投じ、樹抄に懸けて、もつて乾かし曝し日を経。その中、鮭の披《ひいらぎ》といふものあり、鮮鮭を用ひて鱗腮胆腸を去り洗浄して、腹より背に至るまで、皮を連ねて割き開き、曝し乾す。尋常乾鮭の比にあらず。これ松前・秋田の佳品なり」とある。

『好色一代男』には、「乾鮭は霜先の薬に食ぞかし」とあるように、江戸時代には冬に薬として食う習慣があった。乾鮭はたたくとかんかん音がするほど硬く、料理にするときには斧で切っていた。現在のものはそれほど硬くはなく美味である。江戸時代は基本的に肉食をしなかったため、塩蔵と並び、魚を保存する方法の一つであった。

乾鮭の骨にひびくや後夜《ごや》のかね　　与謝蕪村
から鮭も敲《たた》けば鳴るぞなむあみだ　　小林一茶
乾鮭の切口赤き厨かな　　正岡子規

サザエ ［栄螺］

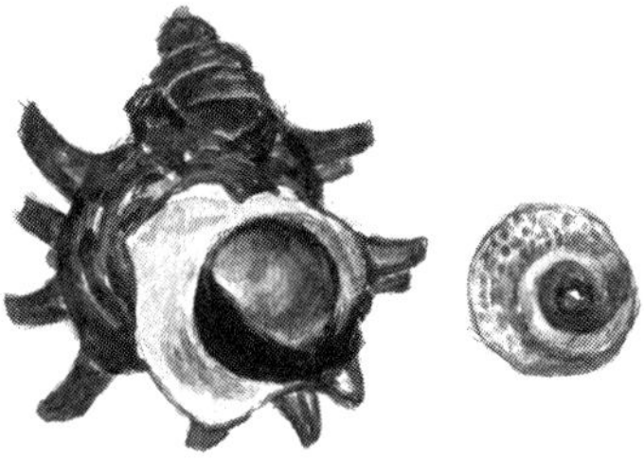
サザエ

語源　名の由来については、『日本釈明』によると、「『ささ』は小さいこと、『え』は家のこと」とあり、「小家（ささえ）」が転訛してサザエになったという。

『和訓栞』には、「小さな柄のようなものを多くつけた貝の意」とある。古くは「細枝家（ささえ）」といい、現在も方言で残っているところがある。

漢字で「栄螺」と書く。「螺」は巻貝を意味し、「栄」は角が栄えて見えるから、これらの字を組み合わせたという。英語では［top shell, wreath shell］という。リュウテンサザエ科の巻貝。

『本朝食鑑』には、「螺の殻背がちょうど枝芽が尖角につき出して榮に向かうような形になっているので榮と名づけている。栄螺の形状は、辛螺《からにし》に類して円《まる》く、青白色である。螺の口は円く深く、蓋も甚だ厚く堅く円い」とある。

内湾のサザエは「丸腰」　サザエは堅固なこぶし型で、殻の高さは10㎝、太さは角を除いて８㎝に達する。巻きは６階、各巻きに５本の太い肋とその間に細い肋がある。

サザエの下方の巻きの肩と殻底の太い肋の上には太い管状の角状突起（とげ）ができる。角の数は通常10本内外である。角は波の荒い外洋で育ったものの特徴で、瀬戸内海、伊勢湾など波の穏やかな海のものは角がないか短いものが多く、「角なし」「丸腰」と呼ばれる。

殻の色は通常は緑褐色であるが、付着物で汚れていることが多い。また、殻の色は、餌によって変わり、ワカメ、アラメなどの褐藻類だけ食べたものは黄色、石灰藻や紅藻も食べたものは緑褐色となる。殻口は丸く、内側は強い真珠光沢がある。雌雄の区別は外観ではできないが、生殖腺は雌が暗緑色、雄が白色をしている。この生殖腺のことを俗に「褌《ふんどし》」「サザエのしっぽ」という。

荒潮に角を落として伊勢栄螺　　　　長谷川かな女

伝統漁法の「底刺網漁」　サザエは、北海道南部から九州、朝鮮半島南部に分布する。潮間帯から水深約 20 m までの岩礁地帯に生息し、夜間はよく活動して褐藻類を好んで食べる。

漁法は、海女の潜水漁、サザエ籠漁、貝挟みなどのほか底刺網漁によっても捕る。底刺網漁はサザエの生息場所に投網し、潮流の影響により網が海底に寝るような形になり、これにサザエが絡んだものを採捕するのである。

漁期は 6 月上旬から 8 月下旬で、水深 17 m から 25 m のサザエの生息する漁場が選ばれる。

操業方法としては漁場に錨を投入後、船を走らせつつ投網する。1 把 45 m ものを 40 把ないし 50 把を漁期中海底に投入しておくが、潮流の影響によって網は海底に寝るような形になり、これにサザエが絡んだものを 10 把位順次に揚げ網し、3 日間で全部の網を揚げるよう

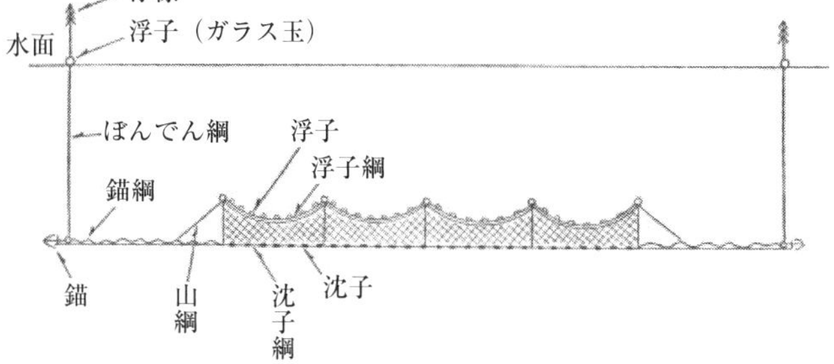

サザエ底刺網漁の見取図

にする。

物憂けにひとり栄螺のうなだるゝ　　　尾崎紅葉

サザエの「壺焼きのコツ」　サザエの壺焼きの方法には２種類あって、素朴な方法はそのまま加熱して最後に醤油をたらして食べるものである。

「壺焼きのコツ」は、煮たつと身が固くなるので、10 ～ 30 秒ほどで火をとめる。独特のほろ苦さ、歯ごたえが好まれる。

凝ったものでは、身と内臓を取り出し、一口切りにして三つ葉、椎茸、筍などを入れて殻にもどし、出汁を加えて焼くものである。

旬は、産卵期前の冬から春にかけてが最高である。関東の江の島、山陰の日御碕神社前の壺焼きは有名である。

『本朝食鑑』には、「肉味甘硬にして厚く美なり。今これをたしなむ人、肉を取り腸尾を去りて細かに切りて醤油を和して殻内に入れ、炭火に投じて煮熟して食す。呼びて壺熬《い》りと称す。その殻内深くし小壺の如きがゆゑなり。また小栄螺、円きこと五六寸なるものあり。尾腸苦くして味やや好し、生きながら殻を脱せず、炭火に投じ、煮熟して食す。これを苦焼きと謂ふ。宴会の佳肴なり」とある。

栄螺焼く夜の二見へ宿を出づ　　　皆吉爽雨

壺焼を運び来島の名を教ゆ　　　高浜虚子

サバ［鯖］

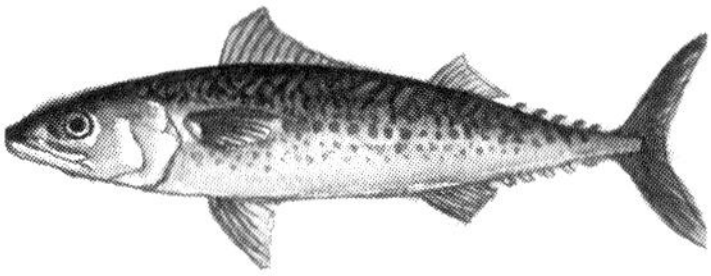

マサバ

ゴマサバ

語源　名の由来は、サバの歯が他の魚に比べて小さいことから、小歯がサバに転訛したという。

『日本釈明』には、「サバは小歯也」とあり、『大和本草』には、「此魚牙小也。故に狭歯と云う。狭は小也」とある。

このほかに、アイヌ語で「シャンバ」と呼ばれていたのが、サバに転訛したという説もある。

漢字の「鯖」は、色が青いので日本で作られた文字で、中国では「青鼻魚」がサバにあたる。英語では［mackerel］という。

スズキ目サバ科サバ亜科に属する海産魚の総称。マサバ（全長約45㎝)、ゴマサバ（全長約45㎝)、グルクマ(全長約30㎝)の3種類がある。このうちグルクマは沖縄以南に分布する熱帯系で漁獲量も少ない。

サバは、地名のついたブランド品が多い。豊後水道の「関サバ」、「岬(ハナ)サバ」、屋久島の「首折れサバ」、土佐清水の「清水サバ」、三浦市松浦の「松浦サバ」などがある。

マサバとゴマサバの違い　マサバとゴマサバの違いは、形態上はマサバはヒラサバ、ゴマサバはマルサバといわれるように体型が異なるほか、マサバは背部に波状紋があり、ゴマサバは体側と腹面に小黒点があることなどから経験的に区別される。厳密には、背部の背鰭を支えている骨の数がマサバでは16以下、ゴマサバでは17以上、第一背鰭の棘《きょく》数がマサバでは10以下、ゴマサバでは11以上などにより区別される。マサバは北は北千島列島から南は東シナ海、台湾、フィリピンまでの海域に分布する。

ゴマサバは三陸から台湾までに分布する。そしてマサバはゴマサバより冷水海（14～18℃）を好み、比較的沿岸性であるのに比べて、ゴマサバはより高い水海（19～25℃）を好み、沖合性である。垂直的にもゴマサバはマサバより上層に分布する。両種とも全長45㎝ほどになり、体重1㎏に達する。

鯖雲は「豊漁の兆し」　秋サバの漁期で、豊漁の場合に多く見られる秋の雲で「鯖雲」というのがある。鯖雲は巻積雲《けんせきうん》の一種で、白色で陰影のない非常に小さな雲片が多数の群れをなし、集まって魚の鱗や水面の波のような形状をした雲である。絹積雲とも書く。また、鱗雲、鰯雲ともいう。

漁法は、江戸時代には篝火を焚いてサバを集め手釣りで行われていた。戦後においては、集魚灯を利用して「はね釣り漁業」および「たもすくい網漁業」が、関東や中部近海、東シナ海で産卵群をねらって操業された。

しかし、近年では大型の「まき網漁業」が出現して漁獲の多くはこのまき網漁業が占めるにいたった。

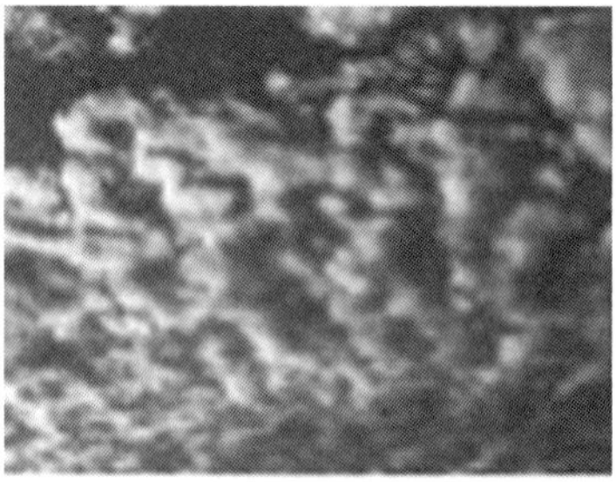

鯖　雲

サバ漁の多くは、古くから夜間に魚を集めるための篝火(集魚灯)を明々と照らして行うので、遠くからは船も操業状況も見えず、ただ波間に燃え立つ炎が見えた。

『日本山海名産図会』には、「丹波、但馬、紀州熊野より出す。其ほか能登を名品とす。釣捕る法何国も異なることなし。春夏秋の夜の空曇り、湖（潮）水立上り海上霞たる鯖日和と称して、漁船数百艘打並ぶこと一里許又一里許を隔て並ぶこと前の如し。船ごとに二ツの篝を照らし萬火天を焦す。漁子十尋許の糸を苧《お》に巻き、琴の緒のごとき物に五文目位の鉛の重玉を附鰯、鰕などを餌とし、竿に附ることなし」とある。

海中に都ありとぞ鯖火もゆ　　　　松本たかし

「さばを読む」の由来　江戸時代には「サバの振り売り」というのがあり、朝獲れたサバを天秤棒をかついで売り歩いていた。

ものを数えるときに数字をごまかすことを「鯖を読む」という。この由来には諸説があるが主なものをあげると次の通りである。

① 昔はサバを売るのに重量でなく数量で売っていたが、サバは腐りやすいので早く売りさばく必要があった。一つ一つていねいに数えないで、いいかげんに数えたからとする説。

② 市場などでサバなどの中型の魚を数えるのに「ひとよ、ふたよ、みっちょう、よっちょう、‥‥」などと早口で数えていたが、これを「魚市（イサバ）よみ」といい、数えている途中で数をごまかすこともあるとして「さば読み」に転訛したとする説。

③ 禅宗寺院などで行われる「生飯（サバ）」という作法である。これは食事のとき、僧侶は餓鬼に布施するために自分の飯椀の中から飯粒を数粒より分けるが、この作法を「生飯をよる」と呼び、「鯖を読む」に転訛したという説。

④ 鮨屋で客に出した鮨の数を覚えておくために、注文ごとに飯粒を片隅につけておくことの「生飯（サバ）の粒を数える」が「さばを読む」に転訛したとする説。

日高には能登の国迄やさし鯖売　　　　井原西鶴

利根川沖の「釣り・まき網の漁場争奪戦」　漁業は、公有水面を生産の場とし、そこに生息する水産動植物（無主物）を採捕する事

大中型まき網漁業の操業図

業であるので、本来、紛争が起きやすい産業である。特に漁具漁法の発達により、伝統漁法と新しく進出する能率漁法との間で、漁業紛争が起きやすい。

関東近海（太平洋中区）では、戦後房総沖から伊豆諸島にかけて、サバのはね釣り漁業が開発されてから隆盛に向かい、それまでは8万tに満たなかった漁獲量も10万tを超え、11～16万tの漁獲を上げるようになった。ところが、大臣許可（指定漁業）の大中型まき網漁業が、千葉県の野島崎正東線以南は制度上は操業ができるところから、昭和39年（1864）になって約15統が突如として利根川沖漁場でサバを対象としてまき網の操業をはじめて大漁をしたために、釣り漁業との間の紛争が発生した。

そこで、サバ釣り漁民はまき網の利根川沖の操業の禁止を叫んで、地元ではもちろん、東京湾における海上デモあるいは東京における反対集会を繰り返した。しかし、まき網の操業は、昭和40年には23統、48年には92統、最盛期には102統までに及んだ。

北部太平洋海区の大中型まき網は、許可の制限条件として集魚灯の使用は禁止されているが、サバは濃密な群遊性があるので、火光を利用しなくても魚群探知機による夜間操業が可能であり、かつ合成繊維漁網の発達によって、深海における操業が可能になり、サバ漁場である200m等深線での操業を始め、その漁獲性能が高いために、サバ1本釣り漁民の強い反発をかった。これらの事態を収拾し健全なる漁業調整を図るために水産庁では関係者を集め、繰り返し昼夜をわかたづ協議し調整を行った。

その結果、千葉県の一の島燈台の正東線を中心として5度ずつの緩衝地帯を設け、原則としてそれから北をまき網、南をサバ釣りのそれぞれ専用海域とした区分を主なる内容とする「利根川沖さば漁場の操業調整申合せ」を締結したので、それ以後は漁場におけるトラブルはほとんどなくなった。

前述したように沿岸漁業は、その性格上紛争が起きやすい産業である。これらの紛争は、利根川沖の紛争の例に見るようにその都度行政庁の調整によって関係者が知恵を絞ってお互いが譲り合って沿岸漁業を今日まで維持発展させてきた長い歴史がある（『漁業紛争の戦後史』（金田禎之、昭和54年）。

「秋鯖は嫁に食わすな」　サバは春から初夏にかけて日本各地で産卵する。夏の産卵後に越冬準備のために栄養を十分にとり、秋になると段々と脂がのり味はよくなる。この頃のサバを「秋鯖」という。

秋鯖の豊富な脂は、その大半が健康によいとされる不飽和脂肪酸で、ドコサヘキサエン酸（DHA）やエイコサペンタエン酸（EPA）などを多く含んでいる。

最近では、DHAやEPAは、アトピー性皮膚炎や花粉症などのアレルギー症状を改善することでも注目されている。

「秋鯖は嫁に食わすな」ということばがある。これはサバの産卵後の秋鯖には全く子種がないことから、大切な嫁に子供ができなくては大変という縁起のことばである。美味な秋鯖を嫁いびりのために食べさせないということではないという。

　鯖の旬即ちこれを食ひにけり　　　　高浜虚子

若狭と京都を結ぶ「鯖街道」　「鯖街道」とは、若狭国などの小浜藩領内と京都を結ぶ街道の総称であり歴史的名称である。主に魚介類を京都へ運搬するための物流ルートとなっており、なかでもとくにサバが多かったためこの名で呼ばれるようになった。若狭湾で獲れたサバに塩をまぶし、運人たちは「京は遠くても十八里」と唄いながら夜も寝ないで京都まで運ぶとちょうどよい味になったという。

京都名物として知られる鯖ずしは、若狭の浜から運んできた塩鯖を三枚に下ろして、ていねいに骨を除き、２～３時間酢に漬けてから、棒状ににぎり固めた酢飯の上に載せる。この上に白板昆布を張り付けることもある。これを竹の皮で包んで軽い重しをして味を慣れさせてから食べる。

若狭名物の「へしこ」　若狭地方の特産品に「サバのへしこ」というのがある。これは、１年間サバを糠漬けにしたものである。「へしこ」の語源は、鯖糠床に「押し込む」を表す方言の「へしこむ」が訛って「へしこ」になったといわれている。軽く焙《あぶ》って酒の肴として抜群である。また、お茶漬けとしても利用される。関東にくらべて関西の方が昔からサバをよく利用する。船場煮はサバを焙ってから大根と葱で煮込んで作る。山陰の煮膾は、サバを薄く切り煮たった鍋に入れ、大根の笹掻きを加え、塩と酢で調味する。

「鯖大師」の伝説　古い街道筋の要所である坂や峠には、僧侶がサバを手に持った像を祭った鯖大師と呼ばれる堂がある。その代表的な例として、四国88カ所霊場別格４番札所である「鯖大師本坊」がある。『阿波名所図会』には行基上人のサバに関する伝説について大要次のように記述されている。

「ある日、１人の商人が馬の背にサバを積んで、鯖瀬の海岸にある福良坂（現､徳島県海陽町浅川字福良）という急な坂にさしかかった。すると遍路姿の僧がいて、『馬の背に載っているサバを少し下さらぬか』と懇願した。商人は『これは大切な商品であるのであげるわけにはいかない』とそっけなく断った。すると僧は『大坂や､八坂さか中、サバひとつ、大師にくれで馬の腹痛む』こんな一首を口ずさんだ。その途端にサバを背にした馬が急に腹痛を起こして苦しみだした。商人は､これはてっきり旅僧の念力によるものだと悟って恐ろしくなって、立ち去ろうとする旅僧に追いすがって『仰せのようにサバを差し上げるので何とか馬の腹痛を治してください』と頼んだ。旅僧は商人の申し出をうけ、サバを1尾もらうと、その代わりに持参していた水を馬に飲ませてくれた。旅僧は『大坂や、八坂さか中、サバ一つ、大師にくれて馬の腹止む』と、先ほどと同じようだが少しちがった一首をつぶやくと、見る間に馬は全快した。この旅僧こそ行基上人であった。行基上人は、商人から譲り受けたサバを押し戴くと、それを早速傍らの海中に投げ込んだ。するとサバは見る間に生き返って泳ぎ去った。このような奇跡を目の前にしたので、その商人は信心を起こして、大師に帰依してその地に留まり、鯖瀬の海岸近くに小さな堂を造って、そこで仏門にはいった」。

今では鯖大師本房として立派な大師堂になっている。

「鯖ブランド」のいろいろ　サバには地名のついたブランド品がある。豊後水道の「関サバ、関アジ」「岬（ハナ）サバ、岬アジ」、屋久島の「首折れサバ」、土佐清水の「清水サバ」、三浦市松輪の「松輪サバ」などがある。

「関サバ、関アジ」は、豊後水道で一本釣りで獲って大分県の関漁協に水揚げしたものをいう。他のサバ、アジと異なり、豊後水道の瀬付魚として定着しており、魚の品質にむらがないといわれる。豊後水道は潮の流れが速く（大潮のとき最高で約5ノット〈9㎞/h〉）、餌が豊富なため、サバもアジも脂がのって、しかも身がしまっていて美味である。一本釣りで獲った関サバ、アジは、生け簀に入れて活魚のまま産地直送される。

「岬(ハナ)サバ、岬アジ」は、豊後水道で一本釣りで獲った愛媛県佐田岬の三崎漁協に水揚げされたものをいう。関サバ、関アジと同様に瀬付魚で、豊後水道の潮流が早く餌の豊富な漁場で育った魚で脂がのり、身がしまって美味である。地元では、岬のことをハナといい、ハナサバ、ハナアジという。

「首折れサバ」は、鹿児島県屋久島で東シナ海側から日本海側の漁場で獲れるゴマサバのことをいう。鮮度を保つために船上で漁獲後すぐに首を折って、血を抜くためにこの名がついている。マサバにくらべて脂肪分が少なく、刺身にすると身がしまって歯ごたえが味わえる。刺身のほか、しゃぶしゃぶやすき焼きでも食べられている。

「清水サバ」は、高知県土佐清水市で水揚げされるゴマサバのことをいう。足摺岬周辺の大陸棚域に生息するゴマサバを、立縄漁法で釣りあげ、生け簀に入れて活魚のまま帰港する。鮮度がよく、刺身やタタキとして食べられる。

「松輪サバ」は、神奈川県三浦市松輪漁港で水揚げされるマサバのことをいう。三浦沖で一本釣りされ、出荷直前まで活魚のまま輸送されるので鮮度が大変よい。７月以降が脂がのって美味であるが、漁獲量が少なく、珍重されており、市場関係者は「黄金のサバ」と呼んでいる。店頭では他のサバとくらべて４～５倍の値段が設定されている。

祝用の「刺鯖」　塩サバを背開きにして２尾ずつ竹串に刺したものを「刺鯖」という。昔は祝いの膳には生魚でなく刺鯖が用いられた。刺鯖の形は、羽を広げた鳥や着物の袖に似ていた。『本朝食鑑』には、「刺鯖という。気味、生魚に勝れり。今時、七月十五日、生荷葉を用ひて強飯を裹《つつ》みて、膳に盛る。また荷葉を用ひて刺鯖を裹みて、これに、添ふ。（中略）号して荷供御《はすのくご》といふ。（中略）今、能登の産をもつて上品となす。越中佐渡、これに次ぐ。周防長門の産は、その次の次なり。その州の大守刺史、争ひてこれを上餞に献ず」とある。

また、『和漢三才図会』には、「捕りて塩ものに作り、諸国に運送す。上下これを賞し、中元日の祝用となす」とある。

　刺鯖も広間に羽をかはしけり　　　宝井其角
　刺鯖も蓮の台に法の道　　　　　　与謝蕪村

サメ［鮫］

語源　名の由来は、体の大きさに比べて目が小さいことから「狭目(サメ)」「細目」「小目」から転訛したという説がある。

ネコザメ

また、多くのサメ類（ネコザメ〈全長約1m〉やホシザメ〈全長約1.5m〉など）の体表に斑点や斑紋があるところからイサ（斑）とメ（魚）からなる「斑魚（イサメ)」の転訛したものという。

漢字では「鮫」と書くが、交という字は体をくねくねさせるという意味である。また、この交わるという意味はサメが交尾するということであるともいう。サメの腹鰭にはクラスパーと呼ばれる交尾器があり哺乳類と同様に交尾行動を行う。英語では［shark］という。

サメとは、軟骨魚綱板鰓亜綱に属するエイ類を除く魚類の総称をいう。全世界には350種、日本近海には122種が分布している。

サメとフカ（鱶）は異なる魚または大きさが違う魚だと思っている人が案外多い。しかし、サメとフカは同じ魚であり、地方によって呼び方が異なっているだけである。おおざっぱにいうと関東以北ではサメ、関西ではフカ（山陰ではワニ）と呼んでいる。

体形は基本的には紡錘形または円筒形で、扁平でないことでエイ類と区別される。大きさは全長18mのジンベイザメから全長15㎝の小型種まで各種類がある。

サメ肌を利用した「サメの交尾」　サメの交尾は他の魚類と大いに異なっている。雄は雌の体にかたく巻き付いて、腹鰭の一部が変形した軟骨をもった交尾器を、雌の体内に挿入して精液を注入する。

この際にサメのザラザラしたサメ肌が雄、雌の交尾に役立っている。水中での絡み合っての交尾の際に抱き合って離れないためにサメ肌が有効であるといわれている。

ネコザメ、トラザメ、ジンベイザメは卵生であるが、その他のサメ類は卵胎生または胎生で、数か月から１年近くも雌の腹の中で育て、サメの姿になって生まれてくるのである。一般にサメの胎児数は少なく、１産２尾（オナガザメ科、シロワニ、スミツキザメ）から10尾以下であるが、時にはイタチザメ、ヨシキリザメのように100尾を超えることもある。寿命は短いものでも10年を超え、長いものは100年ほど生きる（アブラツノザメ）。

「因幡の白兎」の伝説　「因幡の白兎」伝説は、『古事記』上巻の「稲羽の素兎《しろうさぎ》」と題する神話によるものである。その神話の大筋を要約すれば、次の通りである。

「大国主命（別名「大穴牟遅神《おおあなむじのかみ》」）の兄弟に、大勢の神々がいたがいずれの神も心よからぬ方々ばりであった。いずれの神々も稲羽（因幡国）の八上比売《やかみひめ》と結婚したいと思っていた。ある年のこと兄弟たちは大国主神に大きな袋を背負わせて八上比売のいる因幡国に向かったときに、１匹の皮をはがされて赤裸の兎が倒れていた。そのわけをたずねると兎は答えて『私は隠岐の島にいて、ここへ渡ろうと思ったがその方法がなく、海にいた鰐（サメの古語で、山陰地方では今もサメのことをワニと呼んでいる）をだまして、兎と鰐とどちらの一族が多いか数えて見よう。鰐の一族をことごとく連れて来て、この島から気多《けた》の岬までみな並んで伏せてみろ。自分はその上を踏んで走りながら勘定するので兎と鰐のどちらの一族が多いか判るだろう。鰐はだまされて並んで伏したので、兎はその上を踏んで渡って来て、今にも土の上に降りようとしたときに、兎は鰐にお前達は私に欺されたんだ、と言うやいなや一番端にいた鰐に捕えられて、着物をすっかり剥がされてしまった』と、その事情を語った。この話を聞いた心よからぬ兄弟たちは『海水を浴びて風に当たって横たわっているとよい』と教えたので、兎はその教えのとおりにしたら、海水が乾くと同時に皮膚が痛んでしかたがないという。大国主命はこれを聞いていたく同情され、『今すぐにこの水門に行き、真水でおまえの身を洗って、すぐにその水門の蒲の花を取り、敷きつめてその上に横たわり転がっておれば、お前の身は必ず元の肌のように治るであろう』と教えられた。兎は大国主命の教えのとおりにすると、元通りに回復した。これが稲羽の素兎である。今は兎神という。この兎は、大国主命に『あの八十神（大勢の神々）は、八上比売を得ることはできない。袋を背負っていても、あなたが得ることになります』といった」

魚類中一番大きな魚　ジンベイザメは、ネズミザメ目ジンベイザメ科の海産魚。英名は［whale shark］といい、その巨体に由来する。現存の魚類中最大で全長 18 m、体重は数 10t に達するものがある。

名の由来は、魚の形が甚平羽織を着た姿に似ているところから名づけられたという。

世界の熱帯から温帯にかけての外洋域に分布する。日本近海には初夏に暖流にのってカツオとともに北上してくる。

カツオは、漂流物ばかりでなくジンベイザメのような大型動物にも付く習性があるため、漁師は「鮫付きのカツオ」と呼び、ジンベイザメをカツオの群れを見つける目安にしている。口が吻端《ふんたん》近くにあって、背中から尾にかけて数本の縦縞と白色または黄色の斑紋があるのが特徴である。歯は円錐形で非常に小さく、物を噛む機能はないが、鰓耙が発達していて小魚やプランクトンを濾過して食べる。性質はおとなしく人を襲うことはない。

魚類中２番目に大きい魚はウバザメ（別名バカザメ）という。最大全長 15 mにもなる寒帯性の魚で、北太平洋と北大西洋の北部に、日本近海では高知以北に分布する。春先には沿岸にも現れ、海面をただようように泳ぐ。プランクトン食のため歯がなく、きわめておとなしい性質である。

次いで大きいサメは、10 mにもなるホオジロザメ、ネズミザメ、８ mの大きさのイタチザメ、アオザメ、６ mのヨシキリザメ、４ mのシュモクザメなど、いずれも鋭い歯をもった凶暴性の強いサメの仲間である。サメの仲間で人に危害を加えた記録のある種は約 30 種あるといわれている。

サメでないサメ　チョウザメは、チョウザメ目チョウザメ科に属する魚類の総称。サメという名がついているが硬骨魚であってサメ（軟骨魚）の仲間ではない。チョウザメの名の由来は、鱗が蝶に似ているところからその名がついたという。淡水に棲む魚類のうちで、もっとも古くから生き残り、もっとも大きな魚である。この魚の歴史をたどれば、１億年以上も前に生息し、現在も生きつづけている古代魚である。日本付近に棲む種類はさして体の大きいものはないが、ロシアに棲むチョウザメで全長８ mをこすものがいることが報告されている。体はスマートで大型、背、体側や腹側に菱形の堅い鱗が並び、鼻先は長く延び、その下面の口の前には４本の立派な髭がある。

この仲間は川と海に生息するが、本来は川が生息域で、産卵は川で行う。寒帯性で、沿海州から北朝鮮、本州北部からサハリンの日本海側で育ち、一方は大陸の河川へ、わが国では東北から北海道の日本海側の川へのぼる。石狩川では明治のころ多くチョウザメを漁獲したといわれている。卵巣卵の塩蔵品はキャビヤとして珍重され、カスピ海産の製品が最高級といわれている。肉は燻製、煮物などとして食膳に供される。

高蛋白・低脂肪のサメの肉　サメの肉は、高蛋白、低脂肪であるうえに、骨は軟らかく食べやすい食材で、これまで食用の習慣のなかった地域でも新しく見直されてきている。

『本朝食鑑』には、「気を益し、力を壮にする。孟詵《もうせん》は『膾につくれば五臓を補う』という」とある。

サメは体液の浸透圧調節に尿素を用いており、その身体組織には尿素が蓄積されている。しかし、アンモニアがあるために腐敗が遅く、一部の山間部では古くから海の幸として珍重されていた。サメの利用の多くは練製品の材料とされ、なかでもノコギリザメの蒲鉾は高級品とされる。各地に多く出回っている竹輪は北海道や能登地方でつくられており、北の海で獲れるアブラツノザメを材料とされる。

ネズミザメ、ホシザメ、シロザメなどは切り身で売られているものもあるが、一般的には乾物とされる。たとえば、三重県の鳥羽市、伊勢市などでは「サメのタレ」（「さめんたれ」とも）と呼ぶサメの干物を食べる風習がある。「サメのタレ」は、伊勢神宮にお供えする神饌の一つとしても古くから珍重されている。「サメのタレ」には、「しおたれ」と「あじたれ」の２種類がある。「しおたれ」は厚さ１㎝ほどの板のような切身に塩をふり、天日に干したもので、「あじたれ」は厚さ数ミリの薄い切り身をみりんに漬け、天日に干したものである。サメの水揚量が多い勝浦漁港などの和歌山県や気仙沼漁港のある宮城県でもサメの干物が売られている。また、鳥羽市などでは新鮮な肉は刺身とされる、タイにも似た味がするという。また、鰭は「フカ鰭のスープ」の材料ともなる。

サメの皮はやすりに利用するほか、なめして財布やバンドにもなる。江戸時代には刀の柄《つか》にも加工された。深海性のサメの肝臓に含まれるスクワレンは高級化粧品や薬品の原料として高価に取り引きされる。

サヨリ［細魚、針魚、鱵］

語源　名の由来は『大言海』によると「サヨリのサは狭長なるをいう。ヨリはこの魚の古名ヨリトのトの略である」と記されている。また、「沢（岸辺）寄り」に多く集まる魚という意味だとする説、鱗が体側に縦列に106枚もあるので、細鱗（サイリ）の訛語だとする説もある。

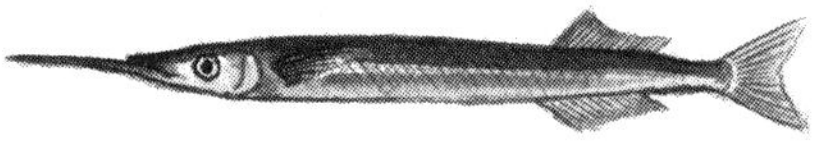

サヨリ

ダツ目サヨリ科の海産魚。地方によりクチナガ（岩手県）、スズ（和歌山県）、クスビ（山陰）、サエロ（堺）、ハリウオ（新潟県）などの名がある。東京では、大きいのを「カンヌキ」という。これは、昔の雨戸に用いたカンヌキと太さが同じで、長くて力があるという意味合いがある。成長すると全長約40㎝に達する。漢字では「細魚」「針魚」「鱵」と書く。英語では［halfbeak］という。

「サヨリのような女性」　サヨリは体が細長く、下顎がくちばしとなって細長く伸びている。体の背部は青緑色、腹部は白色、下顎の先端は赤い。ほっそりとした銀色の姿が美しく「海の貴婦人」といわれる。

『百魚譜』には、「鱚や鱵といふものはいといけない心持がするもので、大の男が髭の生えた口そらして食べるものとは思わない」という意味の記述がある。しかし、サヨリの腹腔内の腹腔膜は黒くて苦い、このために外見に似合わず、腹黒い女性のことを「サヨリのような女性」と形容されている。

サヨリを料理するにあたっては、黒い腹腔膜は苦みのもとにもなるので、よく水洗いして取り除くのが下ごしらえのコツである。また、サヨリの刺身やすし種のしたごしらえは、立て塩にして身をしめたり、三枚に下ろしてから軽く塩をして、しばらく冷蔵しておくと旨みがでる。これは食塩がサヨリのアミノ酸成分を引き出す作用があるからである。

流れ藻に産卵する魚　サヨリの分布は日本各地に及ぶが、とくに南日本に多い。沿岸で内湾や汽水域の表層を群泳するが、純淡水域には入らない。サヨリはトビウオと近縁の魚であって、体の後半をくねらせて前進し、危険が迫ると空中に飛び出し、弧を描いて頭から水中に突っ込む、このようなジャンプを何度でも繰り返す。

１～２年で成熟する雄と２年で卵をもつ雌が、ほぼ同数の十数尾の群れをつくって、５～６月に海岸の藻場や海に浮いている流れ藻の中で産卵する。サヨリの産卵行動は昼夜の別なく藻の中に潜り込んで体を寄せ合って、時には藻の上まで飛び上がったり、体を横たえながら１尾の雌が２千～３千の卵を産み付け、これに雄が放精する。なかには藻に絡まって死んでしまうものがいるほど、すさまじいものであるという。卵は表面に細い粘着糸があり、それで海藻に絡みつく。孵化した仔魚は約７㎜で動物プランクトンを食べる。全長25㎝になると急に下顎が伸びだすが、やがて鈍化し、全長27㎝で安定する。寿命は２年余りといわれている。

江戸時代からの「結びサヨリ」　江戸時代から「結びサヨリ」（細めに切って結んだサヨリ）を吸い物や膾の種にした。見た目にも美しく、独特の香りが楽しめる料理である。

古川柳に「結び細魚は御守殿の帯のよう」というのがあり、結ぶサヨリの形が大奥の女中が締めている帯の形に似ていると詠んでいる。「御守殿」は、正確にいえば江戸時代における三位以上の大名に嫁いだ徳川将軍家の娘の敬称のことである。

サヨリは早春の産卵前と晩秋が旬の魚で、脂がのって最高に美味しい。「結びサヨリ」は椀種によく、大型のサヨリは糸造りにしても美味しいし、握り鮨の種にも使われる。そのほか、酢の物、昆布締め、天ぷらなどにもする。産地では、活け魚が最良とされる。低脂肪の魚類では珍しくビタミンCを多く含んでいる。骨や内臓は黒っぽいが、身は純白で味は淡泊である。

『本朝食鑑』には、「肉は潔白で氷のようであり、味は甘淡、愛すべきである。膾とすると尤も佳い。あるいは、炙《あぶ》って食べるにも蒲鉾にも好い」とある。

サワラ［鰆］

サワラ

語源　サワラは頭が小さく薄く細長い体型で、銀白色の斑点列があるのが特徴である。腹部が白く幅が狭いことから「狭腹（サハラ）」といい、これが転訛したといわれている。

また、斑点や筋のある植物の葉を「イサハ」といったことから、サワラの斑点を「イサハダ」といい、これがサワラに転訛したという説もある。

『本朝食鑑』には、「佐波羅《さわら》と訓《よ》む。小鰆は佐古之《さこし》と訓む。江海の各処で采《と》れる。頭は鋭《とが》り、嘴《くちさき》も尖り、眼は大きく、鰓は硬い。鱗が無く、深青色である。背に青班円紋があり、肚《はら》は白い。背紋のないものもいる」とある。

瀬戸内海では「春告げ魚」とされ、漢字で「鰆」と書かれるようになった。英語では［Spanish mackerel］という。スズキ目サバ科サワラ属の海産魚。全長約1m。仲間にヨコジマサワラ、ウシザワラ（オキザワラ）、ヒラザワラなどがある。

サワラは「出世魚」　サワラは出世魚として、成長するに従って名前が異なる。サゴシ（50㎝程度まで）→ヤナギ（70㎝程度まで）→サワラ（70㎝を超えたもの）といい、とくに東京では若魚をサゴチという。成魚の雄は約80㎝、雌は約１ｍにもなる。

北海道南部から九州、沖縄、東シナ海まで広く分布し、とくに瀬戸内海に多い。暖かい時期は沿岸や内湾の表層を遊泳し、冬期には湾外などの深場に移動する。魚食性が強く、イワシ類、イカナゴ、サバなどを捕食する。４月から５月頃に内湾に入って産卵する。幼魚は藻場で生息して急速に成長し、10～11月には40㎝に成長する。産卵群の主体は満２年を経過した２歳魚と考えられている。

旬の知らせに「鰆《さわら》東風《こち》」　サワラは春に北上回遊し、産卵期は４月から７月頃で、瀬戸内海のような内海や内湾部に入る。この時期のサワラは旬で、この頃に吹く風を「鰆東風」という。瀬戸内海ではマダイとともに高級魚として重要である。鰆東風はサワラの旬の知らせであるという。

春になると、西高東低の冬型の気圧配置が崩れて、太平洋から大陸の方へと風が吹きはじめるが、これを「東風《こち》」という。東風が吹けば春だという希望を感じさせ、鰆東風をはじめ雲雀東風・桜東風・梅東風・朝東風・夕東風などと使われている。

『連珠合壁集』には、「こちとあらば、氷をとく。（中略）また、あゆの風といふも、東風なり」とある。

　村中に入りて収まる鰆東風　　　　　阿波野青畝

備讃瀬戸の「鰆瀬曳網」　サワラの変わった漁法で「サワラの瀬曳網」というのがある。これはまき網の一種で、瀬戸内海では備讃瀬戸に集まるサワラはこの漁法で漁獲されるが、古くは大網、絞り網、流し網と称し大規模に行われていた。

鰆瀬曳網（鰆流し網）

『日本山海名産図会』には、「讃州に流網にて捕。五月以後十月以前に多し。大なるもの長六七尺にも及ぶ。漁師魚の集りたるを見て数十艘を連ねて魚の後より漕まわり、追うことの甚しければ、魚漸《ようやく》労《つか》れ馮虚《ひょうきょ》として酔がごとし。其時、先に進みたる舟より石を投げていよいよ驚かし、引かえして逃げんとするの規《とき》を見さだめ、網をおろして一尾も洩らすことなし。是を大網又しぼるとも云なり。さて網をたくりたも網にてすくい取るなり」とある。

高松名産の「サワラの唐墨」　唐墨はボラの卵巣からつくられるが、古くはサワラの卵巣からつくられていた。

『大和本草』には、「その子を干して酒肴とす、味良し、多く食らうべからず」とある。

『本朝食鑑』には、「鰆は子が多く、胞は刀豆の莢のようである。乾燥すると、中華の墨の古いものに似ているので唐墨と名づける。これを切るとつやがあり、味も甘味である」とある。

さらに、『和漢三才図会には、「胞には子が多く、形は刀豆の莢のようで大きい。これを乾かすと褐色になり少し唐墨に似ている。それでこう名付けている。土州、阿州、讃州で多く産する」とある。

かつて高松藩では鰆の唐墨を将軍家に献上したという。香川県では現在でも製造している。

「サワラの刺身で皿なめた」　瀬戸内海ではサワラの旬は春とさ

れ、マダイとともに高級魚として重要である。和歌山地方では桜の時期に獲れるサワラを「桜鰆」と呼んで賞味される。関東での本来の旬は１月から２月の寒い時期で「寒鰆」という。「鰆の刺身で皿なめた」というほど味がよいといわれれる。サワラの身はやわらかいが、水分はサバの65％より多く70％である。サワラの身の脂質含有量は２月上旬のもので14％もあり、成人病の予防に有効であるといわれるEPAやDHAの含有量が多い。とくにDHAはイワシやサンマとくらべても多い。また、ビタミンB_2、ナイアシンが多いので皮膚疾患によく、美容のためにもよいといわれる。

関西の人は瀬戸内海のサワラ漁の盛んな季節の春鰆を好み、関東の人は脂ののった寒鰆を好む。関西では刺身、照焼き、塩焼き、西京漬け、かぶら蒸し、押し寿し、ばら寿しなど食べ方も多いが、関東では塩焼きと西京漬けが中心である。

西京漬けは西京味噌（米糀を多く配合した白黄色の甘口味噌）を味醂などでのばしてサワラを漬け込んだものである。また、ばら寿しは岡山の名物で、サワラに塩をまぶし２～３時間締めたものを、酢と砂糖を混ぜた甘酢に一晩漬けたものを用いる。

一匹の鰆を以つてもてなさん　　　　高浜虚子

鰆寿しを土産に「豆年貢」　愛媛県新居浜市・西条市などの東予地方に伝わる新嫁の里帰りに結びついた鰆料理に関する習慣である。

この地方では古くから新嫁のまめに働いた日ごろの労をねぎらうため、麦刈りが終わったら生家へ一時帰す風習がある。その際、婚家が土産に旬の鰆を持たせて送り出し、生家では「鰆寿し」を作り、翌日、それを重箱に詰めて婚家への土産とした。この風習を新嫁がまめであるようにと「豆年貢」といった。

サンマ ［秋刀魚］

語源　名の由来については諸説あるが、その体型が細長い魚の「狭真魚（サマナ）」あるいは大漁祈願の供物「祭魚（サイラ）」

サンマ

の音便約という説、サンマはたくさんの「サン」とまとまるの「マ」からとの説などある。漢字では「秋刀魚」と書くが、秋を代表する魚で、魚体の形が刀に似ているからだという。江戸から明治にかけては、サンマは「三馬」と書かれ、夏目漱石の『我輩は猫である』のなかで猫が盗む魚は「三馬」となっている。

サンマの地方名称は多く、近畿、中国、四国ではサイラ、サエラ、カド、九州ではサイライワシ、サザ、サザメウオ、新潟ではバンショウなどと呼ばれる。英語では［saury］という。ダツ目サンマ科の海産魚。全長約 40㎝。

江戸の「恵比須講サンマ」　江戸時代には、「恵比須講サンマ」という言葉があって、その頃がサンマの旬といわれていた。江戸の恵比須講は旧暦 10 月 20 日で、商家で恵比須の神をまつり、商売繁盛を祝福する日をいい、サンマは恵比須講に供えられた。恵比須講は恵比須をまつる行事で、恵比須は七福人の中心となる神として福徳を授けてくれるものとされ、各家庭では左膳に魚を添え、右膳にお金を枡に入れて供えたりもした。

南下するサンマ漁場　日本近海のサンマは千島、サハリンから九州、沖縄までと日本海を主な生息水域とする。太平洋側では、春から夏にかけて北上し、オホック海に至るが、秋になると濃密な群れをつくり、親潮に乗って南下する。このため、サンマ漁場は８月末から９

月初めに北海道から始まり、南に移っていく。漁獲に適した水温は14～18℃で、魚群が東北から関東の沖を通る10～11月が最盛期である。その後魚群は次第に分散し、九州、四国を経て九州の沖合に達する。量的には少ないが日本海側でもほぼ同様な回遊状況が見られる。

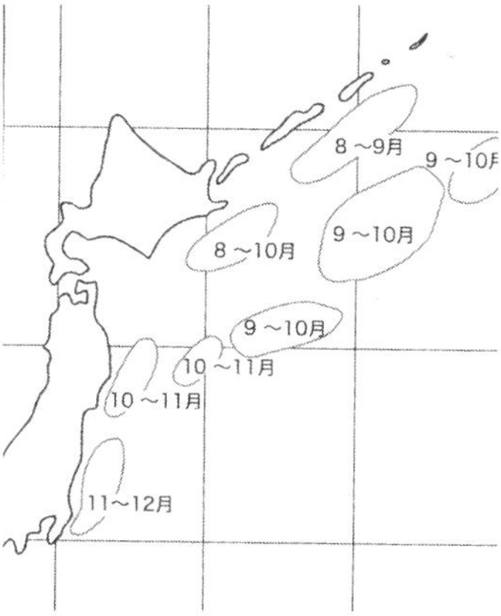

サンマ漁業主要漁場図

伝統漁法の「子持ちサンマの手づかみ漁」　サンマは、釣りの漁法によって獲ることができない魚である。江戸時代にはサイラ網というまき網の一種のサンマ網が普及したが、明治時代には能率のよいサンマの流し刺し網が全国的に普及した。ところが戦後になって集魚灯を利用した棒受網が出現してからは様相が一変し、現在ではサンマの90％以上がこの棒受網で漁獲されている。

このようななかにあって一風変わった「サンマ手づかみ漁」という伝統漁法がある。この漁法は古く江戸時代から行われているもので、新潟県佐渡沖に春に来遊してくるサンマを対象にして海藻を吊るした米俵、または簀の子を海面に浮かべて産卵のために集まったサンマを

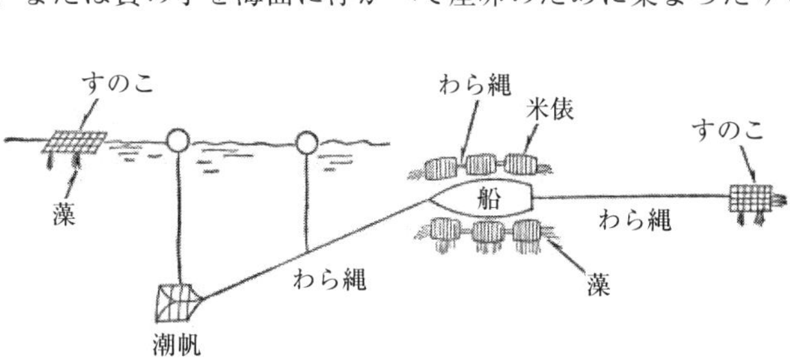

サンマの手づかみ漁

俵の間に手を入れて「子持ちサンマ」をつかんで獲るという漁法である。

この漁法は、子持ちサンマを獲ることのできる唯一の漁法であって、今でもこの地方では大量のサンマが接岸する年には行われている。

「サンマが出ると按摩が引っ込む」　江戸時代のことわざである。「さんま」と「あんま」の語呂合わせの洒落で、サンマの出まわる秋になると、涼しくなり食欲も出てきて健康を取り戻し、按摩にかかる人がなくなるということである。

サンマは 必須アミノ酸をバランスよく含んだ良質の蛋白質で、貧血防止に効果のある鉄分、骨や歯の健康に欠かせないカルシュウムや、粘膜を丈夫にするビタミンA、貧血を防ぐビタミンB_{12}、若返りのビタミンといわれるビタミンEなど多くの栄養が含まれている。さらに成人病の予防や脳の細胞の働きなどに効果のあるというＤＨＡ（ドコサヘキサエン酸）とＥＰＡ（エイコサペンタエン酸）も多く含まれている。

サンマの旬は秋で、脂肪含有量は北海道東方沖では多く、9月の太ったサンマでは21％に達する。この脂ののった大型サンマの塩焼きは、秋を代表する味である。サンマのように脂肪の多い魚は、直火で焼くことによって旨み成分の溶出を防ぎ、水分を減少させ脂肪の溶解で舌ざわりをよくするという。直火でやんわり焦がすことで香味が加わる。

「目黒のさんま」という落語がある。これも茶店の主人が、鷹狩りの将軍に直火で焼いて焦げた香味のあるサンマを差し出して気に入られ「サンマは目黒に限る」と言ったのであろう。

　夕空の土星に秋刀魚焼く匂ひ　　　　川端茅舎

シイラ［鱰］

語源　名の由来は、実のない籾の「粃《しいら》」からの転訛との説がある。シイラも体は大きいが体皮が硬く、薄身で食べるところが少ないからである。

シイラ

また、シイラは、漂流物の下について泳ぐことから、時にはそれが動物の死骸であったりもすることから、「死」「死魚」「死人食」などから転訛したとする説がある。

漢字では、「鱰」と書く。英語では［common dolphin］という。

『物類称呼』には、「筑紫にて猫づら、薩摩にてくまびき、肥前の唐津にてかなやま又ひいをと云。土佐にてとうやくと云。江戸にても猫づら又ひうをと云」とある。

『和漢三才図会』によると、「シイラは中華の魚といわれる。旧暦四、五月（夏）唐船が多く入朝するときに船についてやってきて、唐船が帰帆のときに九州のタイが唐船の肉食のにおいを慕って船について入唐するので、日本の近海で夏にシイラが多く、中国沿岸では冬にタイが多い」という。

シイラは、生きているときの体色がコバルト色の小斑点を散りばねた輝くような黄金食をしていることから、スペイン語の黄金色に由来する［dorado］という英名もある。スズキ目シイラ科の海産魚。全長約1.8m。地方名称で、ウマトウヤク（神奈川）、クマビキ（高知）、トウヤク（高知、和歌山）、マンビキ（沖縄）などという。

シイラは「夫婦和合の象徴」　シイラは世界中の熱帯から温帯にいるコスモポリタンな魚で、かなりのスピードで泳ぎ回り、日本には黒潮や対馬暖流域に、春から夏にかけて現れ、秋には南に戻って行く。

表層部を遊泳し、海洋に漂う流木や流れ藻の下に集まる習性がある。昼行性で、トビウオ類、イワシ類など、表層の魚を食べ、ときにはジャンプして捕食する。

夫婦仲のよい魚といわれ、雄は雌よりひと回り大きく、おでこが角張った雄が釣れると、次に必ずスマートな雌がその船の後をどこまでも追いかけてきて釣れるという。高知県では「夫婦和合の象徴」として、シイラの塩干物が結納に使われている。

前述のように日本各地で、トウヒャク、トウヤク、マンビキ、クマビキなどと呼ばれているが、これは〈十百〉〈万匹〉の意でシイラの群れに出会うと続けざまに釣れることに由来するという。

物陰に集まる習性を利用した「シイラ漬け漁業」　シイラは親魚になっても物陰に集まる習性がある。これを利用した漁法が「シイラ漬け漁業」である。漬け漁業とは、木、竹、藁などを海中に敷設し、これに集まりまたは中に潜り込んだ魚介類をまき網、曳網、掬い網、釣りなどの方法で漁獲するものである。

シイラ漬け漁法は、流れ藻に集まるシイラの習性を利用したもので、対馬暖流域の鹿児島県から新潟県の沖合において主として行われる。漬け場は沿岸数キロから数10キロの沖合にまで及び、漬け漁業の中

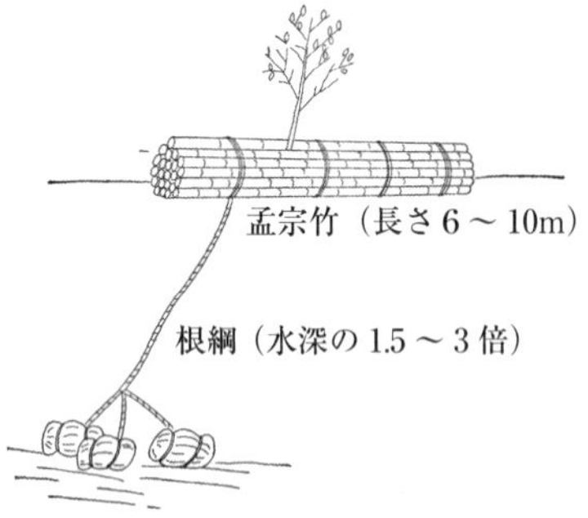

シイラ漬けの見取図

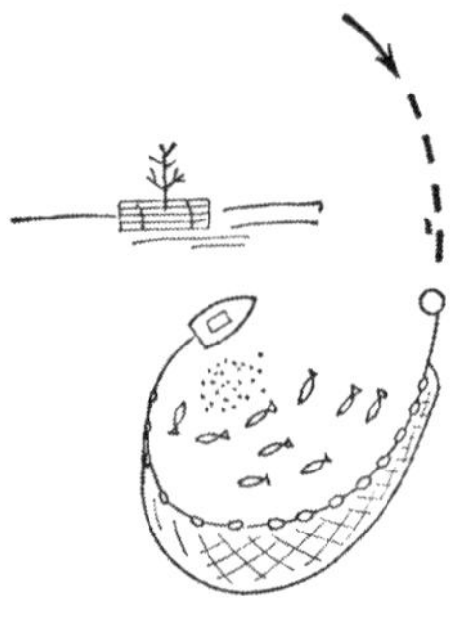

まき網漁業の操業図

ではもっとも規模が大きく、通常孟宗竹を束ねて作った漬けを1000～1500 m間隔に30～60個程度を設置する。これに集まったシイラを、餌をロープにつけて引き回わす、または撒き餌によって漬けから離し、まき網によって漁獲する。地域によって漬けの作り方、シイラを漬けから離す方法、まき網の形状など若干異なるが漁法についてはほぼ同様である。

シイラの料理は、普通は切り身にして塩焼き、照焼き、バター焼き、フライ、味噌漬け、粕漬けなどにする。鮮度の新しいものは刺身にもする。

シジミ［蜆］

語源　名の由来は、殻が縮んで見えることの「チジミ」から「シジミ」に転訛したとの説がある。

『滑稽雑談』には、「その貝甲、縮むがごとし。故に和名しじみと称す」とある。

ヤマトシジミ

漢字では「蜆」と書く。英語では［common freshwater clam］という。『万葉集』では「四時美」の字が用いられている。

『本朝食鑑』には、「蜆　之之美《しじみ》と訓《よ》む。蛤に似て、小さく黒いものである。江にも河にも多くいる。形状は小蚌《どぶがい》に似、純黒色であるが、大きいものは両頭の上部に白禿班がついていて、円さ一・二寸ある。小さいものは円さ三・四分である。大小厚薄は一定しない。漁家では常に多量に採り、食品とし、大きいものは市に出荷して販売する。江《え》都《ど》の芝浜・品川・墨田・葛西・戸田・荒川に多くとれる。肉の味も佳

蜆漁の図

い」とある。

シジミ科の淡水および汽水の砂泥底に棲む二枚貝の総称。シジミにはヤマトシジミ（殻長４㎝、殻高 3.5㎝)、マシジミ（殻長４㎝、殻高 3.5㎝)、セタシジミ（殻長３㎝、殻高 3.5㎝）の３種類がある。

「業平と喜撰秤と枡で売り」「業平シジミ」は、大正時代までは隅田川河口で大量に採れていた。

『魚鑑』には、「東都角田川（隅田川）のものを業平しじみと呼ぶ、その肉殻裏に満ちてうまし」とある。

古川柳には、「色男吾妻に貝の名を残し」とある。業平が東国に追放され、武蔵にたどり着いたが、その地が蜆の産地であったから、川柳は業平が東下りをしてから蜆を業平と呼ぶようになったという。在原業平は六歌仙の１人で、小野小町と並ぶ美男美女の代表であった。

『根南志具佐』には、「一升十五文で売られている業平蜆のザルの中に、閻魔大王が蜆となってまぎれこんで町を観察した」とある。また、古川柳に「業平と喜撰秤と枡で売り」というのがある。

六歌仙のなかには、喜撰法師という人がいて宇治を宣伝したので、「喜撰」といえば茶の代名詞にもつかわれ、幕末に「喜撰」という銘柄もあったという。喜撰法師の和歌に「わが庵《いほ》は都のたつみしかぞすむ世をうじ山と人はいふなり」というのがある。

昔も今も「鋤簾《じょれん》漁」　シジミを採るには浅い川や湖では、笊をもって砂ごと掬い採る。漁師は舟で、昔も今も鋤簾によって採っている。

有名な産地は、島根県宍道湖、青森県十三湖と利根川の河口などである。

『日本山海名物図会』には、鋤簾漁について「海と河との塩（潮）ざかいに多く生ず。又湖水にもあり。小蜆を取て泥池の中にやしないおけば年をへて甚おおきくなりて味よしといえり。蜆を取るには竹籠をこしらえ、底に袋網を附て水中をかきて取也。土砂は袋あみよりもれてのく也」とある。

蜆舟石山の鐘鳴りわたる　　　川端茅舎

蜆掘闇一寸をさぐりけり　　　正岡子規

「棒手振《ぼてふ》り」のシジミ売り　隅田川河口の汽水域で採れたシジミを売り歩く深川のシジミ売りは、江戸下町の風物詩であった。江戸時代のいろはかるたに「貧乏ひまなししじみ売り」という句がある。また、「佃から十五童子の蜆売り」という古川柳がある。当時、零細な元手で商売ができ、蜆籠を天秤棒に下げ、売り歩く「棒手振りのシジミ売り」は貧乏人の典型とされた。

梅多き寺島村や蜆売　　　正岡子規

土用シジミは「肝臓の薬」　古くからシジミは黄疸に薬効があるといわれ、また、肝臓のために酒肴のあとや二日酔いの朝などにも愛用される。前述の『魚鑑』には「黄疸には、味噌汁に煮て食ふ」とある。江戸時代の川柳で「じじみ売り黄色なつらへ高く売り」や「黄色な声でおい蜆しじみ」というのがある。これは、脂肪分が少なく、メチオニンやグリコーゲンが多いためである。また、ビタミンB_{12}やビタミンB_2もあり、悪性貧血や皮膚病にもよいといわれている。

夏の土用に食べるシジミを「土用シジミ」、冬の寒に食べるシジミを「寒シジミ」といい、いずれも味がよいとされる。とくに、土用シジミは８月の産卵期前で多くの卵を抱えており、出汁も多く出て身も食べやすい。土用の丑の日には高カロリーのウナギと内臓によいとされるシジミを食べるのが日本の伝統の食文化でもある。

むき蜆石山の桜ちりにけり　　　　与謝蕪村

若草や水の滴る蜆籠　　　　夏目漱石

シラウオ［白魚］

語源　シラウオは、生きているときは飴色で半透明であるが、死ぬと白く不透明になるのでこの名がある。北海道から岡山県までの太平洋側と熊本県までの日本海側に生息する。河川産は孵化直後に海に下り、沿岸域で生活した後、産卵のために川を遡上する。汽水湖産は多くが湖内に留まるが、一部は海に出る。産卵後は親魚は死ぬ。

シラウオ

『魚鑑』には、「伊勢は古くから白魚の産地で、長島城主から将軍家へ、真っ直ぐに伸びた白魚の目刺しが献上された」とある。

『大和本草』には、「大坂伊勢所々にあり味よし。干して串に刺したるを目刺と云。遠くに送る。珍味となす」とある。

漢字では「白魚」と書く。英語で［icefish］という。サケ目シラウオ科の魚。全長約10㎝。地方名称では、シラオ（北海道)、シレヨ（秋田)、アマサギ（富山)、シラス（石川）などという。

シラウオ、シロウオ、シラスの違い　シラウオ、シロウオ、シラスは、いずれも白くて半透明の小型の魚でよく似ているが、全く異種類の魚である。シラウオはサケ目シラウオ科の魚でサケ、マスの仲間である。シロウオはスズキ目ハゼ科に属し、ハゼ類独特の吸盤状の腹鰭があるのが特徴である。シラスは、シラス干しやタタミイワシ(畳鰯）として知られているが、99％のほとんどがニシン目ニシン科のカタクチイワシであるが、マイワシやウルメイワシなど数10種の稚魚が混ざったものである。

シラウオは「将軍家の魚」　シラウオは庶民的な魚というよりも、徳川家にまつわる話が多く「将軍家の魚」ともいわれた。シラウオの頭には徳川家の葵の紋がついており、家康の生まれ故郷の三河に産するシラウオが江戸までついてきたのだとか、家康が隅田川に移植したので、恩義を感じて葵の紋をつけたのだといった俗説がある。

佃島の漁師が採った白魚を江戸幕府に献上していたが、その際は黒の漆塗りの献上箱に収め、白漆で「御本丸」「御膳御用」と書き、箱に入れて数人で担いで行列を組み江戸城に向かった、この行列は大名行列に優先したという。

白魚やどつと生まれるおぼろかな　　　　小林一茶

江戸前の「シラウオ漁」　「月も朧に白魚の　篝も霞む春の宵」は、江戸末期から明治にかけて活躍した歌舞伎作者の河竹黙阿弥の「三人吉三」の名セリフで、初代名優「吉右衛門」の名演技で有名である。

江戸時代には隅田川にも篝火を焚いての白魚漁が始まると、江戸にも春が訪れるといわれた。昔盛んであった時は、江戸の隅田川では永代橋から吾妻橋を経て「白髭橋」前にかけて、煌々と輝く篝火の下で引き上げる四つ手網から、透き通るように美しいシラウオが跳ねる光景は、まさに其角の「白魚をふるいよせたる四つ手かな」の句に象徴されたという。

かつては、日本各地の内湾や河口に多く生息して、シラウオ漁が盛んであったが、水質汚染で激減した。

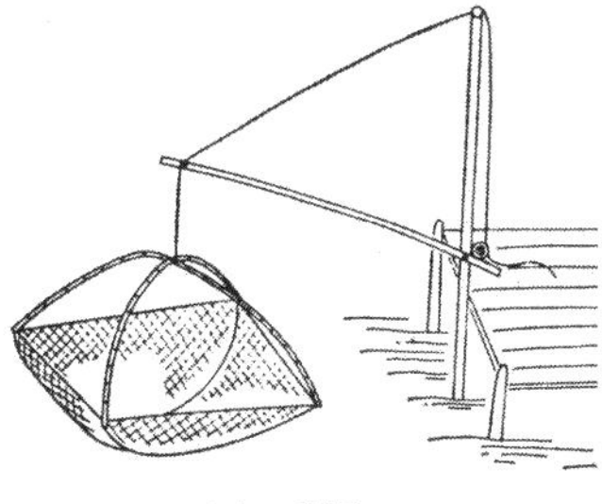

四つ手網

江戸時代には四つ手網の漁が各

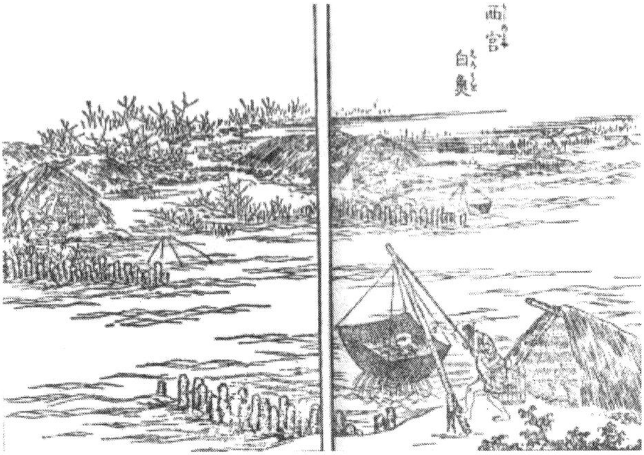

西宮のシラウオ漁

地に多かったようで『日本山海名産図会』には、「摂州西宮の入江に春二三月の比《ころ》、一町の間に五所許藁小屋を作り、両岸同じく犬牙《いぬちがい》に列なり、やなのくいを川岸より一二間許打出し、是に水を湛《ただよ》わせ潮の満るに魚登り引潮に下るの時、此くいの間に聚るを待ちて、かねて柱の頭に穴して網を通わせ、穴に小車をかけて引て網の上下をなす。網は蚊屋の布の四手にてくいの傍、魚の聚る方におろしきて、時々是をあげて杓の底を布にて張たるたもにてすくい採るなり。尚図のごとし。案るに、此法古《いにしえ》宇治川の網代木に似たり。網代木はくいを二行に末広く網を打たるように打て、其間へ水と共に氷魚《ひうお》も湛《ただよ》い留るを、網代守網して採れり。万葉集に、『武士《もののふ》の八十宇治川の　網代木《あじろぎ》にいさよう波の行衛《ゆくえ》しらずも』是水のただようを詠めり。案ずるに白魚。氷魚又三月頃海より多く上る」とある。

白魚をふるひ寄せたる四つ手かな　　　宝井其角

白魚のほね身を透す篝かな　　　加藤暁台

「佃島」の由来　徳川家康は、天正 18 年（1590）に江戸に入府と同時に摂州佃村から一軍の漁師を江戸に呼び、安藤対馬守の邸内に住まわせ、江戸前の漁業を行わせ、シラウオなどの鮮魚を将軍家に納入させた。これが後の佃島の漁師の起源である。

佃煮屋の天安

その後天保８年（1644）に隅田川河口の州であった三国島を埋め立てて佃島とし、ここに漁業特権を与えられた漁師社会が形成された。これらは白魚組と呼ばれ、屋敷をもらうとともにシラウオの漁業権が与えられた。当時、白魚組のことを「白魚は鯛にも恥じぬ屋敷持ち」などといわれた。

そして正保３年（1646）には鎮守として田蓑神社の御分霊と東照権現を奉斎したのが、今の佃島の住吉神社の起こりである。佃島の漁民はもとより、海上安全の守護神として広く崇敬された。

「佃煮」の始まり　佃島の漁師は、小魚が売れ残ると塩、たまりなどで煮込んで保存食品にした。これが江戸前の佃煮の誕生である。

『俚言集覧』には、「同所にて四つ手網をもって漁たる蝦魚を直に舟中にて濃醤を用て煮たるをいふ。如此炎暑の時と雖も、数日を経て餒《あざ》せるにあり」とある。

佃には現在でも天保年間（1830～43）に創業の天安・丸久・田中屋の御三家が存在し、伝統の佃煮を製造販売している。写真は、その一つである天保８年(1837)創業の天安である。また、新橋の玉木屋や日本橋の鮒佐も文久２年（1862）創業以来の佃煮の老舗《しにせ》である。佃煮は濃い味付けのために保存性が高まり、参勤交代の武士らが江戸からの土産物として持ち帰ったため全国に広まったという。

スズキ ［鱸］

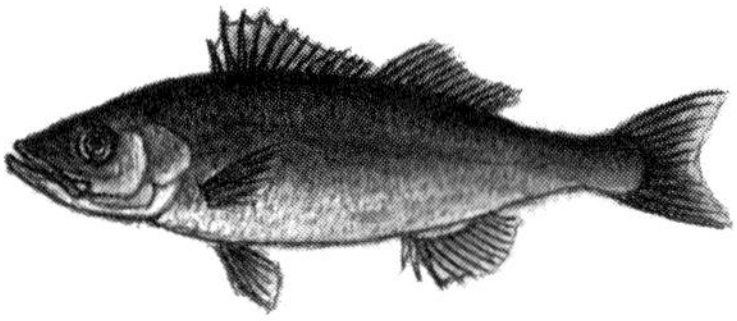
スズキ

語源　名の由来は諸説ある。たとえば『日本釈明』には､「その身白くてすすきたつように清げなる魚なり」とある。この「ススキ」が「スズキ」に転訛したとする説がある。

また、『東雅』には、「スズは古語で小さいという意味、スズキの名は口が大きいわりに尾の小さい魚に由来する」とある。

漢字では「鱸」と書く。「盧」には､「ならぶ」という意味があり､「えらの並び方に特徴のある魚」という意味であるという。英語では［sea bass］という。

『本朝食鑑』によると、「黒い色を盧《ろ》という。この魚は白い生地に黒い章《もよう》がついており、魚偏に盧と書いて鱸《すずき》となった」という。

『滑稽雑談』には、「順和名に曰、鱸和名、須々木。大和本草に云、河海の両種状同じ。河鱸味もつとも美なり。その大なるもの三四尺、その小なるものは六七寸あるせいごといひ、一尺内外なるをはくらといひ、味ははなはだ美なり。夏秋もつとも多し。せいごは松江なるべし。中夏松江の鱸も河鱸なり。長さ数寸と本草にあり」とある。

スズキ科の海水魚。

スズキは、古代から盛んに利用されたと考えられており、貝塚などから多量のほねが出土している。

『万葉集』には、「荒たへの藤江の浦にすずき釣る　白水郎（あま）とか見らむ旅行く吾を」と歌われている。

スズキは出世魚といわれ､東京付近ではコッパ（10㎝）→セイゴ（25

cm）→フッコ（35cm）→スズキ（60cm以上）→オオタロウ（老成魚）という。浜名湖付近では小さいものからセイゴ→マタカア→オオマタ→コウチ→チウイオ→オオチュウ→オオモノである。古くからスズキは縁起のよい魚とされている。

スズキは「吉兆の魚」　スズキは出世を象徴する吉兆の魚ともいわれている。

『平家物語』には、「平清盛が安芸守だった頃、船にスズキが飛び込んで、この吉兆の後、ついに天下をとった」との記述がある。

『本朝食鑑』には、「古くは山城の国これを貢献す。式の大膳部に詳らかなり。平清盛伊勢の安濃津より船に乗り、熊野の祠に詣づ。時に中流鱸魚躍りて船に入る。清盛喜んで曰、白魚武王の舟に入りて遂に敵に克ち、周を保つといひて手づから調へ食してその余を悉く家族に饗す。世に以て美談と為す」とある。

また、『古事記』には、「大国主命が出雲の国で宴を催した時に、鱸が卓を飾った」とあり、さらに「口大の尾翼鱸を釣り取りて天のまなぐいたてまつらむ」とある。

スズキは釣り上げると大きな口をあけて跳ねる。これを「スズキの鰓洗い」といい、釣り人にとって釣り上げた瞬間の醍醐味である。

　釣上しすずきの巨口玉や吐く　　　　与謝蕪村

貪食で釣りに最適　スズキは、季節に対応した生息場所の移動を行う。冬季に深みで過ごした成魚は、6月頃を中心に沿岸の浅い磯や漁礁に移動してくる。貪食な魚であるので、疑似餌にもよくかかる。したがって、普通の釣りはもちろん、ルアーフィッシングとしても人気がある。そのほか流し釣り、ブッコミ釣りなどがある。生き餌釣りには手バネ釣り、フカセ釣りなどがある。

『滑稽雑談』には、「和産上に説くがごとし。夏に専ら称す。しかれども、古来より秋に許用す。張季鷹が故事、思ひ合はすべきか。和国

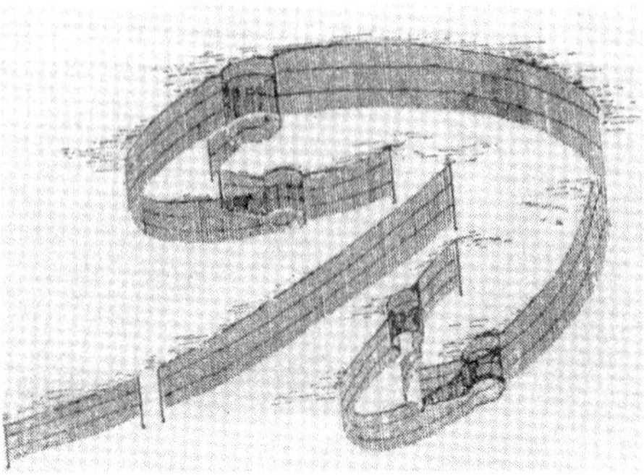
簀立て漁

にも出雲松江といふ所に産するもの多し。土民、秋に至りて釣りで遊興とす。按ずるに、せいご、また秋なり」とある。

また、スズキやボラを対象とする定置網の一種で「簀立て漁」がある。網の代わりに真竹を１㎝幅に割り、縄で編んだもので、これで囲いを作り、魚群を魚取部へ誘導したのち、たもで掬い上げる。

スズキの主な漁場は、瀬戸内海、伊勢湾、東京湾、有明海、若狭湾などである。

むら雲や雨は手に来る鱸釣　　　志太野坡

籠あけて雑魚にまじりし鱸哉　　　正岡子規

松江名物の「奉書焼き」　スズキはとくに夏季には高級魚で、洗い、刺身、湯引きなどにする。セイゴは焼物、煮物にする。前述したように出世魚で吉兆の魚といわれて祝儀の膳に載せられる。また、スズキにはビタミンＡ・Ｄが豊富で成長するほど美味しくなるが、産卵後は「枯れスズキ」といって脂が脱けて味がおちる。

『譬喩尽』には、「鱸は夏魚なり、殊に土用中に喰えば灸の代わりとすといえり」とある。また、ことわざにも「土用の鱸は画に描いて嘗めても薬になる」いい、古くから滋養食として用いられた。

松江の名物で「奉書焼き」がある。これは、和紙の奉書紙を水に濡らし、魚体を２～３重に覆い包み、旨味を逃がさないように蒸し焼きにしたものである。たれにつけて食べる。

『和漢三才図会』には、「雲州（島根県）の松江に最も多し、夏月特

スズキの奉書焼き（松江）

に之を賞す」とあり、奉書焼きを最上の馳走としているが、10月になり雷が鳴ると宍道湖から海洋に移動するので、この頃の雷鳴を「鱸落とし」と呼んでいる。

また、夏のスズキの洗いは古くから珍重されている。洗いは、薄く刺身にしたあとで冷水で洗い、布巾でふき上げて、梅肉かわさび醤油で食べる。

『華実年浪草』には、「和俗、夏月鱸の肉を魚軒《さしみ》に作り、洗ひ浄め、熬酒《いりざけ》に浸してこれを食ふ。これを洗鱸といふ」とある。

ズワイガニ ［ずわい蟹］

ズワイガニ

語源　名の由来は、「楚（スワエ）」から「ズワイ」に転訛したとの説がある。楚は、木の枝や幹から細く伸びた若い小枝のことをいい、ズワイガニの長い脚が小枝を連想させることから名づけられた。地方名でマツバガニ（山陰）、エチゼンガニ（北陸）、タラバガニ（秋田）という。甲殻綱クモガニ科のカニで水産上重要種。

なお、和名のマツバガニはオウギガニ科、タラバガニはタラバガニ科のカニであっていずれも別種である。また、雌をコウバコ（石川）、セイコ、ゼンマル（福井）、などと呼ぶ。甲は丸みのある三角形で顆粒の集まったいぼ状の突起が散在する。英語では［snow（tanner, queen）crab］という。

小規模な「ズワイガニかご漁」　ズワイガニは寒海系の種で、日本海では朝鮮海峡まで、太平洋側では銚子沖まで南下するが、北はオホーツク海、ベーリング海を経てアラスカ、アメリカ北部まで分布する。漁期は11月から翌年３月までで、水深150～200 mに生息するので底曳網漁業のほか小規模なズワイガニかご漁でも漁獲する。

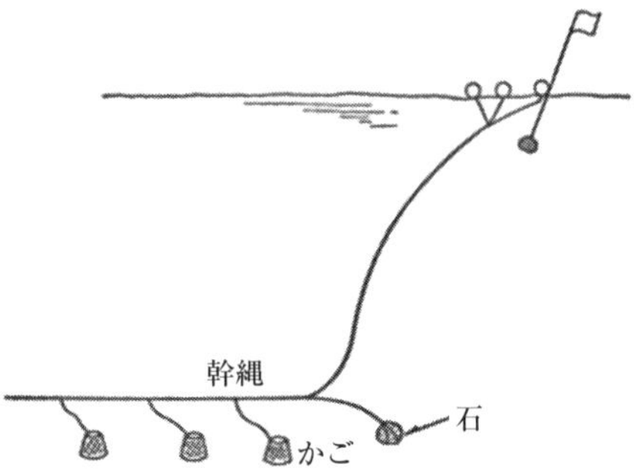

ズワイガニかご漁の操業図

ズワイガニかご漁は、漁船は主として５トン未満で、早朝出港し夕刻帰港する。１回の操業に使用するかごは、120～250個程度とされている。延縄式にかごを取り付けて海底に敷設する。各かごには餌としてサバ、サンマ、イカなどを入れて漁場に投入する。

セイコは「内子が美味」　ズワイガニの歩脚は長く雄では左右に広げると70～80cmに達する。甲幅は雄は15cmに達するが、雌は８cmほどになって性的に成熟すると１年間抱卵し、ゾエア幼生を放した後にすぐまた抱卵するため脱皮ができず生長がとまる。抱卵した雌ガニはセイコという。旬は11月から２月にかけての冬の期間である。

セイコ

ズワイガニは上品で甘みがある身とこってりした味

の中腸腺（カニミソ）はカニ類では最高である。雌（セイコ）は身は少ないが、内子（卵巣）が美味である。料理は、茹でガニ、焼きガニ、刺身、カニすき、味噌汁などがある。

タイ［鯛］

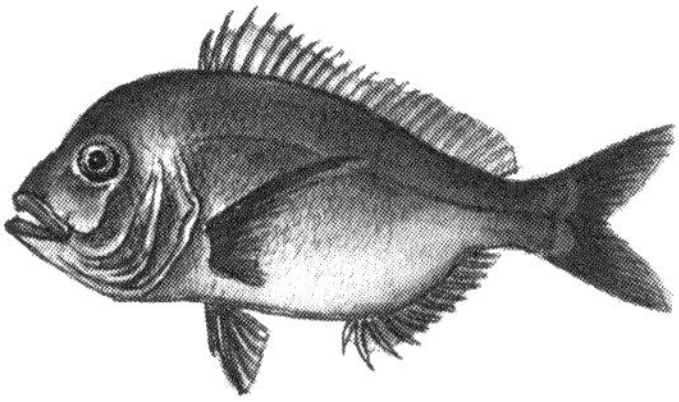

マダイ

チダイ

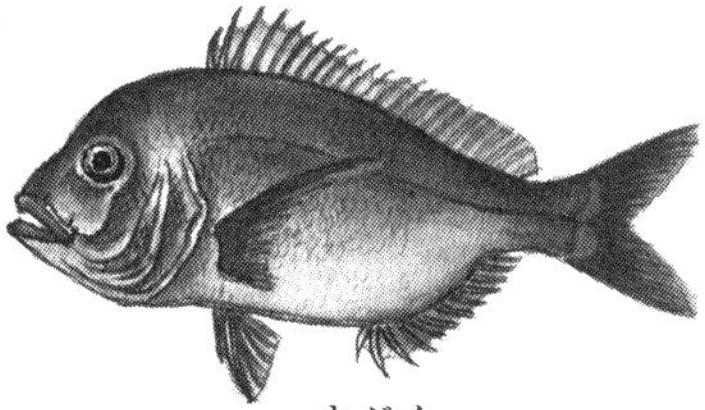

キダイ

語源　タイは日本ではめでたい魚として重要視され、その語源にもいろいろの説がある。江戸時代には、「人は武士、柱は檜、魚は鯛」といわれ、魚の代表的存在とされていた。

『百魚譜』には、「人は武士、柱は檜、魚は鯛とよみ置ける。世の人の口にをける、おのがさまざまなる物ずきはあれども、此魚をもて調味の最上とせむに咎あるべからず」とある。

『和漢三才図会』には、「肉は白く味は美く、わが国魚品の中の上級品」とある。品位や味が上等なことから魚の王様という意味の「大位」と呼ばれ、その転訛だという説がある。

『延喜式』には、体型が平たいので「平魚《たいらうお》」と記述され、その転訛したという説、さらに慶事に欠かせない「めでたい魚」と呼ばれ、その転訛だという説などがある。漢字では「鯛」と書くが、周の文王と太公望の伝説によりできたという。

『魚鑑』には、「日本紀には赤女《あかめ》、古事記には赤海鯽《せみかいそ》、延喜式には鯛の字あり」とある。マダイの成長名ではマコ→オオマコ→チュウダイ（中鯛）→オオダイ（大鯛）→トクオオダイ（特大鯛）などがある。英語では［sea brem, porgy］という。

スズキ目タイ科に属する海産魚の総称。普通はマダイを指してタイということが多い。マダイは全長1.2mにもなるが、普通は数10cm。タイ科の魚は11種あり、いずれも沿岸性で重要種であるが、とくにチダイ（全長約40㎝)、キダイ（全長約35㎝）はマダイに似ているので、マダイの代用品とされる。

「山幸彦と海幸彦」の神話　タイが日本近海に生息して先祖に親しまれていたいたことは、「山幸彦と海幸彦」の神話からもうかがい知ることができる。『古事記』の上巻第7章に出てくる「火須勢理命（山幸彦)」と「火遠命（海幸彦)」の話のなかでは、タイが大きな役割を演じている。その大要は次の通りである。

「海幸彦と山幸彦は兄弟で、兄の海幸彦は海で魚をとり、弟の山幸彦は山の獣をとって暮らしていた。あるとき、山幸彦が海幸彦に頼み込み、猟具と漁具を交換することになった。ところが山幸彦は1尾の魚も釣れないばかりか、その釣針を海に失ってしまった。怒った兄はその釣針を返せと弟を責めたため、弟は持っていた剣を砕いて1500本もの釣針を作って償おうとしたが、兄は『元の釣針を返してくれ』と言って許さなかった。

山幸彦が悄然としていると、塩土翁《しおつちのおきな》が現れて、そのわけを聞き、目無籠（小舟）で海神《わだつみのかみ》の御殿に行くように勧めた。山幸彦が指示どおり海神の宮殿に行くと、その娘である豊玉姫に山幸彦が一目惚れし、

２人は結婚して３年をそこで暮らした。ところが、山幸彦は失った釣針のことを思い出して、深いため息をつくことがあったので、心配した豊玉姫が海神の父に相談した。海神は山幸彦が宮殿にきたわけを聞いて、早速に海の大小の魚を集めて『もしやこの釣針を取ったものはいないか』と聞くと、多くの魚たちが『赤海鯽《せみかいそ》（タイ）が喉に釣針が刺さって、物を食べれないと悩みを訴えている』と答えたので、海神がタイの喉を探ったところ、その針が出てきた。海神はその釣針を山幸彦に渡すに際して『この釣針は、憂鬱なる釣針、気がいらいらする釣針、貧しくなる釣針、愚かなる釣針』と呪文を唱えて兄に渡すように教え、戻るに際して塩盈珠《しおみつたま》と塩乾珠《しおふるたま》を持たせてやった。和邇《わに》魚に送り届けてもらった山幸彦が海神の教えどおりに兄に釣針を返したところ、兄の海幸彦は段々に貧しくなって、心もすさんで山幸彦を攻めるようになった。そこで、山幸彦は海幸彦が攻めて来ようとするときは、塩盈珠を出して溺れさせ、苦しがって助けを乞うときは塩乾珠を出して救った。こうして、海幸彦は山幸彦の守護人となることを誓い、隼人（火遠理命〈山幸彦〉の子孫）は宮廷に長く仕えることになった」

この山幸彦すなわち火須勢理命こそは、後世に「恵比須様」とあがめられた方であるが、この恵比寿様を描いた絵には海神の宮殿を訪れた際のあの目無籠が出てくるし、にこにこ笑っている恵比須様の小脇でさっそうと踊っているのが大きなタイである。宮崎市の折生迫海岸にある青島神社には火遠理命と豊玉姫命が祀られおり、旧暦12月17日には夫婦和合の裸祭が行われている。

各地の漁村には「恵比寿信仰」の風習が多く残っている。たとえば、海女が海中で「恵比須様」と唱えて潜ったり、漁師が海中に網を降ろしたとき「南無恵比須様」と唱える風習が漁村に残っている。また、クジラを恵比須の対象としている漁村は多い。クジラはイワシなどの魚の群れを沿岸や内湾に追い込み、おかげで大漁をもたらすことがあるからである。「恵比須様」であるクジラが海岸に漂着したりした場合は、ていねいに供養し、時には戒名まで授けられて丁重に祭られたのである。

タイでないタイ　タイは、生物学上ではスズキ目タイ科に属する海産魚をいう。これらは、マダイ、チダイ、キダイ、クロダイである。マダイのめでたい魚にあやかり、名の一部にタイとつくものが非常に多い。

たとえば、アマダイ（スズキ目アマダイ科)、アコウダイ（カサゴ目フサカサゴ科)、イットウダイ（キンメダイ目イットウダイ科)、ブダイ（スズキ目ブダイ科)、キンメダイ（キンメダイ目キンメダイ科)、イシダイ（スズキ目イシダイ科)、イボダイ（スズキ目イボダイ科)、スズメダイ（スズキ目スズメダイ科)、カゴカキダイ（スズキ目カゴカキダイ科)、マトウダイ（マトウダイ目マトウダイ科）など約300種もあり、日本産魚類の約1割にものぼる。

しかし、これらの魚は生物学的にはタイ類とは全く異なっており、体色、体型などさまざまである。

タイの朱色は何の色　マダイは美しい表皮の朱色が好まれる。タイの朱色は餌であるエビ、カニ類などがアスタキサンチンを多く含んでいるためである。また、近年養殖のマダイが増えたが、養殖タイの場合には、朱色を出すためにタイの出荷前にアスタキサンチンを多く含んでいるオキアミなどを餌に混ぜて与えている。最近では養殖技術も進んで味も色もよくなっている。

マダイの生存年数は30～40年といわれ、全長1mを超えるものもいる。しかし、昔から「目の下一尺」といって40～50㎝のものがもっとも美味といわれる。桜鯛の色は表面だけでなく、内臓の色も「牡丹」といって俳句にも採り上げられて賞翫された。

チダイ、キダイはマダイに似ている。チダイは、体の色が赤くさえ、尾鰭後縁が黒くない、体側上半にコバルト色の小斑点が不規則に数列散在する。キダイは、体背部は赤黄色で淡い。体側上半部にマダイ、チダイのようなコバルト色の小斑点はない。

　はらわたを牡丹と申せさくら鯛　　　高井几董

「桜鯛」は極上品　マダイの産卵期は西日本では３～５月、東日本では４～６月中旬で、この時期に沿岸に回遊する。孵化後３日で３～４㎜の仔魚となり、体長10㎜を超す稚魚になると着底し、藻場で生活し、体長が３㎝を超す幼魚となると多毛類、エビ、二枚貝などを食べるようになる。

近年、資源保護・培養のためにマダイを人工的に一定の発育段階まで生育し、海に放流する増殖事業が盛んに行われている。

マダイは成長して桜の咲く季節に産卵のために内海や沿岸の浅瀬に移動し、婚姻色の濃い桜色になるために「桜鯛」と呼ばれる。瀬戸内海では、鳴門、紀淡、明石などの諸海峡を通って入る桜鯛に鳴門鯛、明石鯛などの名がある。これは俗名であって、学問上、和名のサクラダイはハタ科サクラダイ属に属する海産魚がいるが別の種である。

『本朝食鑑』に「歌書に謂ふ。春三月、桜桃の花開きて漁人多くこれを獲る。故に桜鯛と謂ふなり」と記述されており、桜の咲く頃のマダイはもっとも旬で、味のよい極上品といわれている。

また、『滑稽雑談』には、「このもの、鯛とばかり押し用ひて季にならず。春陽を得て紅鰭赤鬢色を増す。これ、桜鯛と賞す。また、桜魚などといへり」ある。

桜鯛の姿造りは豪華で、めでたい日本料理の代表格である。

マダイの稚魚

組板に鱗ちりしく桜鯛　　　　　　　正岡子規
砂の上曳ずり行くや桜鯛　　　　　　高浜虚子
板の間にはねけり須磨の桜鯛　　　　正岡子規

「浮鯛」という珍現象　産卵のために瀬戸内海に入ってきたタイが浅瀬の急潮流に巻き込まれて深所から浅所へ押し上がる現象を「浮鯛」という。タイは浮きぶくろによる比重調整機能が狂い、水圧とのバランスで浮きぶくろが膨張し、胃も吐出する。深所からタイを釣り上げても同じ現象が起きることがある。とくに広島県三原市能地の地先は、古くからの浮鯛がみられるので有名である。

『新季寄』には、「広島あしか潟能地の浦など名所なり」とある。明治の終わり頃まではこの浮鯛を漁獲する専門の漁師がいて、一漁期に50～60貫（190～230kg）の浮鯛を獲った記録があるという。

『日本書紀』には、「神功皇后が渟田門（ぬたみなと）に停泊し食事していると、鯛が船に群がってきたので海に酒甕を沈めた。するとみな酔って浮んだので漁師は歓喜してこれを捕り、以来、6月になると鯛が浮ぶようになった」とある。

江戸後期の詩人の菅茶人の歌で「この底に酒甕ありと聞くからに浮鯛よりはこちや沈みたい」というのがある。

江戸の「活鯛屋敷」　江戸時代には徳川幕府におけるタイの需要は多く、各種の祝祭宴会などのため常にタイが使用されるのが慣例であった。その大量の需要があった例としては、天保8年（1837）に、徳川家慶の十二代将軍就任の大礼の際には、「目の下一尺の鯛」（一番美味だといわれている大きさ）5千枚の上納を御菜浦に下命があったほどである。

タイは江戸時代以降は最高級魚の座につき、徳川幕府にいつでも献上できるように、江戸に漁獲されたマダイを畜養する「活鯛屋敷」と呼ぶ施設があった。大きな生け簀を設けて公儀御用の高級魚を生かしておいた「肴役所」と俗称したものである。場所は、魚河岸に隣接する江戸広小路の一角で、今の中央区日本橋１丁目に属する江戸橋西詰の北側であった。このほか江戸庶民のタイの需要も多かった。

江戸前の「桂鯛」　江戸前のタイも有名であった。古川柳に「江戸でなければまずいさくら鯛」というのがある。江戸時代から東京湾全体でマダイは獲られていたが、そのなかでも有名なのは、内房萩生（現、富津市）あたりで行われていた大がかりな江戸前の「桂網漁」である。

このタイに産地の漁具の名を冠して「カツラダイ（桂鯛または葛鯛）」という言葉がうまれたという。桂網は船曳網の一種で、１か統で漁船５隻に漁夫40人という大がかりなものであった。桂鯛は江戸時代には、将軍家にも献上された逸品で、「西の明石鯛、東の桂鯛」ともいわれたという。

「麦藁鯛は馬も食わぬ」　マダイは、海で産卵を終えた６～７月の麦が熟する頃になると、脂肪が落ちて味がまずくなる。これらのタイを「麦藁鯛」といい、「麦藁鯛は馬も食わぬ」の言葉もあるほど嫌われている。

麦藁とは麦の穂が出る時季に由来し、麦藁や麦穂では食べようがない。これと反対の意味を持つのに、「麦藁蛸」があり、これは初夏に獲れる一番美味しいタコである。

また、産卵を終えた麦藁鯛は、内海で十分に栄養をとって、水温が下がる10月頃になると外海に移動する。これらのタイを落鯛という。11月を過ぎた冬のマダイは、俳句では「寒鯛」といい段々と美味となる。「寒鯛」「冬の鯛」は冬の季語である。これは俗名であって、和名では別にカンダイ（別名コブダイ）というスズキ目ベラ科の海産魚がいる。ベラ科の中では最も大きく頭にこぶがあるのが特徴である。夏以外はほとんど食用とされない。

草の戸に麦藁鯛の奢りかな　　　　吉田冬葉

「鯛の鯛」は縁起物　タイの胸鰭のところにある骨片でタイの形をしている「鯛の鯛」というのがある。鯛中鯛《たいちゅうのたい》とも呼ばれる。動物学的には肩甲骨（右）と烏口骨（左）がつながっているもので、肩甲骨の穴がタイの目に似ているのでその名がある。これは他の魚にもあるがマダイのものがもっとも美しい。

江戸時代の文献にも「鯛の鯛」という言葉は載っており、めでたい鯛の中でもさらにめでたい形であるといって縁起物とされ、お守りとして財布に入れておくと金運に恵まれるという。現在でもこのような風習が残っているところもある。

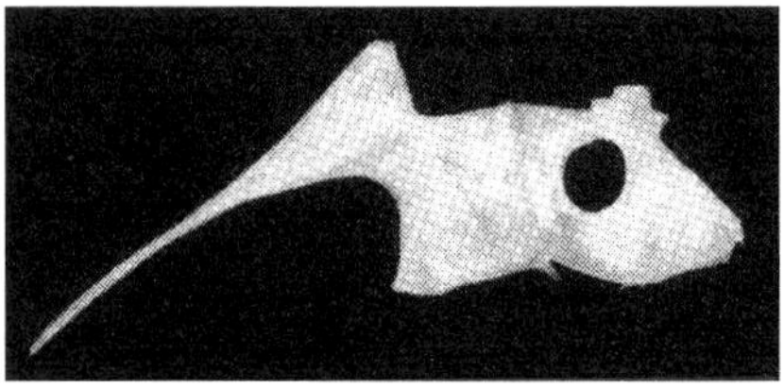

鯛の鯛

採取の際には、魚に熱を通した方が身離れがよく採取しやすいが、焼くと身と骨がくっついてしまうことがあるので煮付けにしたほうがよい。1尾の魚から左右一対の2個が取れる。

「鯛の浦」のタイ　「鯛の浦」は、千葉県鴨川市の内浦湾から入道が崎にかけての沿岸部の一部海域で、「妙の浦」とも呼ばれている。マダイが群泳することで知られ、特別天然記念物に指定されている。海域内では釣りなどの遊漁が禁止されている。

本来、マダイは比較的深い層（水深10～20m）を回遊する魚であり、鯛の浦のような水深の浅い海域に「根つき」になることはない。ここでは古来より名物とされ、手漕ぎの和船でタイ見物をさせていた。現在は動力船（鯛の浦遊覧船）により海域を回り、餌付けされたマダイの姿を見ることができる。

この鯛の浦については、近くの誕生寺の本尊である日蓮上人に関するいい伝えがある。日蓮誕生の時は、誕生寺の前の海面に蓮の花が咲き、その近くで数しれないタイが水上に飛躍したという。その光景は『日蓮上人御一代図絵』に美しい絵とともに記述されている。その時以来、タイの飛躍した海面の一部を「鯛の浦」と名づけてタイの捕獲を禁じて今日に至っているという。

江戸時代の「活魚輸送」　元和2年（1616）に泉洲桜井町の大和屋助五郎という人物が江戸に来て、肴役所の許可を得て本小田原町に住んで魚商人となった。そして、活鯛の江戸移入のために大いに活躍し、ついに御本丸御膳御肴請負御用を仰せ付けられ、本小田原活鯛問屋永代売所の指定を受けた。

そして助五郎は手広くタイの生け簀場所を設置したが、その場所は、豆州江の浦、志下寺、宇久須、戸田、安良里、三州佐久島などのほか、東京湾内では品川活鯛簀場所、金川、浦賀などであった。

活鯛の時期は春は3月から5月下旬までで、5月下旬から7月下旬までは水温が上昇して畜養が不可能のために休業した。秋は8月から9月下旬までで、10月以後は水温下降のため休業した。また、タイは漁獲後21日間おくと、運搬に耐えるので、活鯛運搬船に積み江戸に廻船したという。今はやりの活魚輸送はすでに江戸時代にもあったのである。

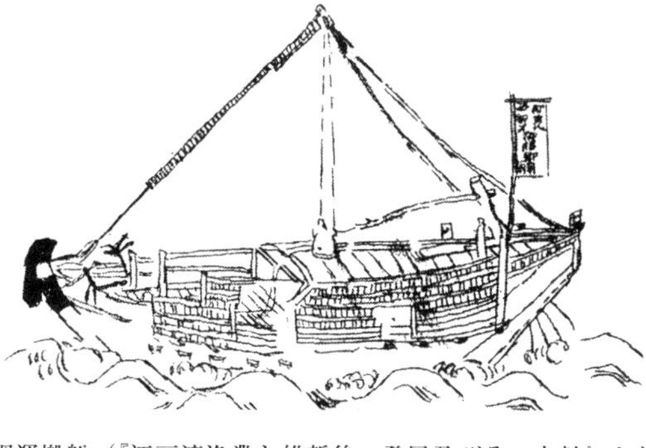

生鯛運搬船（『江戸湾漁業と維新後の発展及びその史料』より）

伝統の「鳥付きこぎ釣漁」　マダイは重要魚であるため一本釣り、延縄、刺網、定置網、底曳網、吾智網、敷網、追込網など地域によってさまざまな漁法によって漁獲される。変わった伝統漁法に「鳥付こぎ釣漁」というのがある。

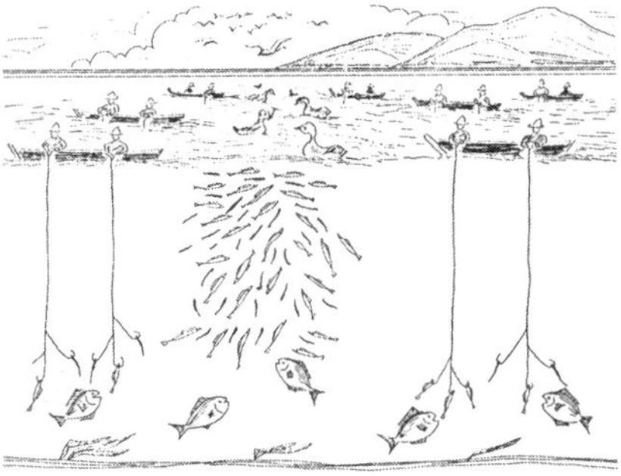

鳥付きこぎ釣漁操業図

瀬戸内海で春期イカナゴが潮流により集まる場所に、タイがそれを食いに集まるので、イカナゴが逃げて海面に浮上し、浮上したイカナゴを海鳥（アビ、カモメ）が食いに集まる。鳥付きこぎ釣漁とは、この鳥の集まりを見てタイが逃げないように船のエンジンを止めて、艪でこぎ入れて一本釣りでタイを釣る漁業をいう。

古くは広島湾から安芸灘に及んでかなり広範囲にこの漁業が行われたが、現在では広島県豊島近海の漁場のみで、いずれも天然記念物の指定を受けている。また、特殊な漁業であり、タイが逃げないように第三者の侵害を排除しなければ成り立たない漁業であるので、漁業法に基づいて第４種の共同漁業権が設定されており、物権として保護されている。

縁起物の「掛鯛」　瀬戸内海地方には、元日に小鯛２尾を縛り、羊歯《しだ》と譲《ゆずり》葉《は》などを挿して竈の上に掛けたり、神棚に供える。これを「掛鯛（懸鯛）」という。

掛鯛は半年間飾って、６月１日に食べると、邪気が払われるという。掛鯛は江戸時代の頃から西日本に見られた風習で、縁起物とされ、神事や婚礼の儀式などにも多く用いられていた。

『世間胸算用』には、「我が国の毎歳始の例として、千門万戸《どこのいえ》でも双《ふたつ》の青松・双の青竹を相対して立て、上には横に注連縄《しめなわ》を挽き、その中間に干鯛を双尾、海老の煮て紅くなつたものを一尾、および橙橘・白柿・昆布・海藻・裏白・楪葉等の数品かける。官家では大干鯛を用ひるが、その他の家々では中小の鯛を意に任せて用いる」とある。

神棚の燈に掛鯛をおろしけり　　炭　太祇

「鯛の浜焼き」は塩田の副産物　タイの料理で多いのは刺身であるが、料理の範囲は広く、ほとんど捨てるところがなく利用されている。頭をとってみても、ちり鍋、かぶと煮、潮汁などさまざまに利用される。

また、地方によって郷土色豊かなものが多い。たとえば、瀬戸内海地方のタイの浜焼き（岡山・広島など)、タイ麵、タイ飯、徳島のタイ茶漬け、宮崎の味噌膾、京都のタイかぶら、金沢のタイの唐蒸し、福井県小浜の笹漬け、能登のタイ骨酒などがある。

タイの浜焼きは、300 年ほど昔に塩田の副産物として作られたのが始まりである。塩釜から取り出した熱い塩に浜で獲れた魚を蒸し焼きにして食べたり、浜子たちがかぶっていた伝八笠に包んで家に持ち帰った。このようにして塩田周辺の生活に根づいて広がったものである。

塩竈に鯛の浜焼所望して　　高井几董

タイの浜焼き（尾道）

タコ［章魚、蛸］

マダコ

語源　タコは、腕（足ともいう）が多いことからタコに転訛したといわれる。

『魚鑑』には、「多股《たこ》。あし多きの義なり」とある。また、手瘤（テコブ）、手長（テナガ）からの転訛だともいわれる。

漢字では「章魚」または「蛸」と書く。英語では［octopus］という。頭足綱八腕形目に属する軟体動物の総称。主なるものはマダコ（全長約60cm）、ミズダコ（全長60cmから１m）、イイダコ（全長30cm）などである。潮間から深海まで分布し、日本近海には30～40種前後のタコが分布している。

『本朝食鑑』には、「多胡と訓ず。（中略）海上処々に多くあり。これを采るに時なし」とある。

「タコ坊主」の頭　タコの形態は丸くて頭とみなされる胴部を持つ点で、一種奇怪な擬人的生物として漫画などで鉢巻をした「タコ坊主」として扱われる。

古川柳に「蛸はらみ頭へしめる岩田帯」というのがある。

タコの体は胴・頭・腕からなり、俗に頭と呼ばれる頂端の丸いところは胴部で、中には心臓・肝臓・胃・腸・鰓などがある。目のあるところが頭部で中には脳が収まり、外部には口と思われている漏斗があり水を取り入れて鰓呼吸をする。腕は８本で直接頭部から出て、腕には１～２列の吸盤を持ち、岩に吸着したり、甲殻類や貝類を餌として捕食するのに用いる。口は腕の付け根の中央にあって、俗に「カラストンビ」という鋭い顎をそなえている。

体の表皮に色素胞が密布し、それを収縮し体色を変えたり墨汁嚢から墨を吐き出して外敵から逃れる。タコが吐き出した墨はもうもうとした黒い煙となり、それに紛れて身を隠す煙幕の役目がある。タコは急に胴を縮めて漏斗から海水を排出してその反動で泳ぐのである。

タコの体は七変化　「タコの体は七変化」といわれるほど、タコは環境や状態の変化によってさまざまな色に変化するだけではなく、体の凹凸や形態まで変化させる。マダコの色は、紫黒色、赤褐色、黄色が基調となり、タコが目から刺激を受けるとそれが視神経から脳に伝わって、脳からの命令で筋繊維の伸縮が起こり、３つの色素が多重に合わされて色が構成される。これは眼による測定が確かなことを示している。神経支配によるこの体色変化は何段階かの相変化の過程をとる。また、吸盤には化学受容能と触覚能とがあり、簡単な型の記憶ができるといわれている。

「海藤花《かいとうげ》」はタコの卵　タコはイカと同様に雌雄異体で、生殖器は雌は胴の頂端にあり、雄は第３腕を交接腕といい、精莢（精子の入った包となっている）がある。雄は交接腕を雌の生殖器に挿入して精子を放出する。交尾した雌は岩陰に潜み、長径2.5mmほどの楕円形の卵を数万～十数万個も産む。

タコの卵は米粒のような長楕円形や、ナスを小さくしたような一端が尖った水滴型をしていて、その基部には細い糸のような１本の柄がついている。雌は卵の糸をよりあわせるようにして、藤の花かブドウの房に似た房を作って産み付ける。その形から「海藤花」と呼ばれる。雌は孵化するまで餌を摂らずに卵の下に留まり、漏斗で海水を吹きつけたり、卵を狙う魚などを追い払ったりして卵の世話をする。卵は１か月ほどで孵化するが、雌は孵化を見届けた直後にほとんど死んでしまう。

怖ろしい「巨大蛸伝説」　巨大なタコの伝説は、日本だけでなく外国にも多い。

『重修本草綱目啓蒙』には、「章魚大なるものは、八九尺或いは一、二丈にして、鶏犬を捉食ひ、人牛を捕るものあり、或は海中より足を延べて、船中人の有無をさぐることあり」とある。

さらに、『日本山海名産図会』には、「大なる物はセキ鮹と云。又北国辺の物至て大なり。大抵八九尺より一、二丈にしてややもすれば人を巻きて取て食う。其足疣《いぼ》ひとの肌膚《きふ》にあたれば血を吸うこと甚《はな》はだ急にして、乍《たちま》ち斃《たお》る。犬鼠猿馬を捕るにも亦然り。夜水岸に出て腹を捧《ささ》頭《げ》を昂《あおむ》け目を怒らし、八足を踏んで走ること飛がごとく、田圃に入て芋を掘りくらう。日中にも人なき時又然り。田夫是を見れば長芋を以て打て獲ることもありといえり。大和本草に但馬の大鮹松の枝を纏いし蟒と争うて終に枝ともに海中へ引入れしこと載せたり。越中富山滑川の大鮹は是亦牛馬を取喰うに術なし。故に舩中に空寝して待てば鮹窺い寄て、手を延舩のうえに打かくるを、目早く鉾をもつて其足を切落し速に漕ぎかえる」と記述されている。

越中滑川の大鮹

「タコ壺」のルーツは弥生時代

タコ壺のルーツは弥生時代といわれている。兵庫県や三重県などの弥生・古墳時代の貝塚や遺跡などからは、現在のものよりやや小型のタコ壺が多く発見されている。

『延喜式』にも「乾蛸」についての記述がある。

タコ漁業の代表的なものは、タコの習性を利用したタコ壺漁である。漁期は秋から冬にかけてである。タコ壺は素焼きの陶器やコンクリート製のものなどある。その形状は多様である。

コンクリート製のものでは口に蓋がついていて、タコが中に入ったら出られないように蓋が閉まる構造の「有蓋タコ壺」もある。

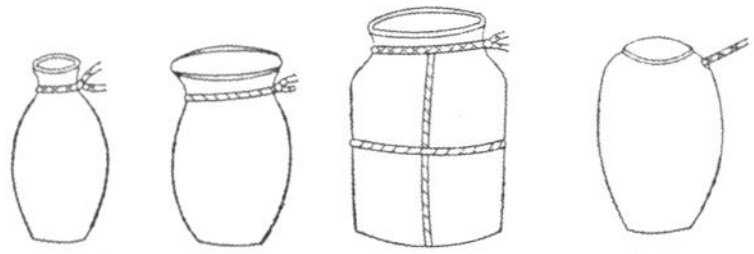

タコ壺とその形状

前述の『日本山海名産図会』には、「諸州にあり。中にも播州明石に多し、磁壺（やきものつぼ）二つ三つを縄にまとい水中に投じて、自来り入るを常とす。磁器是を鮹壺の裏を物をもつて掻撫ずれば、おのずから出て壺を放るること速なり」とある。

蛸壺やはかなき夢を夏の月　　　　松尾芭蕉

伝統漁法の「空釣漁」「空釣漁」は、北海道のミズダコの生息する漁場（水深 70 ～ 150 mの砂泥質の海域）を対象とし、幹縄に浮子を付けた針間の近い延縄状の引っ掛け具を無餌のまま縄のれん状にはえて静置しておき、これに遭遇したタコが枝縄を押し分けて前へ進もうとするとき、枝縄の先端に結び付けた針に引っ掛かったものを採捕する漁業である。

早朝出港し、漁場では魚探によって水深底質など海底の状況をよく観察した後、縄を入れはじめる。敷設作業は船首から行う。敷設する場所をあらかじめ定め、まず、ぼんでん、瀬縄を投げ入れ、瀬縄の下端に捨て縄を連結し、その縄の先端を結び船の速力を最低にしてはえていく。漁期は10月から翌年の4月の主に冬期である。

「夏蛸は親にも食わすな」「夏蛸は親にも食わすな」とか「麦藁蛸に祭鱧」ということわざがあるほどマダコは夏が美味である。

また、タコの成分で特徴的なのはタウリンを多く含んでいることである。タウリンはコレステロールの増加を抑える作用が強く、視力の強化にも効果がある。前述の『本朝食鑑』には、「血を養い、気を益し、筋を強くし、骨を壮にし、能く足の小陰経の血分に入る。あるいは痔瘻を療し、産後の瘀血《ふるち》を遂う」とある。

一方、「尾花蛸」といって、薄の穂が出る9月頃は美味しくないと食通はいう。尾花とは薄の花穂のことである。タコは茹でたのちに刺身、煮物、炒め物などにする。タコ焼きは、小麦粉の生地の中にタコの小片を入れ球形に焼きあげた「おやつ」で、大阪が発祥とされる。

『料理物語』には、「タコの料理として桜煎、駿河煮、なます、かまぼこ」の名がある。桜煎は足を薄切りにし、出汁で薄めたたまりで煮るもので、のちには桜煮と呼んだ。駿河煮はタコをよく洗って、そのまま桜煎と同じように「出汁たまり」に酢を加え、いぼが抜けるほどよく煮込む。

タチウオ［太刀魚］

語源　名の由来は、魚体が太刀のように平たくて長く、銀白色に輝いて見えるからとする説がある。また、頭を上にして立ち泳ぎをすることからとの説もある。

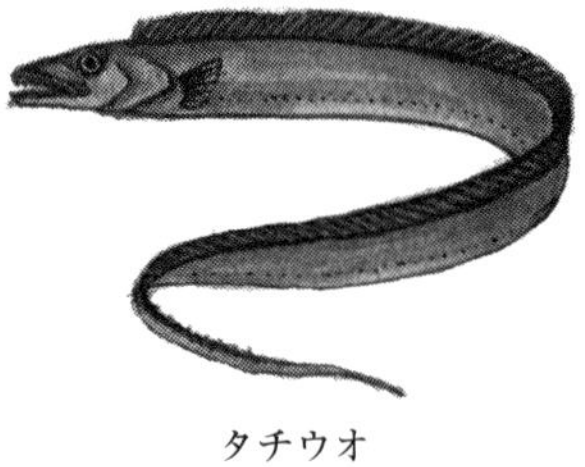
タチウオ

漢字で「太刀魚」と書く。英語では尾の長さにちなんで［riboonfish］または［hairtaill］という。

『大日本魚類画集』には、「タチウオが夜、底から浮上してくる姿は、白刃をもった平家の平知盛の幽霊だと信じられていた。須磨神社では『幽霊の剣』といわれる」とある。

また、鎌倉時代に新田義貞が稲村ヶ崎に投げた太刀が魚に化けたという伝説がある。

古川柳に「稲村ヶ崎でとれるは太刀の魚」というのがある。

スズキ目タチウオ科の海産魚。全長約 1.5m。

地方名称で、ハクナギ（宮城）、サワベル（福島）、シラガ（新潟）、タチ（高知）、ハクイオ（鳥取）、タチヌイオ（沖縄）などという。

「猫が主人を助けた」小咄　「猫が強盗の刀に飛びついて主人を救った」という江戸の小咄がある。次のようなものである。

「ある一軒家に深夜強盗が『金を出せ』とギラギラ光る抜き身をもって押し入った。主人は驚いて腰を抜かしてその場に座り込んでしまった。そのとき、家の飼い猫が出てきたかと思うと急に強盗の持っている刀に飛びかかった。静かになったので主人は目を開けてみると強盗はみあたらず、猫がうずくまって刀をうまそうに食べていた。よくよく見れば、強盗が提げていたのはタチならぬタチウオであった」

「模造真珠」の原料　タチウオの体の表面は、普通の魚のような硬い鱗はなくグアニン箔（タチ箔）という薄い銀色の膜に被われている。タチウオは、このグアニン箔が体全体を被うことによって体を保護している。模造真珠は、タチウオから採れるグアニン箔をガラス玉に塗って作ったものである。作る順序は、まず、グアニン箔をタチウオからけずり落として乾燥させる。次にセルロイドを熱して溶かしたものに乾燥したグアニン箔を混ぜ合わせる。これを硝子玉に塗りつけて冷やしたものが模造真珠である。

タチウオの肉は軟らかく、料理には塩焼き、照焼き、煮つけなどにする。

タニシ［田螺］

語源　名の由来は、田に生息するニシ（巻貝）からきたという。また、田主（タヌシ）の転訛との説もある。これに関連して、田の神、水の神として信仰のシンボルともなっている。

マルタニシ

『和漢三才図会』には、「和名、田都比《たつひ》俗に太仁之《たにし》といふ」とある。

漢字で「田螺」と書く。英語で［mud-snail, pond-snail］という。

タニシ科の巻貝の総称。日本国内にはマルタニシ（殻高約 6 cm）、オオタニシ（殻高約 6.5cm）、ヒメタニシ（殻高約 3.5cm）、ナガタニシ（殻高約 5 cm）の 4 種類がある。北海道から九州まで分布し、水田や池、沼、水路、小川などに生息する。

昔は多く生息していて農村地帯の重要な蛋白源とされたが、農薬などの関係で今では絶滅の状態になっている。

雌雄異体で子貝を産む　タニシは泥の中に冬眠し、春になると水底の泥の表面を這い回る。タニシの這った跡を「田螺の道」という。

タニシの軟体は、雌雄異体で、雄の右触角は陰茎の働きをするために曲がっている。親の胎内で孵化する卵胎生で初夏に米粒ほどの子貝を産む。

子貝はそろばん玉のかたちでカクタニシと呼ばれる。北方の個体は成貝になっても幼貝のように体層の周りに角がある。泥上の有機物を食べている。漫画で有名な手塚治虫は医学博士でもあるが、その学位論文は「タニシの生殖」であった。

静かさに堪へて水澄むたにしかな　　与謝蕪村
泥深き小田や田螺の冬籠　　正岡子規

タニシはなぜ鳴く　タニシは蓋を閉じるときに音を出すことはあるが、声を出して実際は鳴くことはない。しかし、「田螺鳴(啼)く」は多くの俳句にみられ、春の季語になっている。タニシが鳴いて身の危険から逃れたという伝説がある。

「春のある日のこと、田螺が田圃の中でのんびりしていたら空から大きな鳥が舞い降りてきて銜《くわ》えられてしまった。そこで何とか逃れようともがいたが離してくれないので、仕方なく大声を出して鳴いたら、鳥がびっくりして口を開けたので元の田圃に落ちて命が助かることができた。それ以来、田螺は何かあれば喋るに限ると悟って蛙に負けずに鳴くようになった。そして、田螺は文人からは「蛙蛤《けいごう》」の雅号を与えられ、衆人も多弁な者を田螺と呼ぶようになった」

夕月や鍋の中にて鳴く田にし　　　小林一茶
ぶつぶつと大なる田螺の不平かな　　　夏目漱石

「田螺長者」の伝説　「田螺長者」の伝説は中国にも日本にもある。その一つは次の通りである。

「昔ある田舎に仲のよい夫婦の百姓が住んでいた。ところが子供がなく何とか授かりたいと常日頃田圃の傍らにある水神様にお願いしていた。ある日、思いあまった妻君が1人で水神様に『水神様、田螺でも蛙でもよいので、どうか子供をお授けください』とお祈りして帰った。ところが、家に着いた途端に細君はお腹が痛くなって、しばらくして小さな田螺を産み落とした。どうするか困ったが、『水神様のお願いして授かったのだから大切に育てることにしよう』と水を入れた茶碗で育てることにした。ところが時が経つにつれて手足が出て外を駆け回るような子供に成長した。そして20歳になると立派な青年に成長して、土地の庄屋の娘と結婚して商売をはじめたが、若者が田螺であったことが評判を呼んで商売も繁盛して蔵がいくつも建つような大金持ちになった」

タニシは「万能の薬」　タニシは、食用とされるだけではなく、薬としても用いられた。ビタミンA、B$_2$、カルシュウム、鉄分が多く含まれており、古くから栄養が豊富で、脚気、目の疾患、骨の強化などに効用があるといわれている。

昔はタニシを煮て干し、ほかの食品と混ぜて丸薬にしたものを、旅や戦場に行くときの必携品とした。

前述の『和漢三才図会』には、「相伝へて曰、長途の行人、田螺を煮乾してこれを貯ふ。つねに一箇食へば､則ち異郷の水あたらしめず」とあり、また「田螺を煮て食へば大小便の出がよくなり、浮腫（むくみ）を治す。田螺の肉で糊をつくり、割れた磁器を継げば、よくくっついて永く離れない」ともある。

『魚鑑』には、「胃を健にし、宿食を消し、結熱を解し、小便を利し浮腫を去る。又小便閉に大たにしと巴豆を搗き紙にのばし臍の下に貼れば即時に通ず」とある。

タニシは、春から夏にかけてが美味なので「青田の田螺娵《よめ》に食わすな」といわれている。泥をはかせて加熱して調理する。味噌煮や和え物などにする。関西の篠山地方では、桃の節句のおせち料理に使われる。また、山形では見合いの席に「吸いツブ」といってタニシ汁が出される。

なつかしき津守の里や田螺和　　　　与謝蕪村

タラ［鱈］

マダラ

語源 名の由来は、体表に斑紋があるので、斑（マダラ）がタラになったという説がある。また、タラは切っても身が白いことから「血が足らぬ」から「タラ」に転訛したという説もある。

漢字の「鱈」については、『本朝食鑑』に「鱈は初雪の後に獲れるゆゑ、雪に従ふ」とある。『魚鑑』には、「東医宝鑑に俗に大口魚《だいこうぎょ》といふ。又鱈の字を用ゆ」とある。『大和本草』には、「寒国に生す冬春多く捕る」とある。英語では［cod fish］という。

タラ目タラ科の海産魚またはその総称。日本近海ではマダラ（別名タラ）のほか、コマイ、スケトウダラがあり、いずれも寒海性の北方の魚である。一般にはマダラのことをタラという。全長約 1.2m。

「鱈腹食う」の由来 腹いっぱい食べることを「鱈腹食う」というが、タラが大食漢でその腹が膨れていることから生まれた言葉だという。また、いい加減なことを表す「出鱈目」や、むやみという意味の「矢鱈」も同様に鱈の充て字を使っている。

マダラの下顎には1本の太い鬚《ひげ》がある。これは「触鬚」と呼ばれる感覚器官の一つで、暗い海底で餌を探すときに威力を発揮する。一般には 150 ～ 300 mの深所に生息し、魚類、甲殻類、頭足類、貝類をはじめ底生生物など見つけたものは手当たりしだい食べる。あまりに食欲が旺盛で、腹が膨れあがっている。カニなどの鋭い棘で胃が傷つき、それが原因で潰瘍を起こすものも多くあるという。

「菊腸・雲腸・強腸」とは 雄の精巣である白子（菊子）には、

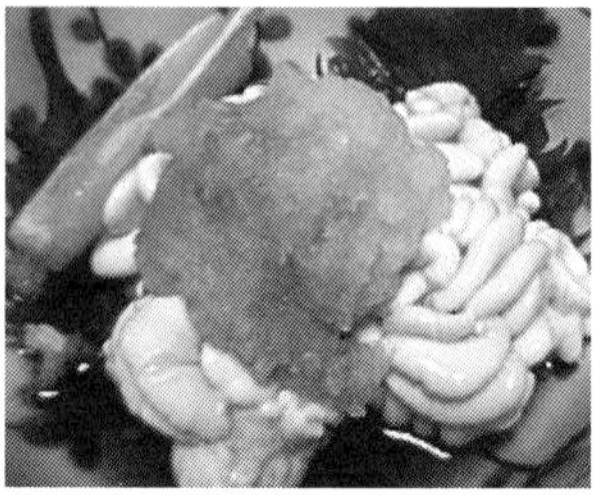
白子の酢物

菊腸《きくわた》、雲腸《くもわた》、強腸《つよわた》の３種がある。いずれも味は淡泊で酢物や吸い物などにする。菊腸については、身と一緒に煮ると美味で、とくに酒の肴によいとされた。

『本朝食鑑』には、「腸に菊腸・雲腸・強腸あり。菊腸は淡赤色、菊花の開くがごとし。味はひ淡甘、煮て食すべし。あるいは好き醋《あぶら》に漬けて食ふなり。雲腸は細長く、色白くして画雲の白い堆《かたまり》のごとし。味はひ美にして、肉と同じく煮るときは、すなはち最も佳味あるなり。強腸は微赤に白を帯ぶ。生は煮て食ふべし。塩ものは強堅で断ちがたく牙歯に及ばずゆゑに水に漬し、やや久しくして用ゆべし。三種同じく嘉賞すべし」とある。

タイに劣らぬ縁起物　タラは、江戸時代には鮮度を保つために口から臓物を引き出し、塩を入れて輸送された。タラの腹を割かないところが武士に喜ばれ、タイに劣らず縁起物として珍重された。また、タラは成長が早く、１年で倍になり３年で成魚となり、10年も寿命があり、切っても血がでないことなどからも縁起物とされた。

『本朝食鑑』には、「鱈は初雪の後に獲れるゆゑ、雪に従ふ」とあるように、雪の季節を代表する魚として、日本海のタラの産地の各藩では将軍家に献上された。加賀の前田藩では水無月（旧暦６月）の朔日《ついたち》には「加賀白山の雪」として献上され、福井藩では「海からもつくりの雪の御献上」（鱈の旁《つくり》）として魚偏のつく雪を献上した。また、津軽藩でも12月と正月に献上した。古川柳に「水無月の献上鱈のつくりなり」「献上の鱈は江戸までうつつ責め」というのがある。

鱈を江戸まで運ぶ侍は、鮮度を落とさないように休む間もなく走りずめで「うつつ責め（眠らせないで責める拷問）」のようであったという。

タラの「懸魚祭」　マダラの産卵期は12月から３月で、この時期にタラ漁が行われる。その年に初めて水揚げされるものを「初鱈」という。大漁を祈って初鱈を神様に供え、漁師たちはぶつ切りにした鱈鍋を囲んで祝う習慣がある。

たとえば、秋田県にかほ市金浦町の金浦山神社には、大鱈を奉納し海上安全と豊漁成就を祈願する「鱈の懸魚祭」というのがある。毎年２月４日の宵宮に、篝火に照らされた参道を、大きなマダラを吊した青竹を持った若者が大声をあげながら、ほかの船よりも早く神前に供えようと競い合う。そして、これらのマダラの中で最大のものは拝殿の掛け棒に吊り下げられるので「懸魚祭」という。鳥海山から吹き下ろす風の冷たい夜になって、神官の祈祷が終わると、懸魚は若者たちによって社務所の勝手元に運ばれ、漁師の妻たちの手で料理される。拝殿前に置かれた大きな鉄鍋にぶつ切りにされたタラをいれたタラ汁が大勢の参拝者にふるまわれる。

この祭の起源は江戸時代にさかのぼり、厳冬の日本海での鱈漁は命がけであった。現在の金浦町の西北方に北向という部落がある。この部落は鱈漁に精を出す部落であったが、毎年遭難者が多かった。わけても元禄２年(1689)の遭難はひどく、十数隻の船が転覆して86人がアッという間に海にのまれた。そこで海上安全と大漁祈願をするとともに、海難者の霊を慰めるために元禄６年(1693) に神明社を建立した。

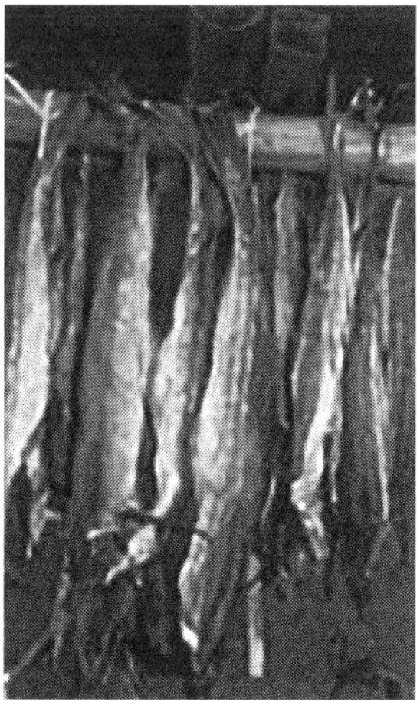

棒　鱈（稚内）

そして、この時から社殿に魚掛棒が用意され、懸魚祭の行事が行われるようになったという。神明社は明治42年(1909)

に金浦山神社に合祠されてからは、懸魚祭は大勢の人が集まり一層盛大な祭となったという

京料理の「芋棒」　棒鱈は、タラの頭部と内臓を除き、背から割って、一般には骨をとってからかちかちに素干しにしたものをいう。棒鱈の料理では京都の「芋棒」が有名である。棒鱈を時間をかけてもどし、海老芋と炊き合わせた京都の名物料理である。

また、軽く炙って酒の肴として好まれる。古くは干鱈を薄く切って酒に漬けたものを「酒びたし」といい、正月用に利用された。

『俳諧歳時記栞草』には、「乾燥品は干鱈といい、色の白い物が高級品で黄色のものはそれに次ぐ。これを食すと力持ちになると言われて相撲取りが好んで食す」とある。

棒鱈は日干しにして棒のように固いので、藁打石に載せて、槌で叩いて気長に料理しないと「箸にも棒にもかからぬ」ので、江戸時代には手に負えない泥酔者や盆暗《ぼんくら》を「棒鱈」と呼んでいた。

古川柳に「軽子が寄つて棒鱈をかつぎあげ」というのがある。泥酔者のしまつは軽子（荷物を運ぶ労務者）の仕事であったという。

　米倉は空しく干鱈少し積み　　　高浜虚子

タラバガニ　［鱈場蟹］

語源　タラの生息する漁場は、水深 200 mほどの深海でこの漁場を「鱈場《たらば》」という。このカニは、タラと同じ漁場の鱈場に棲んでいるので「タラバガニ」と名づけられた。

タラバガニ

漢字で「鱈場蟹」と書く。英

語では［king crab］という。

タラバガニ漁が始まったのは、明治時代からである。タラ漁の船員が鱈場で誤まって網を沈めてしまい、苦労して網を引き上げてみると、見たこともない大きなカニが多くかかっていたのがきっかけであるといわれている。タラバガニ科の甲殻類。甲長22㎝、甲幅25㎝。日本海、北太平洋、北極洋の水温10℃以下の深海の冷水帯に分布する。

カニでないカニ　カニ類は足が10本であるが、タラバガニは8本しかない。タラバガニはカニの名が付いているが、生物学的にはヤドカリの仲間である。寒海性のタラバガニ科の甲殻類である。外見はカニの形をしており、和名もカニが充てられているが、雌腹部が左右不相称で、左側にのみ腹肢があること、最後の胸脚が小さくて鰓室《さいしつ》にさし込まれていることなどの特徴から分類学的にはカニ類（短尾類）ではなく、ヤドカリ類（異尾類）に含まれる。

ハナサキガニもタラバガニ科の甲殻類である。北海道の花咲半島（根室半島）近海に多いためにこの名がついた。

タラバガニは愛妻家　タラバガニは、産卵期には深海から浅いところに移動し、交尾は4月中旬から5月上旬に行われる。交尾に先だって、3～7日間雄がはさみで雌のはさみ脚をつかむハンドシェーキング（hand-shakinng）を行う。雌が産卵すると雄が精子をかける。

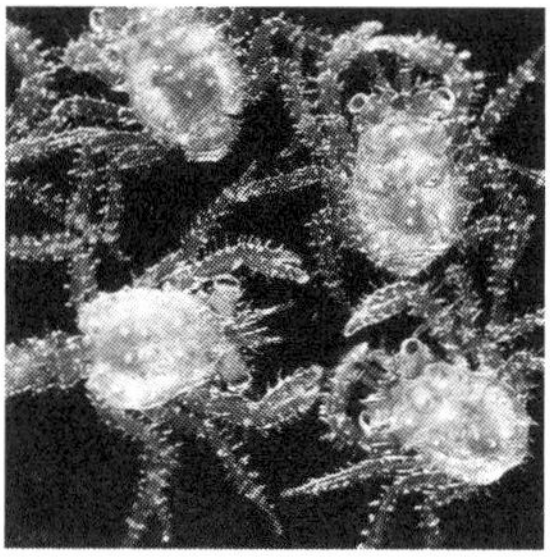
グローコテ幼生（全長4㎜）

抱卵期間は約1年で、3月中旬から5月頃にゾエア幼生が孵化する。孵化後はグローコテ幼生として浮遊生活期を経て、脱皮してから底生生活に移る。雌雄とも10年で約10㎝になって性的に成熟する。寿命は雌31年、雄34年といわれている。

また、普段は雄と雌は別々の集団で生

息しているが、脱皮の時期になるとまず雌が岸辺に移動し、続いて雄がやってきて雄がはさみで雌のはさみ脚をつかんでおさえる。すると雌は自然に真ん中から割れめのできた甲羅を脱ぎはじめる。雌の脱皮が終わるまで見守ったあとで、雄自身の脱皮は１尾だけで岩かげに身を潜めて行うという。

「カニ缶詰」の薄紙の役目　タラバガニをはじめケガニ、ズワイガニ、ハナサキガニのカニ缶詰には他の缶詰と違って必ず薄い白い紙である「硫酸紙」（「パーチメント紙」ともいう）で包まれている。これは、カニの成分と缶の材料である鉄や錫との間に起きる化学変化である「ストラバイト現象」といわれる、ガラス状の異物が発生するのを防ぐためである。

また、カニ肉の黒変あるいは褐変は「サルファーステイン（Sulfer stain）」といわれ、ときどきカニ肉の苦情原因となる。肉の蛋白質が加熱時に分解して生じる硫化アンモニウムが、缶の材質中および肉中の鉄と化合して硫化鉄を作るからである。このいずれの場合も食べても人体に影響はないが、見ためも悪く食品の価値を維持するために行われている。同じ理由でエビの缶詰の場合にも用いられている。

ドジョウ［泥鰌、鰍］

語源　ドジョウは、水底の泥土から生まれるの意味の「土《ど》生《じょう》」から転訛したとする説やドジョウが土の中でも成長することから、土長《どちょう》が転訛したとする説がある。

ドジョウ

また、『本草綱目』には、「酋《どじょう》とは強くすぐれているの意で、非常に強健で動き回ることを好むことからである」とある。

漢字では「泥鰌」または「鰍」と書く。英語では［loach］という。

コイ目ドジョウ科の淡水魚。全長約20㎝。地方名では、東京ではアナギハ、ヤナギバ、オドリコ、千葉ではママドジョウ、オオマンという。

ドジョウの「腸呼吸」　ドジョウは、腸で空気呼吸をする習性があってよく酸素欠乏にも耐える。空気を吸い込むためにときどき水面まであがる。ドジョウには肺がないために腸で呼吸する。口から吸い込んだ空気は胃を通って腸へいく。腸の周辺には毛細血管が集まっており、それが肺の役目をして、酸素を吸収する。排気は肛門から気泡になって外に排出される。

水温が高くて気圧の低い時には水中の酸素が少ない。このために腸呼吸が盛んになって、空気を吸い込む上下運動が活発になる。

海外ではドジョウを［weather fish］（天気魚）ともいい、日本では上下運動が活発であるので「踊り子」の名がある。踊り子も年功（功労）を経ると芸者（猫）になることから、古川柳に「こうろうをへると泥鰌は猫に化け」というのがある。

驚異の産卵行動　ドジョウの産卵は４～８月であるが、産卵行動は他の魚類とは変わった行動がみられる。産卵行動は腹の大きくなった雌の周囲を雄が興奮して泳ぎ回り、そのうちの１尾が雌の腹部に巻きつき、その巻きを締め圧迫によって雌の腹部から卵を放出させ、同時に放精して卵を受精させる。雄は雌よりも一般に小さい。雄は体側の側線よりもやや上方の左右両側に隆起帯が縦走し、この隆起帯は背鰭の起点付近で中断して前後に分かれている。雌には隆起帯はないが、腹鰭の直上部の両

産卵行動（生物1948、塚原）

「鰌挟み」(『俳諧職業盡』)

側に円形のくぼみがある。雄の前後の隆起帯は雌に巻き付いた際に卵を放出させるための腹部圧迫に役立つものである。また、雄の胸鰭の骨質盤は体を雌に固着する際に用いられ、そのために雌の体側に小さなくぼみがあるといわれている。

江戸の「鰌挟み漁」　ドジョウを獲るのに変わった漁法として「鰌《どじょう》挟《はさ》み」というのがあった。

『俳諧職業尽』には、「鰌挟　上総木更津辺にあり。田の溝の鰌、炎暑によわりて、夜はみな仰向になり、腹を出し浮てゐるなり。松明を照らし、竹の鋏にてはさみとる。夜半迄に一升ぐらゐつゝ取るゝなり。竹挟は焼て真切（心切、ローソクの心をはさみ切る道具）の形になし、はさむ所を刻み刃を付て用ふるなり」とある。

炎暑の夜に松明を照らして、水面に浮いているドジョウを挟んで獲るのである。

「柳川鍋」の始まり　柳川鍋は、文政（1818 ～ 30）初年に江戸南伝町の万屋某なるものがドジョウを裂いて鍋煮にして売り出したのが骨抜き泥鰌鍋のはじまりだといわれている。

『守貞漫稿』には、「骨抜鰌鍋の始は文政初め頃、江戸南伝馬町三丁目の裡店に住居せる万屋某といふ者､鰌を裂て骨首および臓腑を去り、鍋煮にして売る、其後天保初此、横山同朋町にて、是も裡店住の四畳許の所を客席として売り初め、屋号を柳川と云ふ」とある。その後、天保（1830 ～ 44）初年横山同朋町に「柳川」という店が開業して評判になり、多くの支店を出すほどに繁盛したという。

当時の柳川鍋は二重の土鍋をを使っていた。上の鍋は黄色の浅いもので、これに泥鰌の卵とじを入れて春慶塗の蓋をし、熱い湯を入れた下の鍋にすっぽりはめ込んで冷めぬようにしていた。値段は一人前泥鰌汁が16文、丸の泥鰌鍋が48文であったのに対して柳川鍋は200文で高価であったという。

柳川鍋については明治末期にだされた『さへづり草』にも「天保のはじめより、骨ぬきどぜうといふもの出来て、婦女の口腹にも入るにいたれば、かの夏痩によしてふものと席を同じうするの勢ひなりけり」とあり、泥鰌も精をつける食物として鰻の勢いにもいたったという。

ドジョウはスタミナ源　ドジョウは古くから体によいといわれ、胃腸病、貧血、体力の衰弱にも効果があり、神経痛、リウマチで痛むところにドジョウの皮をはるとよいとされた。また、鯉こく以上に乳の出をよくするといわれた。ウナギと比較すると、タンパク質は変わらないが、ビタミンB_2、D、カルシューム、リン、鉄分などはドジョウの方が多い。とくにカルシュームはウナギの約10倍といわれる。

『本草綱目』には、「体を温め、生気をまし、酒をさまし、痔を治し、さらに強精あり」とある。

『魚鑑』には、「血を調え、腎精をます」とある。

料理は、江戸時代からの前述の「柳川鍋」のほか「泥鰌汁」(濃いめの味噌に出汁を加え、つまの牛蒡、大根などとともに煮たもの)がある。変わったものに「泥鰌地獄」という鍋に豆腐と生きたドジョウを入れて煮る残酷な料理がある。汁が煮えはじめると熱いのでまだ冷たい豆腐の中に潜り込むが、そのうちに煮えるというものである。

古川柳に「念仏も四五へん入れる泥鰌汁」「なべぶたへ力を入れるどじょう汁」というのがある。

トビウオ ［飛魚］

語源　名の由来は、漢字で「飛魚」と書くが、海面から高く飛行することから名づけられた。英語でも［flying fish］という。ダツ目トビウオ科の海産魚。全長約35㎝。別名でアキツトビウオ、トビノウオ、ホントビといい、地方名では、トビ、アゴ、ツバクロ、ウズなどという。

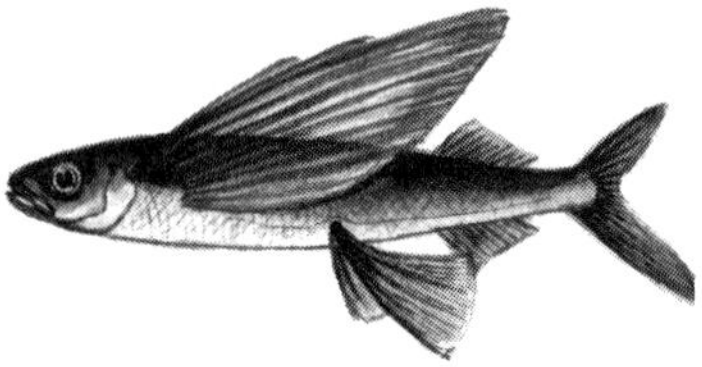

ホントビウオ

西日本ではアゴと呼ばれて親しまれているが、これは「顎《あご》が落ちるほど美味い」という意味である。島根県では県の魚に指定されている。

関東（とくに八丈島）では漁獲が多いが、これを春トビと夏トビに分けている。春トビは主にハマトビウオの１種、夏トビはアキツトビウオ（アオトビ）、アカトビウオ、アヤトビウオの３種からなる。

トビウオの飛行距離　トビウオの飛行は大型魚からの逃避が発達したものだといわれている。夜間は灯火に向かっても飛ぶ。トビウオの背中は平坦で腹側が細く尖っていて頭の方から見ると逆三角形になっている。体長の５分の４にも達する胸鰭は、丈夫な鰭膜が幅廣く広がって翼状になっている。飛ぶのには、まず尾鰭を左右に強く振って水面を急速に泳いで水面上に飛び出し、同時に胸鰭と腹鰭をいっぱいに広げて、尾鰭の下葉で水面を打ちつづけて空中に浮揚する。羽撃きはせず、グライダーのように空中を滑空する。この時速は70㎞という。世界的な観測記録によると、高さ10 m、距離は400 m、滞空時間は42秒である。

トビウオは、棒受網、刺網、定置網などで漁獲する。トビウオの旬は初夏から夏である。脂肪分が少なく淡白な味で、塩焼き、唐揚げ、つみれ汁などにして食べる。新鮮なものは極上の刺身として美味である。トビウオを原料とした竹輪は「あごちくわ」と呼ばれ、鳥取県、兵庫県の特産である。島根県では「(アゴ) 野焼き」と呼ばれる。小型魚や幼魚は煮干しにして出汁に使う。九州の「干しアゴ」は有名である。新島や八丈島ではくさやに加工される。トビウオの卵は「トビッコ」と呼ばれ、珍味や寿司の種になる。

トビウオは「吉兆の魚」 トビウオは飛翔するところから縁起のよい吉兆の魚とされ、神饌に捧げられたこともある。たとえば、三重県伊勢市の猿田彦神社では、毎年5月5日の御田祭は県の無形文化財に指定されており、神饌としてトビウオを献上する風習がある。

また、大正11年(1922)に昭和天皇が東宮殿下のときに軍艦「香取」に乗船されて、僚船の「鹿島」とともに外遊されたときのこと琉球列島の宮古島沖を通過された際に10尾余りのトビウオが水面に飛び出して13尾が「香取」に、3尾が「鹿島」の看板に飛び込んできた。「両船」の約6mもある高い甲板に時を同じくして飛び込むことは珍しく、お供の人々はこれは吉兆であると喜んだ。とくに入江侍従長は東宮殿下の御壮途を祝う瑞祥であるとして、「幸多きしるしを見せてこの朝《あさ》明《け》魚飛び上る香取鹿島に」と色紙にしたため殿下に奉じたという。

ナマコ ［海鼠］

語源 ナマコは古くは「コ」と呼ばれており、「海鼠」と書いて「コ」と読んだ。「コ」は触れると小さくなって固まるから「固（コ）」というとか、食感が凝り凝りしているから「凝

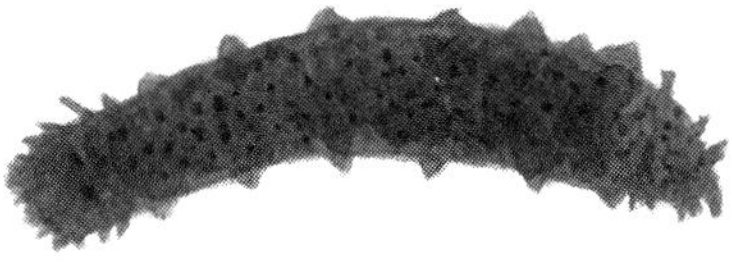

マナマコ

(コ)」というとの説がある。今でも、生のものをナマコ、煎って干したものはイリコ、卵巣はコノコ、内臓はコノワタと呼んでいる。

漢字では「海鼠」と書くが、これは「海の中で夜になると海底を動き回るネズミに似た生き物」であるからだという。英語では［trepang, sea cucumber］という。

ナマコ綱に属する棘皮動物の総称で、日本では60種類以上が知られている。マナマコ、クロナマコ、フジナマコ、ジャノメナマコなどがあるが、このうち一般に食用に供せられるのはマナマコである。体長20～30㎝。

「この口や答えぬ口」　ナマコに関する神話について『古事記』上巻には、「是に猿田毘古神を送りて、還り到りて、乃ち悉に鰭の広物、鰭の狭物を追い聚めて、『汝は天つ神の御子に仕え奉らむや』と門言し時に、諸の魚皆『仕え奉らむ』と白《もう》す中に、海鼠白さざりき。爾に天宇受売命、海鼠に云いしく、『此の口や答えぬ口』といいて、紐小刀以ちて其の口を拆きき。故に今に海鼠の口拆くなり」とある。

すなわち、ナマコだけが天つ神に仕えないといったので、「この口や答えぬ口」といい、小刀で拆かれてしまったという。

思うことといはぬさまなる海鼠かな　　　　与謝野蕪村

ナマコの「呼吸樹」　ナマコは棘皮動物の中では唯一、呼吸樹(水肺）という特有の呼吸器をもっている。総排泄腔から体腔内に左右一対の樹状に分岐した管が伸び、ここに海水を出し入れすることで呼吸が行われる。この呼吸器の表面には毛細血管がはりめぐらされていて、筋肉の収縮によって肛門から海水を流入させ、呼吸樹の壁を通して酸素を取り入れている。板足目、無足目のナマコは呼吸樹をもたない。

なお、ナマコは皮膚呼吸も行っており、呼吸樹を失っても直ちに生命に危険が及ぶわけではない。雌雄異体と同体のものがあるが、同体の方が多い。

ナマコの「防衛手段」 ナマコの特殊な性質として、敵の攻撃を受けた際の防衛手段として二つの方法をもっている。一つの方法は熱帯性のナマコの多くは、キュビエ器官という白い糸状の組織をもっており、刺激を受けると肛門から吐出する。キュビエ器官は動物の体表にねばねばと張り付き、行動の邪魔をする。この糸が魚のエラブタにからみつくと、魚はエラを動かせなくなって死んでしまう。もう一つの方法は、マナマコなどキュビエ器官をもたないナマコは、危険を感じると自らトカゲの尻尾切りのように腸管を肛門や口から放出していまう。しかし、ナマコはほかの棘皮動物同様に再生力が強く、吐き出した内臓は1～3か月ほどで再生される。

天地を我が産み顔の海鼠かな　　　　正岡子規

ナマコの腸に棲む魚 カクレウオは名の通り、フジナマコの腸内（ときには大型のヒトデ）に入って棲んでいる。宿主のナマコにとっては一切利益のない片利《へんり》共生《きょうせい》である。カクレウオにとっては、外敵から身を守る安全な隠れ家というわけである。前述したようにナマコには肛門内の総排出腔に開く呼吸樹と呼ばれるものがあり、総排出腔の筋肉の運動により水を呼吸樹に出し入れして呼吸している。そのため、カクレウオはナマコの体内にいても呼吸は容易にできる。昼はナマコの腸内に潜み、夜になるとエサを捕るために外へ出てくる。しかし、臆病な性格のため、外出といってもナマコからあまり離れない。

カクレウオは、スズキ目カクレウオ科の海産魚。相模湾以南の沿岸のやや深いところに棲み、全長20㎝に達し、体色は淡灰色で小黒点が多数点在する。

伝統漁法の「すくい網漁」 日本で一般に漁獲の対象になるのはマナマコで、沿岸の岩礁地帯に生息する。生息環境によって体色が異なるが、黒っぽいものを青ナマコ、褐色の斑点のあるものを赤ナマコという。漁期は11月～3月の冬期で、漁法は、すくい網、鉤漁、突

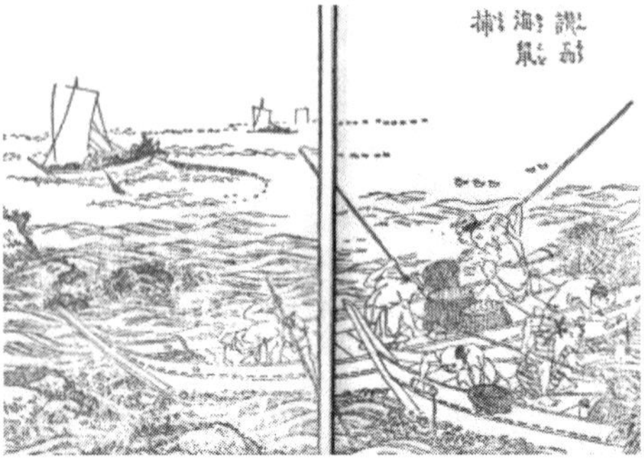
讃州海鼠捕

き漁、漕ぎ網、桁網などである。

このなかで「ナマコすくい網」は、古くからの伝統漁法で現在でも北海道をはじめ各地で行われている。1t未満の漁船を操り、たも網でナマコをすくい獲りにする。海上のおだやかな日に操業する。

潮流が強い場合は船首から錨を降ろし、徐々に潮流に船を流して（綱を延ばしながら）作業する。のぞき眼鏡を口にくわえて左手で長柄を持ち右手でこれを操り、たも網でナマコを獲る。

『日本山海名産図会』には、「江東（近江の東、東日本を指す）にては尾張和田、参河柵（佐久）の島、相模三浦、武蔵金沢、西海にて讃州小豆島最も多く、尚北国の所々にも採れり。（中略）漁捕は沖に取るには網を舩の舳に附て走れば、おのずから入るなり。又海底の石に着たるを取るには、即熬海鼠の汁又は鯨の油を以、水面に點滴すれば塵埃《ちり》を開きて水中透明底を見る事鏡に向がごとし。然して攩網《たまあみ》を以て是をすくう」とある。

大鼾そしれば動く生海鼠
与謝蕪村

海鼠腸

日本三大珍味の「このわた」

ナマコの内臓を塩漬けにしたものを「海鼠腸《このわた》」という。ウニ、からすみと並んで日本三大珍味の一つに数えられる。また、卵巣を乾燥したものを「海鼠子《くちこ》」

という。一般には三角形に平たく干したものが能登の高級珍味として親しまれている。ナマコは厳冬の１月から３月になると産卵期をむかえて発達肥大した卵巣をもつようになり、それが口先にあることから「くちこ」と呼ばれている。

前述の『日本山海名産図会』には、「海鼠腸を取り清き潮　水に洗う事数十遍、塩に和して是を収なり。黄色に光り有て琥珀のごとき物を上品とす。黒み交る物下品なり。又此三色相交る物を日陰に向うて頻《しき》りに攪まわせば、盡く変じて黄色となる。或は腸一升に鶏子《たまご》の黄を一つ入れ、攪まわせば味最も美なりともいえり。往古は此腸を以て貢ともせしかども、能登、尾州、参河のみにて他国になし」とある。

ナマズ［鯰］

語源　名の由来は、「ナマ」は鱗がなく滑らかな魚であるので「滑らか」の意で、「ズ」は川や沼の泥底に棲むことから「泥や土」の意であり、「滑らかな泥魚」から転訛したものだという。

ナマズ

漢字では「鯰」と書くが、「ねばる魚」からきたとの説がある。中国ではナマズには「鮎」の字を用いている。英語で［catfish］という。ナマズ目ナマズ科の淡水魚。全長約 50㎝。

『本朝食鑑』には、「鯰は大きな首、偃額《ひくいひたい》、大きな口、大きな腹をしていて、背は蒼黒、腹は白く、口は顎の下にある。尾には股がなく捕らえにくい。（中略）我が国で流水に存生するものは未だ見ない。惟《ただ》止水のみ生存しており、洛《きょうと》の宇治川・淀川、近江の琵琶湖、信州の諏訪湖で捕れる。余州には未だ存在しない」とある。

ナマズと地震　ナマズは地震や天候変化に敏感なために、昔から地震を起こす力があるとか、地震の予知能力があるなどとの伝承がある。安政の地震や大正12年の関東大地震の際にはナマズが騒いだという記述がある。

たとえば、『安政見聞誌』には、「本所永倉町の篠崎某という人は、常に漁を好み、十月二日夜も数珠子（麻糸にミミズやゴカイを数珠状に刺した一種の釣りで「数珠釣り」ともいう）にて鰻を捕らえんと、川筋所々を漁るに、鯰しきりにさわぎ鰻一つも得ず、ただ鯰三尾を得たり。さてつらつら思うに、かく鯰の騒ぐ時は必ず地震ありという。若しされこともあらんと、漁をやめ家に帰り、庭に筵をしき家財道具を取り出して異変のそなえをなせり。その妻いぶかりて、ひそかに笑いけるに、その夜地震あり、住居は破れけれども、器物は更に損せず。さて近所の人も漁に行き、鯰の騒ぐを見ながら帰宅せず、また獲物も少なきうえ、家居より家道具を取り出すひまなく揺れ崩れり」とある。

ナマズと地震の関係については学問的に立証されていないが、生物学的には、魚体の両側には側線神経という神経があり、昼夜の別なく微弱な電流が流れていて、ナマズが興奮すると電流は強くなるといわれている。

ナマズの「要石《かなめいし》」　茨城県鹿嶋市の鹿島神宮には、「石一つ載せて浮島動かせず」といわれ、浮島（日本）に地震が起きないようにと地底に鯰の頭を押さえつけている「要石」という石がある。このような信仰から、ほかにも千葉県香取市の香取神宮など何か所かある。この要石は大部分が地中に埋まっており、地上に見えている部分はほんの10数センチくらいで、鹿島神宮の要石の地上部分はくぼんでいるが、香取神宮の要石の地上部分は丸い。

『万葉集』にも「ゆるげどもよもや抜けじの要石　鹿島の神のあら

ん限りは」と詠われている。江戸時代には、この歌を紙に書いて３回唱えて門に張れば、地震の被害を避けられる、といわれた。

『天地或問珍』には、「大きな鯰、地底にありて日本国中五畿七道載せずと云ふ所なし。彼が尾、或は鰭にても動かず所忽ち地震す。故に鹿島の明神、要石を以て押え給ふといへり、今、案ずるに、何ぞ其鯰、日本のみ載せて唐土を載せざるや、唐土にも地震あり、一笑するに堪へたり」ともある。

安政の「鯰絵」　安政の大地震後に江戸の町に大量にでまわったナマズの浮世絵版画を「鰻絵」という。幕府の販売の禁止令にもかかわらず、地底の大ナマズが地震を引き起こすという民間信仰に基づいて描かれたもので、多くは相次ぐ天災や政治の混迷などに対する民衆の憂さばらしとされ、一部は地震の護符や守り札とされた。鯰絵は、地震鯰は破壊者であると同時に新しい世を創造する救済者として描かれている。

鹿島大明神の瓢箪鯰（鯰絵）

室町時代の画家如拙の作に、京都の妙心寺の退蔵院に保管されている国宝「瓢粘図」というのがある。小川に泳ぐナマズを、男が瓢箪で押さえようとしているところが描かれている。また、鹿島大明神の瓢箪鯰も有名である。

徳善淵の「大鯰」　岡山県久米郡柵原町（現、美作町）を流れる川の上流に徳善淵と称する淵がある。この淵にまつわる大鯰に関する次のような有名な伝説がある。

「その昔にこの淵が干上がり水が少なくなつたある日そこを通りがかつた土地の農夫がふと見ると、今まで見たこともない巨大なナマズがいた。農夫はこれを捕まえて人の多く集まる近くの津山まで行つて見せ物にしたら儲かるのではないかと思いつき、５〜６人の仲間を集めて捕まえて大籠に入れて担ぎながら、吉井川に沿つて津山へと急いだ。ところが川の中から『徳善や今日は急いでどこへ行きんさるんなら』と川の中から声がすると、籠の中の大鯰が、『わしや、ちよつと津山まで甲羅を干しに行つてくるけんな』と答えたという。農夫はこれを聞いて仰天して籠を投げ出してしまつた。ところが一天にわかに掻き曇り、豪雨が沛然と降りだし、川の水は見る見るうちに溢れるようになつた。ところが鯰は籠から出て、川の中にドボンと戻つてしまつたという」

これ以外にもナマズに関する伝説は、平安末期の『今昔物語』にでてくる島根県出雲市の「化け鯰」の伝説や『斎戒俗談』に記述されている琵琶湖の竹生島の「鯰の踊り」の伝説など各地にいろいろとみられる。

竹生島の「群鯰伝説」　琵琶湖に浮かぶ竹生島の北の州の砂の上に、中秋の月明かりの夜には百千と群れをなして大鯰が多く跳ぶが、これは弁天様が愛するからだという伝説がある。

『竹生島縁起』には、「弁天様の化身である竜が大鯰となり、難波から来た大蛇を湖中に引きこんだ」とある。

また、『本朝食鑑』には、「昔、江州海津《かいず》の浜に、越前の漁夫で水練に達者なものがあり、その者が里人に語っていうことには『我《わたし》は、越州の海底のうちで、見ていないところはありません。平生《ひごろ》から水練の誉《ほま》れを得ていますのに、今この湖底を見なっかったら、何の面目あって衆人に顔が合わせられましょうや。いつまでも遺憾《こころのこり》に思うことでしょう』と。里人は『往年《むかし》にも水練の達者が湖水に没《もぐ》ったことがあったが、竹生嶋の深い処に到って、偶然に群竜を見て驚怖《びっくり》し、息も絶えだえになってやっと帰ってきたのです。今、子《あなた》もやはりそうなるでしょう。どうかやめて下さい』と言った。すると漁夫の言うには『曾《かつ》て竹生嶋は水の中間に泛《うかん》でおり、水底は空曠《がらんどう》で四方に通じていると聞いたことがある。してみると、これが見られるのも甚だ幸せなことであります。たとえ群竜がいたとしても、神物がどうして人を害するようなことがあるでしょうか』そう言って、海津の浜から水中に入り、二・三時を過ぎて出てこなかった。巳（午前十時）より未の刻（午後二時）になって、彦根の水上に浮かび出、舟に乗って黄昏《たそがれ》に村に帰ってきた。そして、里人に次のように言ったという。『嶋の底に竜はいないで、但《ただ》群鯰がいた。その巨大さといったら量ることも出来ないほどだ。ここを衝《つ》きぬけて巌に傍《そ》うて嶋の北岸に出たところ、風が悪く波が高くて、すぐには帰ることができなかった。そこで彦根まで行って帰ってきたのです』と。また琵琶湖で八月中旬月明の夜、鯰魚《なまず》が数千匹、みずから跳ねて竹生嶋の北の州の砂の上に身を投げ出し、踊躍顛倒するというが、これはなぜそうなるのか、よくわからない」とある。

伝統漁法の「ポカン釣り漁」 ナマズを釣るのに生きた蛙を使ったポカン釣りは、江戸時代から今に伝わる伝統漁法として有名である。

この漁法について『日本水産捕採誌』には、「下総国の河湖における鯰釣の季節は五月頃を良しとすれども水藻の生じたる間は皆釣るを得べし。漁法は蛙の足より頭の方へ向け針を刺し之を水面に引き廻し其自ら遊泳するが如く為すこと数回に及べば鯰は水底に在りて蛙を認め忽ち水面に浮かび之を嚥んで水底に去る可し。此の時直ちに竿を挙ぐることなく彼が沈み去るに任せ之を少時にして其十分に嚥下し深く針の腹中に入りたる頃を測り腕力を極めて之を釣り揚ぐるなり。此の漁は昼夜共に為すべきも概ね晝間は

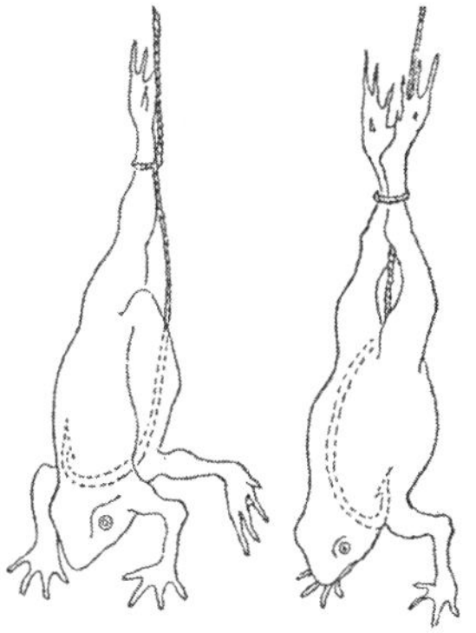
蛙の餌付け

小魚のみ罹り其大魚を獲るは夜間にありとす」とある。

前述の『本朝食鑑』には、「淀川の漁人は多く鯰魚を釣る。その釣り方は、蛙を小縄で繋いで水上に放つのである。蛙が跳ると、鯰が啄《ついば》みに浮かんでくる。啄んだところを縄を引いて得《と》る」とある。

さらに、『俳諧職業盡』には、「鯰釣り、武州相州にあり。溝川に浮藻多くある所にて木にて蛙をこしらへ、竿の先へ付けて、浮藻の上を蛙の飛が如くに遣ふ。鯰飛かゝり喰付と、其まゝうしろへ刎《は》ねあげて取るなり。餌を刺《さす》事なく、わずかの間に沢山取《とり》得《え》るとなり」とある。

古川柳には「あやつりの蛙鯰を浮し出し」というのがある。

ナマズの料理について『料理物語』には、「汁、かまぼこ、鍋焼、杉焼などがある」とある。ナマズは、身が軟らかいので天ぷらなどの揚げ物にむくが、蒲焼き、素焼き（生姜醤油で食べる）、煮物などにもする。

ニシン［鯡、鰊］

語源　名の由来は、身《み》欠《がき》鰊《にしん》を作る際に身を二つに裂くことから「二身」の転語とする説や、両親の揃っている者が、両親の長寿を祈って食べる魚「二親魚」の訛語とする説がある。また、アイヌ語の「ヌーシー」からの転訛したとする説もある。

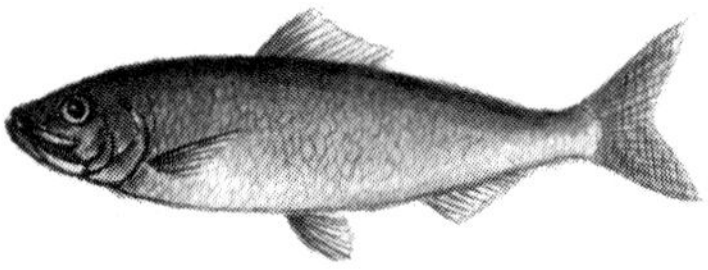
ニシン

ニシンは頭が角張っているので、各地で「カド」あるいは「カドイワシ」と呼ばれている。その「カドの子」が、いつのまにか「数の子」になったという説がある。

また、ニシンの子は数が多いので「数の多い子」から「数の子」になったとする説もある。ニシンは漢字で「魚に非ず」と書いて「鯡」の字を充てる。松前藩ではニシンを重要な食糧とみなしていた。

『本朝食鑑』には、「鰊は中華の字であり、倭（やまとことば）の音義はない」とある。

また、昔は肥料としてその多くが用いられていたので、「魚でない」という意味で「鯡」の字が書かれたともいう。また、漢字の「鰊」のつくりには若いという意味があり、小魚を指すことからニシンの字となったともいわれている。旬が春であるので、「春告魚」の異名もある。

英語では［herring］という。ニシン目ニシン科の海産魚。全長約35㎝。

数の子は「子孫繁栄の象徴」　ニシンの加工品の代表は数の子と身欠鰊である。ニシンの卵巣から作った数の子は、「子孫繁栄の象徴」として日本の正月には欠かせないものである。ニシンの卵巣を塩水で洗い、血を抜いて素干しにしたものを「干し数の子」、塩漬けにしたものを「塩数の子」という。干し数の子は数日間水に浸して戻し、酒、醤油で調味する。

『本朝食鑑』には、「干数子の形は肥《ふと》い皀《くろ》莢のようで、片《ひも》になつて相連なり、いずれも一つ一つ胞につつまれている。生は乾したものには及ばないので、悉く乾物にする。新しいものは黄白色で、上《よ》い。陳《ふる》いものは紅黒紫色で、下品である。また松前数子というものがある。形は大きく、黄色で、味も甘美であつて、最も珍賞されている。秋冬の際に、東海諸浜から諸国に運転され、臘月（十二月）・正月になると、市中で盛んに販売されるが、余の月では

塩数の子

全く手に入らない。当今我が国の流俗《ならわし》として、歳の首《はじめ》にどの家でも数子を規祝《おいわい》の食物の一つとしている。これは子孫繁多の縁起を祝つたものである」とある。

近年は、「干し数の子」より「塩数の子」が主流となっている。塩数の子を原料とした代表的な料理に「松前漬け」がある。

ニシンの乾製品を身欠鰊という。春ニシンの鰓、精卵その他の内臓を取ってから風乾ししたものを二枚に下ろし、骨のついている側をさらに乾燥して作る。身欠鰊を作る際に身を二つに裂くことからニシンを「二身」ともいう。

身欠鰊は、付け焼き、蒲焼き、煮物、甘露煮、昆布巻き、鰊蕎麦などにする。料理する前には米のとぎ汁や糠を入れた水に浸して水戻しをする。その理由は、米のとぎ汁の中の澱粉に身欠鰊の製造中にできた過酸化脂肪を吸着させ、渋味をおさえ旨味をしきだすためである。ニシン料理の場合は一般に濃いめの味付けをしたほうが美味である。

「子持ちコンブ」はニシンの子　ニシンは、日本では北海道と太平洋側は利根川以北、日本海側は富山県以北に分布する。海産魚であるが、汽水にも耐えられ、海とつながって湖にも入ることがあり、北海道の能取湖、茨城の涸沼湖などにも生息している。普通は３～４年で成魚になり、体長 30㎝ほどになる。外洋性のニシンはふだんは沖合にいるが、産卵期には大群をなして接岸し、海藻などに産卵する。これを春ニシンという。

かつては三陸沖からオホーツク海を回遊したあとで北海道や東北地方の日本海沿岸に大群が押し寄せてきたが、昭和30年代以後になるとあまり見られなくなった。

ニシンの卵は粘着性が強く、海藻に付着して海流に流されないようにできている。卵のついたコンブを採取して売られているものが「子持ちコンブ」である。子持ちコンブは人工的に作ったものではなく、ニシンが昆布に産み付けたいわば自然の産物である。

ニシンの産卵は、普通は3～5月頃で北の海域にいくほど遅くなる。産卵は水深15 m以浅の海藻の多い岩礁地帯で、やや淡水の影響のある水域に大挙して押し寄せてコンブやホンダワラの葉などに産卵する。また、産卵は暗夜の日没前後から夜明けにかけて行われる。卵は直径1.3～1.6㎜の沈性粘着卵で、海藻や岩礁面などに付着させ、それに雄が放精する。

「群来汁《くきじる》」の伝説　昭和30年頃までは毎年ニシンの大群が北海道西岸に押し寄せ、浜は大漁で活気を呈していた。その現象を「鰊群来」といい、そのニシンを「群来鰊」といった。

また、漁場一帯はニシンの産卵の生理現象で白濁し、その状態を「群来汁」といった。

北海道の江差がまだニシンの漁場でなかった頃に「おりえ婆さん」といって、天気を予知したり、天災を予言して村人に慕われていた老婆がいた。ある年の春、おりえ婆さんが江差に近いところにある鷗島に行ったとき、1人の白髪の老人がいて、白い水の入った瓶を手渡して、「この水を海に流せば、ニシンの大群が集まって漁師は大漁することができる」といって姿を消した。

老婆は翌日いわれるままに、手を洗い身を清めて祈りを捧げながら瓶の水を海に撒いた。すると果たせるかな、海の水はたちまち米のとぎ汁のように変わって、ニシンが山のように群がり集まった。それ以来、江差は有数のニシンの漁場となったという。

老婆は間もなく姿を消したというが、村には今でも姥神大明神として祀られている。

『東遊記』には、「鰊は二月彼岸過ぎより子をなさんと思ふとき、磯辺に寄る。雌魚子を産めば、雄魚白子をうむ。暫くの間に海上一面に白くなる時に網をさせば、魚砕けたる様に成て悉く網にかかる。是を此所のことばにてクキルという。文字には群来ると書けり」とある。

「鰊曇」は出漁の目安　ニシンが獲れる３月から５月頃の曇ってどんよりとした天候のことを「鰊曇」という。北海道の日本海側へニシンの群れが押し寄せて来る頃は、南よりの風が吹き、空がどんよりと曇る。これがニシン船を出漁させる一つの目安ともなった。

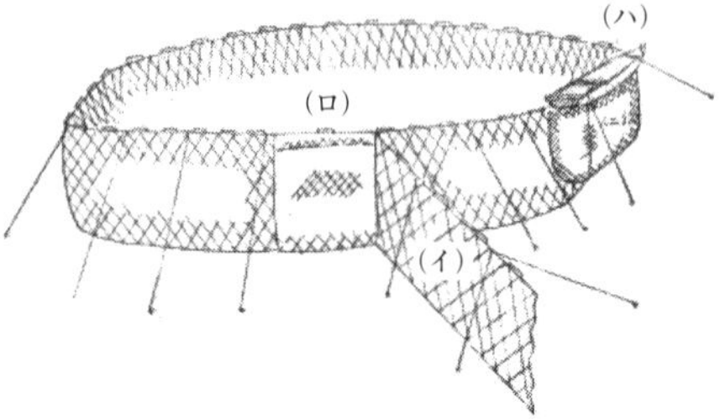

鰊角網

ニシンは、建網（定置網）や刺網で獲っていた。建網の代表的なものは「鰊角網」といい大謀網に類似し、図のように身網の外側を船（枠船）にとりつけられた袋網（枠網）がついている。春に産卵のために沿岸近く来遊したニシンが相当量身網に入ると、身網の口にある網地の扉を揚げてその口を閉じ、「網起こし船」が枠船の反対側から枠網の方へと網を起こしてゆく。枠船は追いたてられたニシンを船の下の枠網へ流し込むのであるが、ニシンが大群のときは、揚網作業の終わった身網にすぐに魚群が入ってくる。

産卵直前のニシンは、魚体が網に触れると直ちに産卵してしまい商品価値がおちるので、揚網作業は休む間もなく昼夜にわたって頻繁に行われた。

全盛時代の「鰊御殿」　ニシンは明治から昭和初期頃までの日本の水産業に占める位置は大きく、毎年の漁獲量は40万～100万ｔで、日本の全漁獲量の３分の１～６分の１を占めていた。たんに食料としてだけではなく化学肥料のない時代の重要な肥料としてその役割を果たしていた。ニシン漁師は、最盛期の頃は漁期が終わると１年は食えたという。

かつては、網主は「やん衆」と呼ばれる出稼ぎの多くの漁夫を雇い独占的な漁業経営が行われた。漁場には番屋を設け漁夫が寝泊まりするとともに、漁具、漁船の倉庫として使用していた。一時、漁村は鰊景気に湧き「鰊御殿」もあちこちに出現した。

昭和30年頃以降は、ニシンの漁獲量は急激に減少した。現在は、小樽市などに記念館となっている壮大な番屋（鰊御殿）跡があり、これらからも当時の面影が偲ばれる。

船つきの小島を控へ鯡小屋　　　　岡野知十

京都名産の「ニシン蕎麦」 江戸時代に発達した北前船によって、北海道で獲れたニシンは各地に運ばれ、それぞれの土地で独特なニシン料理がうまれた。

松前から運ばれたニシンは、津軽、秋田、山形では「生かど・塩かど」、加賀では身欠ニシンによる「ニシン鮨」、京都では甘辛く煮た身欠ニシンの入った「ニシン蕎麦」、大阪では「こぶ巻き」などの多彩な料理がうまれた。今ではニシン料理もさらに多岐にわたって利用されるようになった。

生ものは塩焼き、酢漬けなどにする。塩蔵ものは焼き魚、三平汁、ニシン鮨などにする。三平汁は、昔は糠漬けニシンを馬鈴薯などと一緒に煮たもので、ニシン漁師の「やん衆」が食べていた。

三平汁の起源は、江戸中期に蝦夷福山藩の殿様であった松前慶広が領内の漁村に立ち寄った三平という家で食べた汁が大変美味であったので、殿様は「以後お前の名をとって三平汁と申せ」と命じたのに始まるという。

妻も吾もみちのくびとや鯡食ふ　　　　山口青邨

バカガイ ［馬鹿貝、破家蛤］

バカガイ

語源　名の由来については、軟体は朱色で足は斧形、獲ると死にやすく、殻をあけて足をだらりと出す様子が馬鹿者が舌を出しているのに見立てて、バカガイと名がつけられた。また、バカガイは、潮の満ち引きや砂地の変化に敏感で一夜にして棲む場所を替えてしまうので「場替貝」が転訛したものともいう。

『和漢三才図会』には、「利用価値のない人のことを馬鹿といい、この肉もそれと同じであることから、こう名付けられた」とあり、また「思うに、状は蛙に類似していて淡白く、肉は蚶に類似していて淡赤い」とある。

『魚鑑』にも「殻は蛙に似て、淡白色、肉はあかゞひに似て、淡赤なり」とある。

漢字で「馬鹿貝」と書く。また「破家蛤」とも書くが、これは殻が蛤に似ているが、薄く破れやすいのでこの名がつけられたという。

英語では［surf-clam, hen cham］という。バカガイ科の二枚貝。殻長約8.5cm、殻高約6.5cm。

馬鹿貝の逃げも得せずに掘られけり　　　村上鬼城

「アオヤギ」の始まり　バカガイの別称をアオヤギという。さらに、貝殻を取り除いた剥き身もアオヤギという。

アオヤギの語源は、上総国青柳村（現、千葉県市原市）で量産され、これが江戸の鮨屋に鮨種として出荷された。江戸の鮨職人が、これは青柳で捕れた最上の貝だと自慢したのでアオヤギになったという。剥き身は、刺身、鮨種、酢の物にする。江戸前の鮨、江戸前の天ぷらには欠かせない食材である。

『料理伊呂波包丁』には、「ばか剥身、ふきのとう、みそあえ」とあり、いずれも和え物として江戸時代からの変わらぬ逸品である。貝柱は「小柱《こばしら》」として出荷され、すし種や天ぷらの材料として利用される。12月から翌年4月が旬とされる。

バカガイは「場替貝」　バカガイは、アサリよりもやや深い水深帯の潮通しのよい泥分の少ない底質を好み、斧足は発達しており、ヒトデなどの外敵から身を守るため砂の中に潜るのに使われる。潜る速さはアサリ、ハマグリにくらべもっとも早く、斧足を使ってジャンプして外敵から逃げることも可能である。

また、一夜にして棲む場所を替えるので前述のように「場替貝」が転訛してバカガイになったという。

「浦安と早稲田は馬鹿で蔵を建て」　昔、浦安のバカガイについて「浦安と早稲田は馬鹿で蔵を建て」といわれていた。早稲田は「茗《みょう》荷《が》」の産地で、いずれも馬鹿を売って蔵を建てたほど儲けたという景気のよい話である。

江戸時代には、ウナギの蒲焼きと肩を並べられることのできる深川料理は貝類であったという。なかでもバカガイの剥き身は深川名物の一つであった。

早朝には、深川のあちこちで剥き身売りの声が聞かれたという。剥き身売りの来るころが、馬鹿息子の遊所からの朝帰りの時間でもあり、当時「深川で剥身にされる馬鹿野郎　剥身売来るに帰らぬ家の馬鹿」とうたわれたという。

ハゼ［沙魚、鯊］

語源　名の由来については、『大言海』に「沙魚・彈塗魚、自らはじける義なり、カラハゼというあり」とある。

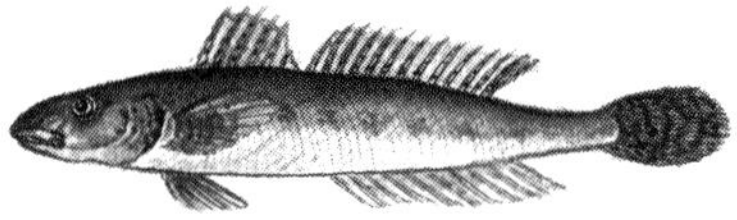

マハゼ

漢字で「沙魚」と書くが、「沙」は「砂」のことで、ハゼが砂に潜ることが多いのでこの字が充てられたという。英語では［goby］という。スズキ目ハゼ科の魚類の総称。マハゼ、チチブ、アゴハゼ、ドロメ、イソハゼ、ドンコ、ゴマハゼ、ムツゴロウなどがある。たんに、ハゼといえばマハゼをさす場合もある。全長約 20 ～ 25㎝。

「江戸前のハゼ」というのはマハゼのことである。ハゼは１年魚である。その年にうまれたもので５～８㎝のものを「デキハゼ」「デキ」といい、その前の年にうまれたものを「ヒネハゼ」「残りハゼ」「越年ハゼ」という。季節によってデキハゼ→彼岸ハゼ→オハグロハゼと呼び名が変わる。

彼岸ハゼは「中風の薬」　秋の彼岸頃から釣り人が押しかける東京湾などのハゼ釣りは、初秋の風物詩となっている。この頃のハゼを「彼岸ハゼ」といい、彼岸の中日に釣ったハゼを食べると中風にならないといういい伝えがある。

『本朝食鑑』には、「江都の士民・好事家・遊び好きの者等は扁舟に棹さし、蓑笠を着け、銘酒を載せ、竿を横たえ糸を垂れ競つて相釣つている。これは江上の閑涼の楽しみである」とある。

また、『改正月令博物筌』には、「八月末、いよいよ大きくなるを待ちて、釣人海に近き河に出づることおびただし。ただ日の出をよしとして、夜中より船を出す」とある。

ハゼは古くから庶民に好まれ、秋から冬にかけての釣りのシーズンともなると多くのハゼ釣り舟で混みあった。延縄や釣りで漁獲されるが、ハゼは貪食性なので釣りの好対象魚で、遊漁として初心者にも釣りやすい魚である。

浮世絵にも描かれた釣りは、女性まで竿をもって楽しむのはハゼ釣りの特色であった。

秋興沙魚釣（摂津名所図会）

元禄時代から盛んで、天明、寛政にはますます盛んとなり、文化、文政の頃になると釣りを競う会も多く開かれたという。

ひらひらと釣られて淋し今年鯊　　　　高浜虚子

さきほどの雲に子ができ鯊日和　　　　皆吉爽雨

日本で一番小さな魚「ゴマハゼ」　日本で一番小さい魚は、ハゼ科に属する「ゴマハゼ（胡麻沙魚）」という魚である。成長しても全長が２㎝どまりで、小さい魚の代表とされているメダカ（全長2.5～５㎝）よりも小さい。和歌山県、四国、九州、南西諸島の内湾や河口域に生息している。ちなみに世界で一番小さい魚はパンダカ・ピグミア（Pandaka pygmaea）という淡水魚で、成熟しても１㎝程度の魚である。フィリピンの湖に生息しており、ビア（bia）とトビアス（tobias）として知られている、ゴマハゼと同類のハゼ科の魚である。

ゴマハゼは、小さな魚にしては頭は大きく、体はやや透明で、大きな目と体に黒い斑点があるので、ゴマハゼと名づけられた。普通は10数尾から多いものでは100尾以上の群れで砂礫底の表層から中層を泳いでいる。浮遊性の動物プランクトンを主に餌としている。早い

ハゼの天ぷら

ものは全長1㎝で成熟し、1.5～2㎝で産卵する。産卵期は7～8月で、産卵場所は海面と陸地の交わる汀線より少し深みの砂礫の海底に1.2㎜の楕円形の卵を産み付ける。

ハゼは「江戸前の三大天ぷらの種」　ハゼの料理は、天ぷら、唐揚げ、刺身、洗い、鮨、和え物などがある。保存食としては、焼き干し、甘露煮、昆布巻きなどがある。ハゼは、メゴチ（雌鯒）、シロギス（白鱚）と並んで江戸前の三大天ぷらの種の一つである。

ハゼの天ぷらは、ハゼの皮のもつ香ばしさをいかすためにやや高温で揚げるのがコツだという。

ハゼは生きている間は黒っぽく、鮮度が落ちるに従って白くなる。刺身の場合は、とくに黒っぽくて鮮度のよいものを選ぶ必要がある。仙台など一部の地方では、ハゼの焼き干しは伝統的な雑煮の出汁として利用されている。東京名産の佃煮はハゼなどの小魚を甘辛く煮詰めたものである。江戸初期に佃島で始められて庶民にちょうほうがられ、今日に伝わっている。

ハタハタ［鰰、鱩、神魚、神成魚］

語源　名の由来は、雷を伴う魚のハタハタウオがハタハタとなったという。また、ハタハタの背部に特異の流紋があるので「斑斑（ハタハタ）」または「斑鮮（ハタハタ）」になったと

ハタハタ

する説や、海が時化て波の多い時期に獲れるので「波多波多（ハタハタ）」になったとする説などがある。

漢字では、「鰰」「鱩」「神魚」「神成魚」など雷に関係のある字が充てられている。これはハタハタが接岸するときは、その前兆のように沖合いで雷が鳴ることが多いことからであるという。英語では［sand fish］という。

『魚鑑』には、「はたはた、一名かみなりうお。古は常陸水戸に産す。今は出羽秋田に多し、この魚性雷声を好めり、ゆえにこれを雷魚といふ」とある。また、『一話一言』には、「魚の形小さく、鱗の中に富士山の模様を生じ候段めでたき魚と祝し、文字はいつ頃よりか魚偏に雷と書く」とある。秋田では、吹雪とともに鳴る季節はずれの冬雷のことを「ハタハタ雷」と呼び、雷神のことを「ハタハタ神」という。

スズキ目ハタハタ科の海産魚。全長約15㎝。

砂に潜る「sand fish」　ハタハタは、カムチャッカ、千島、北海道を経て東北地方に至る日本海岸に広く分布している。体はやや細長く、側扁子、鱗や側線がない。体の背部は黄褐色で、不規則な黒褐色斑がある。腹部は白い。通常は水深150～400 mの深海の砂泥底に棲んでおり、砂に潜る習性があり英語では［sand fish（砂の魚）］と呼ばれる。

砂に潜っているハタハタは、海底を曳いて獲る底曳網漁業で漁獲される。産卵期は11月下旬から12月上旬で、この時期になると水深2m内外の浅場に移動してホンダワラなどの海藻に産卵する。これらは主に小型の定置網漁業で漁獲される。このようにハタハタは、時期によって深海から浅海に深浅移動をする魚でもある。

ブリコは「振り子」　ハタハタの卵は雌の胎内にあるときはドロドロしているが、海藻などに産みつけた卵は、幹や枝を包み、一腹分が一塊りとなり玉状に連なる。この卵塊が固く海藻などに付くので「不

岸に集まったブリコ

離子」、これが転訛してブリコになったとか、鈴に似ているので「振り子」が転訛してブリコになったとの説がある。さらに、『採薬使記』には、次のように記述されている。

「その昔、秋田の藩主佐竹氏が、水戸の藩主であったころ、正月といえば必ず鰤を食べたが、秋田に転封されてからは産地の関係で、鰤を食べることができなくなってしまった。そこでやむなく鰰を代用することになった。しかし、忘れられないのは水戸の頃食べた正月の鰤であった。そこで、誰いうとなく、鰰の子をブリ子と称して、慰めにした」

ハタハタの産卵時期になると藻類から落ちて岸辺に波で押し寄せられたブリコの量は非常に多く、その情景はまことに壮観である。

冬雷が鳴る時は大漁　産卵のため沿岸に来遊するハタハタは、水深２〜３ｍのところに設置した主として小型定置網（建網）で、さらに刺網、すくい網、地曳網などでも漁獲される。沖合で底曳網で獲れるハタハタにくらべて、この時期は短期間に集中して獲れる。秋田では、吹雪とともに鳴る季節はずれの冬雷が鳴り響くときは必ずハタハタが大漁であるといわれている。

『筆のまにまに』には 、「世に雷神の音はげしく恐ろしきを、はたはた神という。秋田にて冬のころ、雷鳴魚（ハタハタウオ）漁るに、雄鹿八社（秋田県八森町）の沖に鳴雷のとどろけば、これを魚集めとて浦人よろこび網調《おき》て待つに、必ず魚群来。そを鰰雷（ハタハタカミ）というをもて云ひ初めしことや。此の鰰魚遠き蝦夷国にも有りといえり。此の秋田をもっぱらとし、陸奥深浦・鰺ヶ沢（青森県深浦町、同鰺ヶ沢町）など津軽路にもあり、鰤は鰭広（ハタハタ）、また波多々芸魚（はたはた）にや」とある。

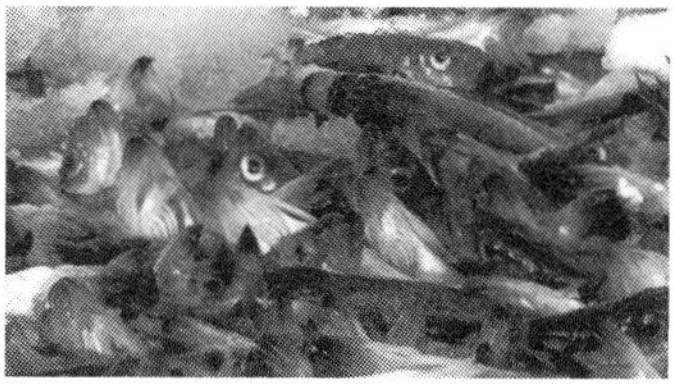

吹雪の日の水揚げ

「なまはげ膳」の行事

なまはげ膳（男鹿）

ハタハタの多く獲れる秋田県男鹿市では大晦日（昔は小正月）の夜に、なまはげが大漁を祈ったり、子供をいさめたりして、家々を訪れる行事がある。家の主人はハタハタ鮨、ハタハタの焼き干しの煮しめなどの「なまはげ膳」で酒をふるまってなまはげを歓待する。数百年続いた男鹿市のなまはげは、国の重要無形民族文化財に指定されている。

「なまはげ」は新年の季語となっている。

なまはげやなまはげ膳で年を越す　　　金田宗禎

「ハタハタ鮨」は元日の必需品　ハタハタの旬は産卵期の冬である。目が青く澄み、体表にぬめりのあるものが新鮮である。料理は、しょっつる鍋、味噌鍋、田楽、塩ふり焼きなどがある。なかでも冬の秋田ではキリタンポ鍋とともに欠かせない料理はしょっつる鍋で、ハタハタを各種の野菜などと一緒にしょっつる（ハタハタを２年以上漬けて上澄み液をとった魚醤）で作った鍋料理である。鍋の代わりにホタテ貝の殻を使って鍋料理をすることを「貝焼（かやき）」という。秋田では郷土料理としてハタハタを使って「しょっつる貝焼」をする。

『料理綱目調味抄』には、「醤油仕立て、だし酒加ふ。卵はり仕様、

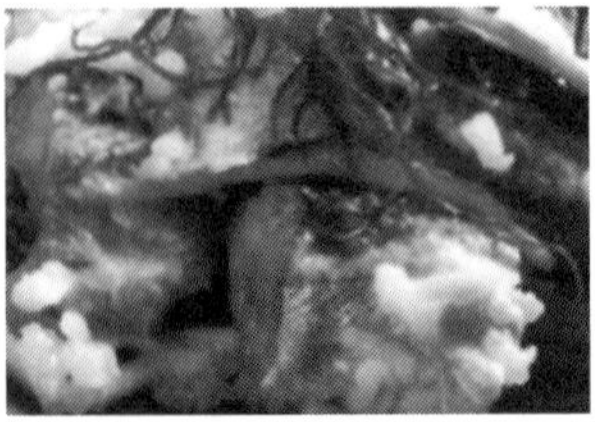
ハタハタ鮨

加薬のものを、まづ煮汁よく煮、貝に入れ、また煮汁にて卵をとき、あとより貝に入れる」とある。

また、ハタハタの加工品として、沖合の漁場で獲ったハタハタは、内臓を取り除いて干物とされる。

産卵群のハタハタは、塩蔵、糠漬け、鮨漬けなどにする。このうち鮨漬けは、ハタハタを米飯、麹、蕪、人参、生姜などと漬け込んで乳酸発酵させた飯鮨の一種である。

『出羽国秋田領風俗問答』には、「すべて元日より二月朔日まで、祝の膳には鮓にははたはたを用ひる也」とあり、古くから秋田では庶民の間で用いられていた。

ハマグリ［蛤］

語源　名の由来は、浜栗の意味で形が栗に似ているからとの説がある。また、小石のことをグリと呼び、浜の小石のような貝だからハマグリと呼んだという説もある。

ハマグリ

『和漢三才図会』には、「蛤海浜に在りて形栗に似たり。故に俗に浜栗と名づく」とある。縄文時代の貝塚からも出土しており、『日本書紀』にも「白蛤を膾に為りて」とある。

漢字では「蛤」と書くが、中国では大ハマグリのことを「蜃」と書く。蜃が吐いた気が「蜃気楼」になるとされた。

英語では［hard clam, white clam］という。マルスダレガイ科の二

枚貝。殻長約 8.5㎝、殻高約 6.5㎝。

ハマグリは「夫婦和合の象徴」　平安時代には、「貝合わせ」という遊びが貴族の間で流行した。道具となる貝は夫婦和合の象徴とされ、嫁入り道具の一つになっていた。『松屋筆記』には、「蛤貝は三千世界を尋ねても、外蛤貝と合わぬ者也とかや。他の蛤に合わざるは、外の夫に心かよはさぬ貞女、両夫には見えざる戒」とある。

ハマグリの２枚の殻を外しても、ほかの殻とは絶対に合わないというところから「貞女、両夫にまみえず」という意味になるという。現在でも結婚式にはハマグリの吸い物が用いられるが、かつては婚礼用の蛤の吸い物は、汁だけを飲み身は食べないのがしきたりであった。

また、鎌倉・室町時代にはそのハマグリの内側に絵や和歌を書いて貝合わせをした。これを「貝合わせ」または「貝覆《かいおおい》」といった。なお、貝合わせについては、鎌倉後期の『夫木和歌抄』に、西行上人の「今ぞ知る二見の浦の蛤を 貝合はせとておほふなりけり」という和歌が記載されている。

ハマグリは「蜃気楼を吐く」　ハマグリは、粘液を吐いて自分の体重を軽くしながら潮流に乗って移動するという不思議な習性をもっている。その粘液は、固まると長い紐のようになり、これをなびかせて浮き上がり砂から抜けでる。その様子はいかにも神秘的で、蜃気楼にたとえられたのである。ハマグリの吐き出す粘液を「ハマグリの蜃気楼」といい､ハマグリの移動を「蜃気楼を吐く」と言っている。

「蛤は一夜に三里走る」ということわざがあるぐらいで、下げ潮のときはとくに移動が著しい。ハマグリの養殖の際は、移動して逃げるのを避けるために周囲にかこいをする。

なお、初午には、鬼気に冒されないためにハマグリを食べる風習のある地方が多い。これは、ハマグリの吐く気の霊力にあやかってのことであろう。

銀《しろがね》に蛤かはん月は海　　　松尾芭蕉

「小倉ヶ浜」の由来　その昔、宮崎県の日向の浜辺で毎日ハマグリを採って、暮らしをたてていた女がいた。１人をお倉といい、もう１人をお金といった。ある日、いつもの通り２人は浜に出て、せっせとハマグリを採っていた。

そこへ年老いた旅の僧が通りかかった。お金のそばに来て「そのハマグリ少しわけてくれないか」と頼んだ。お金は欲深い人柄であったので、「かごの中はハマグリではなく、石ころばかりです」といいながら、僧には見向きもしなかった。僧は黙って立ち去った。

しばらく行くと、お倉がハマグリを採っていた。僧はお倉に向かって、同じように「そのハマグリ少しわけてくれないか」と頼んだ。情け深いお倉は快く応じて、ハマグリを差し出した。

僧は厚く礼を言ってその場を立ち去った。僧はしばらく行くと立ち止まって、何事か呪文を唱えていたが、だれにともなく、「これから後、向こうの浜は石ばかりとなり、ハマグリはみんなこちらの浜に寄ってくるであろう」と言ったという。お金が持ち帰ったかごの中のハマグリも、みんな石になっていたという。このあと、お金がハマグリを採っていた浜辺には、ハマグリがいなくなったが、お倉が採っていた浜ではたくさん採れるようになった。

この僧こそは空海（弘法大師）であった、と言い伝えられている。

「小倉ヶ浜」は、今では「日本の白砂青松100選」と「日本の渚100選」に選ばれている。

焼き蛤は裏を下にして焼け　ハマグリは秋から翌春までが味がよく、とくに春が旬である。ハマグリにはタウリンや亜鉛が非常に多く含まれているので強精作用があるといわれている。また、ハマグリは小便の通じをよくするともいわれ、『和漢三才図会』には、「五痔および婦人の崩漏を治す。小便の通じをよくし、煩渇（はげしい口渇）

を止める」とある。ビタミンB_1を分解するアノリナーゼという酵素を含んでいるために生食には向かない。焼き蛤や潮汁など加熱すれば酵素が不活性化されるので安心である。

『本朝食鑑』には、「蛤は焼くのがもっともよく、煮食がこれに次ぐ」とある。

ハマグリを料理するには、最初に桶などに入れて一昼夜活かして砂を吐かせる。そして、料理前には砂を吐かせたハマグリを十分に洗う。ハマグリといえば、焼き蛤であるが、「その手は桑名の焼き蛤」のことばがあるほど、三重県桑名の焼き蛤は有名である。焼く前に、靱帯のところに出ている小さな突起を包丁で削り取ることが重要で、殻が開いたときに汁がこぼれない。

また、ハマグリには、表と裏がある。表を下にして焼くと、口を開けたとき身が上側に張り付くので汁がこぼれやすいので、必ず裏を下にして焼く必要がある。表と裏の見分け方は、蝶番《ちょうつがい》の方を下にして垂直に立て、手を離して転がして、上になった方が表である。焼き加減は殻に天塩をして乾いた頃がよい。タレは酒２、味醂１の割合で混ぜる。また、ハマグリの吸い物（潮汁）は、塩と薄口醤油、酒で味付けした汁にハマグリを入れたもので、婚礼の席、節句や月見の膳には欠かせない。

舌やいて焼蛤と申すべき　　　　高浜虚子

蛤の芥を吐かす月夜かな　　　　小林一茶

支考が命名した「時雨蛤《しぐれはまぐり》」　ハマグリの佃煮の一種に「時雨蛤」がある。名の由来は、芭蕉の十哲の一人である各務《かがみ》支考が地元で「煮蛤」と呼ばれていたのを、時雨が降る時期に製造しはじめたことから命名したとの説がある。

『日本山海名産図会』には、「時雨蛤の制はたま味噌を漬たる桶に溜まりたる浮汁に蛤を煮たる汁を合せ、山椒、木耳、生姜等を加えてむき身を煮詰たるなり。遠国行路の日をふるとも更に鯘《あざ》れることなし。溜味噌の制は大豆をよく煮て藁に裹みて竈の上に懸け、一月許《ばかり》にして臼に搗き塩を和して水を加えれば、上すみて溜る汁を醤油にかえて用い、底を味噌とす。是を以て魚を煮るに若し稍鯘《あざ》たる魚も復して味よし。今も官駅の日用とす」とある。

　蛤の煮汁かかるや春小袖　　　　高井几薫

ハモ［鱧］

語源　名の由来は、ハモが鋭い歯で魚を食べることから、「食む（ハム）」の転訛したものとする説がある。また、鱗がなく肌が見える（ハダミユ）、歯持ち（ハモチ）などが転訛したとの説もある。ハモの古名は「ハム」で、室町時代から「ハモ」になった。近世以降も「ハム」と記述されているものが多い。

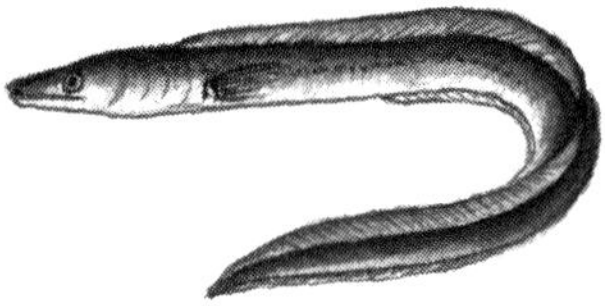

ハモ

漢字で「鱧」と書く。「豊」には、「曲がりくねる」と「黒い」という意味があり、くねくねと曲がりくねった黒い色の魚ということからこの字が充てられたという。

『本朝食鑑』には、「波母《はも》と訓《よ》む。昔は波無《はむ》と訓んだ。（中略）江戸では見られず、稀にみることはあっても、痩せていて食べられない。摂州の難波、泉州の堺、住吉、岸和田、紀州、播州、丹後で多くとれる」とある。また、『大和本草』には、「長崎にて中華人はもを海鰻と云。うなぎを淡鰻と云」とある。

ウナギ目ハモ科の海産魚。全長約２m。地方名称で、ハム（広島・愛媛・高知・沖縄の各県）、コンギリ（長崎県）、ウミウナギ（北九州）、タツハモ（京都府宮津）、ジャハム（石川県宇出津）などがある。

なお、北海道、東北地方でハモと呼んでいるのはマアナゴのことである。英語では［pike eel, pike conger］という。

「ハモ切り」の奇祭　毎年10月16日に、丹波篠山の沢田八幡神社では江戸中期からの伝承とされる「ハモ切り祭」が行われる。これはその昔、この地の湖に棲む大蛇が、たびたび田畑、人畜に害を与えるため、村人が毒酒を用いてこの大蛇を退治したという伝説にちなんだものである。

沢田八幡神社の宮当番に当たった家では、各々古式に則った珍味を用意し、舞台を整え、大蛇になぞらえたハモを引き出して実際に切り付けて退治のまねをする。ハモは瀬戸内海の大きなものが使われるが、産地で内臓を取り出し、代わりに藁を詰めて縫い合わせる。祭りでは口に赤い唐辛子を詰めて舌の代わりにして、毒酒の代わりに清酒を口から注ぎ、最後には役人と称する料理人によって切られ、一切れずつ参詣人にふるまわれる。篠山三大奇祭の一つに数えられる市指定の無形民俗文化財であり、柳田国男の「日本の祭」にも採り上げられた奇祭である。

「祇園祭・天神祭」の必需品　ハモにはコンドロイチンの含有量が多く、肌の若返り、老化防止にもよいという。ハモのはしりは5月頃で「水鱧」という。梅雨の時期の6月下旬から約1か月がとくに旬である。味は淡白で、酢物、天ぷら、ハモちり、ハモ落とし、ハモ鮨、付け焼き、吸い物などがある。

ハモは骨が硬く小骨が多いため、1寸（約3㎝）に25本の切り目を入れる「ハモの骨切り」と呼ばれる包丁目を入れてから調理される。湯引きは、ハモちり、ハモ落としなどとも呼ばれ、骨切りしたハモに熱湯を通し、はぜたものに梅肉だれを添えて食べる。ハモの付け焼きは、骨切りしたハモを切り落とし、金串を打ち強火で皮側から焼く。

さらにたれを付けて焼き、粉山椒、柚の皮などを振りかける。吸い物では、包丁の入れぐあいでその身が牡丹のように開くのを「牡丹づくり」という。京都の祇園祭、大阪の天神祭には欠かせないといわれている。

江戸後期には種々のハモ料理があり、『海鰻百珍』には、120種のハモ料理が紹介されている。なお、東シナ海などで漁獲する大型のハモは、焼蒲鉾などにする。その際の皮を焼いたものが「鱧の皮」である。細かく刻んでキュウリもみと合わせる。京阪地方の夏の惣菜として愛用される。

『鱧の皮』には、情緒豊かにその模様が記述されている。

焼きたてて庭に鱧するくれの月　　松尾芭蕉
竹の宿昼水鱧をきざみけり　　松瀬青々
丹念に刻み了《おわ》んぬ鱧の皮　　青木月斗

ヒラメ［鮃、平目、比目魚］

語源　名の由来は、平たい体に目が2つ並んでいるから平目とする説や、体の左側に目が並んでいるので、左目からヒラメになったという説などがある。

ヒラメ

漢字では、「鮃」「平目」「比目魚」と書く。カレイ目ヒラメ科の海産魚。全長約80㎝。地方名称ではテックイ（北海道）、カルワ（青森県）、ハガレ（富山）、ヒダリグチ（山口県周防）、オオグキカレイ（関西）などという。

『本朝食鑑』には、「比目・ヒラメと訓《よ》む」とある。

『魚鑑』には、「漢名板魚、南越誌に出づ。大なるものは、二三尺状かれいに似たり、東海多くして、西北稀なり」とある。また、『物類称呼』には、「畿内、西国ともにカレと称し、江戸にて大なるものをヒラメ、小なるものをカレイと呼ぶけれども、類同じくして類異也」とあり、当時は正確な区別がなされていなかったようである。

英語では［flatfish, flounder］という。

「縁側《えんがわ》」は皮膚を若返らせる　ヒラメ、カレイの背鰭、臀《しり》鰭のつけ根の筋肉を縁側という。鰭を動かすための筋肉で、脂ののった歯ごたえのある部位で珍重される。身の形が家屋の縁側に似ていることからそう呼ばれる。「夏座布団と鮃は縁端がいい」ということわざがある。蒸し暑い夏は、座敷の真ん中にいるよりも、縁側にいたほうがしのぎやすい。鮃の身も真ん中より、鰭についている肉（縁側）の方が美味しい、という意である。

ヒラメ、カレイの縁側には、コラーゲンが多く含まれている。コラーゲンは蛋白質の一種で、細胞と細胞を結びつける結合組織の主成分である。コラーゲンによって健康な組織をつくり、若返った組織が、皮膚に精気を与え、張りのある艶やかな皮膚にさせる。

ヒラメ、カレイを煮て、冷ますとできる煮凝りはコラーゲンが熱で溶けたものである。

ヒラメとカレイの見分け方　ヒラメとカレイは体型がよく似ている。前述したように分類上は、ヒラメはカレイ目ヒラメ科、カレイはカレイ目カレイ科に所属している。

中国の伝説では、もともと１尾の魚だったが左右に引き裂かれたので体の内側には目がなく、分かれた半身を求めて泳ぐのだという。相手が見つかれば、目のない側を合わせて睦まじく暮らすということで「比目魚」という。

ヒラメとカレイの見分け方は、一般的には「左ヒラメに右カレイ」

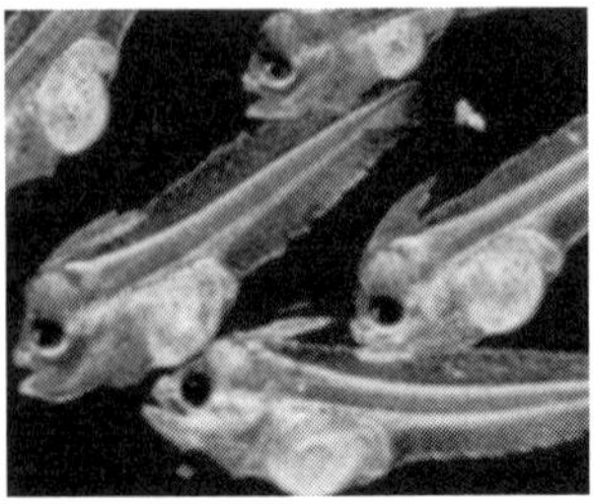

ヒラメの稚魚

といわれるようにヒラメは雌雄ともに目のあるほうが体の左側、カレイは右側である。しかし例外があり、ヌマガレイは、目が左にあるし、ボーズカレイは目が左のものもあれば、右のものもある。

ヒラメの口はカレイに比べて大きく、目の後方まで達し、強い犬歯を持っている。ヒラメとカレイは食性が異なり、ヒラメの主餌は小魚、エビ、小イカなどであるのに対して、カレイは環形動物のゴカイ、イソメなど、多毛類である。このためにヒラメは大口でカレイは小口である。ヒラメの体長はカレイより大きく80㎝に達する。

ヒラメの色は七変化　一般に底魚は保護色を持つものがおり、周囲の色に合わせて巧みに体色を変える。ヒラメはその変化がとくに激しい。光に対して非常に敏感で、黒褐色の側の体表にある色素胞を広げたり（暗色）縮めたり（明色）して周囲と同じ色に変わり、「ヒラメの色は七変化」ともいわれる。

色彩のほとんどない海の底にいるためか、明暗の変化だけではあるが、砂の上では砂模様に似せ、小石混じりの場所では小石模様を表す。昼間は沿岸または内湾の砂泥地に潜み、目だけを突き出し周囲をうかがい、小魚などが接近してくると瞬時に襲いかかって捕食する。夜間は餌を求めて活発に動き回る。

産卵期は４～６月で、冬には水深50～60 mの沖合で越冬していたものが、春、水温が15℃以上になる頃接岸し、水深20～40 mの浅所で産卵する。孵化後満１年で15～30㎝に達し、満４年で成熟する。

成魚は主に魚類、イカ、タコ類を捕食し、モエビ、アミ、大型甲殻類なども捕食する。

漁法は、底曳網、底刺網、手釣り、曳釣り、空釣縄などで漁獲する。一般に産卵期が盛漁期である。最近ヒラメの養殖も盛んで、養殖生産量は漁業生産量にほぼ匹敵する。遊漁としても冬の釣りは人気がある。

ヒラメの薄造り

また、マダイと並んでヒラメは栽培対象魚種の筆頭として、最近盛んに稚魚の放流が行われている。

寒鮃の味　ヒラメは秋から冬にかけてが旬で寒鮃と呼ばれて、「寒鰤、寒鰡、寒鮃」と並び称される。最近は高級魚としてヒラメの活魚輸送が盛んである。

カレイ、ヒラメ類の中ではヒラメが最も美味で、鮨種、刺身としても珍重される。

「鯛や鮃の舞い踊り」とあるように、鯛と並べると紅白になって縁起がよいとされている。

料理としては、刺身、(薄造り)、昆布じめ、鮨種、煮物、煮つけ、椀物のほか、フライ、グラタンなどにもする。また、背鰭、臀《しり》鰭の付け根にある肉はエンガワといって珍重される。ヒラメの肝を湯がいてから、薄めの醤油で味付けしたものは酒の肴に絶品である。

「昆布じめ」は、長さ40cmの昆布２枚の表面を酒でふいて湿らせる。次に５枚におろしたヒラメの皮を敷き、２枚の昆布で挟む。軽く重しをして２～４時間ねかせる。一口大のそぎ切りにして、山葵醤油で食べる。

フグ ［河豚］

語源　名の由来は、口に含んだ水を吹き付けて餌を探すので、「吹く（フク）」が「フグ」に転訛したという説がある。

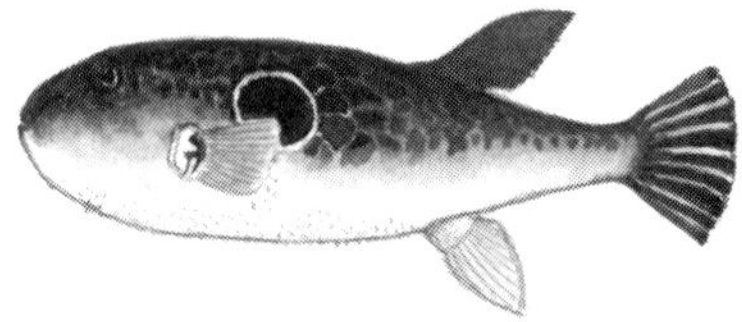

トラフグ

『和名類聚抄』には、「怒れば膨れる故に布久《ふく》と名付けられる」とある。

漢字では「河豚」と書く。ちなみにイルカは「海豚」と書く。フグは中国では、長江などの河に生息していることから「河」の字が、また膨らんだ姿が豚のように見えたり、威嚇すると豚のようにブーブー鳴くので「豚」の字が書かれるようになったという。「鰒」とも書く。英語では［puffer］という。これは「膨らむ魚」とか「丸い魚」という意味をもっている。

フグ目フグ科の魚類の総称。日本近海では約50種が生息し、主なるものにトラフグ、マフグ、アカメフグ、ヒガンフグ、ショウサイフグ、サバフグなどがある。食用として供されるものの筆頭はトラフグである。全長約70㎝。

フグの目は開閉できる　フグ類は沿岸性の魚類で、内湾に多いが、なかには河口まで上るものもある。歯が強く、小魚のほか、甲殻類やウニなども食べる。

フグ類は一般に長楕円形で上・下両顎の歯が癒合して嘴状となり、腹鰭はない。目は小さいが、周囲に皮褶《ひしゅう》があって、これがカメラの絞りのように動いて目を閉じることができる。しかし、閉じるスピードは非常にゆっくりとしていて、刺激を与えて閉じるまで20秒くらいかかる。

サバ、ウルメイワシ、ボラなどには、目の角膜の前に脂瞼《しけん》という脂肪でできた薄膜がはられている。「瞼」という字が使われているが、閉じたり開いたりはできない。しかし、フグと同様に目を守る役目を果たしている。

鰒の面世上の人を白眼かな　　　　与謝蕪村

「フグの膨張」は防衛手段　フグの皮膚は、鱗がなく柔軟性で、とくに腹部は水や空気を吸い込んで膨らますことができるが、これは肋骨がなく、腹壁の筋肉がのびやすいためである。この状態は外敵に襲われたときの防衛手段である。

フグの胃の底部は、膨張嚢という伸縮自在の袋になっている。水の場合には口から、空気の場合には鰓穴から取り入れ、この袋にため込む。飲み込んだ水や空気は腸に流れ出ないように、食道の活約筋で袋の口をしっかり締める。海中でフグが敵にであい襲われると、門歯をキリキリと擦り合わせながら大量の水を飲み込んで膨れる。

あさましと鰒や見るらん人の顔　　　　小林一茶

ハリセンボンの針の数　ハリセンボンはフグ目ハリセンボン科の海産魚。『大和本草』には、「河豚に似たれども毒なし」とある。漢字では「針千本」と書く。

名の由来は、棘を逆立てた姿からその名がついたという。ふだん泳いでいるときは、棘が体にそって寝ているが、外敵に襲われたり危険を感じると、水を吸い込んでボールのように膨れて棘が直角に立ち、全身がハリネズミのようになる。棘の長さは長いもので5㎝もあり、鋭いので刺されれば痛いが毒はもっていない。棘の数は、実際には1000本もなく350本前後であるという。小さな口で海底に水を吹きかけ、吸い込むようにして餌を食べ、チュチュ、グウグウと音を出すので「スズメフグ」の名もある。

また、ハリセンボンは、フグの仲間であるが毒をもっていない。大

フグ提灯

型のものは棘を皮ごと取り除き、鍋料理、味噌汁、唐揚げなどにもする。沖縄では「アバサー」と呼び、「アバサー汁」は沖縄料理である。

また、フグ提灯にして、魔除けとして戸口にかける習慣が山陰、伊豆、志摩、三河地方にある。

フグの毒は「テトロトドキシン」　フグの毒は、テトロトドキシンといい、一種の神経毒で、知覚および運動の麻痺を起こし、重傷の場合には呼吸麻痺によって死ぬことがある。この毒はフグの種類、個体、魚体の部位、季節によって含有量が異なる。一般には卵巣、肝臓、腸、皮膚などに多く含まれ、筋肉、精巣、血液には少ない。天然のフグに比べて養殖したものは毒性は少ないといわれている。

『羇旅《きりょ》漫録』には、「大坂の千日寺の前の往来にフグを食べて死んだ四人の墓あり、墓石の下にフグの形を彫刻し」とあり、当時はフグの中毒で死亡した者がかなりいたようである。

菜種《なたね》の時期のフグを「菜種河豚」という。フグの毒は初秋の頃弱り、菜の花の咲く頃が最も強いので菜種河豚と呼んで、この時期は食べてはいけないといわれている。ちなみにこの時期の1尾分の毒で何人殺す強さがあるか計算した結果は次のようである。毒性の強いマフグはなんと33人を殺すことができ、次にトラフグで13人、さらにヒガンフグ11人、コモンフグ8人とつづいている。

かつては「河豚は食いたし命は惜しし」（『毛吹草』）のことわざにある通りの心境で食べていたのだと思うが、今はフグの調理師免許制度が実施され、安心してフグを賞味することができるようになった。

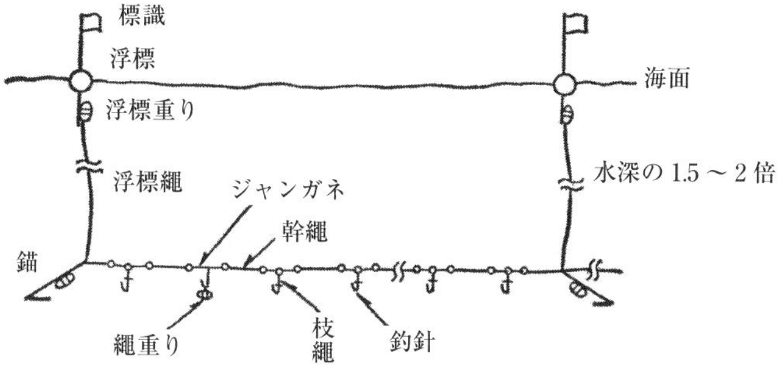

フグの延縄

もののふの河豚にくはるる悲しさよ　　　正岡子規

「ジャンガネ付き」の延縄　フグの漁法は、一本釣り、延縄、かご漁､定置網などがある。フグの延縄は幹縄の途中に図のように｢ジャンガネ」と称する鋼線を取り付け、フグが釣り針にかかったときに幹縄に体をこすり付けても切れないようにしてある。延縄漁は、主に瀬戸内海、日本海西部、東海、黄海などで行われている。漁期は９月から翌年４月までである。

フグは冬が旬で、この時期に需要が多く高価である。そこで春の産卵期に漁獲した成魚は畜養して、晩秋初冬の頃の値上がりを待って出荷する。近年は畜養のほか、種苗から本格的な養殖も行われている。フグはすべて活魚として売買されるので、消費地へは活魚トラック、活魚船、飛行機などで輸送する。

遊び来ぬ鰒釣りかねて七里まで　　　松尾芭蕉

「てっちり」「てっさ」の味　フグは「当たると死ぬ」ことから昔は「鉄砲」とも言った。ここから､フグの刺身を「てっさ」と言い、フグ鍋は「てっちり」と言うようになった。てっちり、てっさは冬の魚料理の最高の味といわれている。

フグの食べごろは「秋の彼岸から春の彼岸まで」といわれる。産卵期が終わって、栄養をとり体力や肉付きが回復しはじめるのは10月頃になってからである。実際には12月から翌2月の寒い季節のものが最も美味である。

とくに産卵前の2月頃の身肉の味、白子の味や歯ごたえはほかのものでは味わえない最高のものである。トラフグの筋肉中にはアミノ酸のグリシンとリジンが多いので甘みが強く感じられ、クレアシンが多いので味にコクがあるといわれている。

だまされて喰わず嫌いが河豚をほめ　　　松尾芭蕉
いもが子は鰒喰ふほどに成りにけり　　　与謝蕪村

江戸時代は「ふぐと汁」　江戸時代のフグの料理の多くは「ふぐと汁」であった。これは、フグの身を入れた味噌汁で、中毒をおこすことが多かったという。

『料理物語』には、「ふくと汁は、皮をはぎ、腸を捨て、頭にある隠し肝をよく取りて、血気のなきほどよく洗ひ切りて、まづどぶに浸けて置く。すみ酒も入れ候。さて下地は中味噌より少し薄くして、煮えたち候て魚も入れ、一泡にてどぶをさし、塩加減吸い合はせ出だし候なり」とある。

ももしきの大宮人や鰒と汁　　　小林一茶
逢はぬ恋おもひ切る夜やふぐと汁　　　与謝蕪村

鮮烈な香りの「鰭酒《ひれざけ》」　フグの鰭に酒を注いで作った酒を「鰭酒」いう。まず、乾燥させたフグの鰭を、焼き網で焦げないように両面を焼く。日本酒は熱燗にし、器に鰭を入れて日本酒を注ぎ蓋をする。飲む前に蓋をあけ、火をつけてフグの臭みを飛ばして作る。鰭酒独特の鮮烈な香りや風味を味わうことができる。鰭の代わりに刺身の一片を入れて作ったものは「身酒」という。

鰭酒や逢へば昔の物語　　　高浜年男

フナ ［鮒］

語源　名の由来は「骨なし」という意味だとする説がある。

『日本釈明』には、「煮て食するに、骨やわらかにしてなきがごとし」とある。ホネナシ→ホナシ→フナシ→フナとなったという。

ギンブナ

漢字では「鮒」と書く。「付」の字には小さいという意味があり、鮒は小さい魚（ナ）ということを表している。

『魚鑑』には、「本朝式文に鮒の字を用ゆ。漢名鄕魚綱目出づ。昔近江の余吾の紅葉鮒と賞しぬ。今もその名残れり」とある。英語では［crucian carp］という。

コイ目コイ科フナ属の淡水魚の総称。ギンブナは全長約40㎝。フナの種類にはギンブナのほか、ヘラブナ、キンブナ、ナガブナ、ニゴロブナ、キンギョなどがある。

関東のマブナは「乱交が好き」　ギンブナ（マブナ）の中には繁殖に関して奇妙な習性をもっている群れがある。とくに関東地方のギンブナは雌の数に対して雄がきわめて少なく、雄が全くいない地域もある。それでも子孫がないわけではなく、産卵のときにはウグイ、コイ、タナゴなどのほかの魚を父親とするが、生まれる子供は父親の影響を全く受けない純粋なギンブナになるという不思議な性質をもっている。実験的にもギンブナの卵をほかの魚、たとえばウグイやドジョウの精子で受精させても、卵は正常に発生する。そして、雄親の遺伝形質を受け継ぐことなく、雌親そっくりのギンブナとなることがわかっている。この現象を「雌性生殖（gynogenesis）」という。

このようなギンブナは、染色体数が三倍体またはまれに四倍体で、ほかの一般のフナの二倍体とは著しく異なっている。ギンブナのすべてが三、四倍体というわけではなく、少なくとも日本では関東地方から北または西へいくに従って倍数体（三、四倍体）の個数が減る傾向がある。二倍体のギンブナは、雌雄ともに存在し、雌性生殖によらず正常な生殖をしている。

「鮒膾」は初鮒が最高　フナは早春になり暖かい日にはわずかずつ越冬場所を離れて索餌する。食欲も旺盛になり、だんだんと漁によい季節となる。春になって初めて獲れるフナのことを「初鮒」という。古くから初鮒は鮒膾として賞味される。

『華実年浪草』には、「早春初めて漁人これを得て市に売る。これを初鮒という」とある。

『滑稽雑談』には、「冬月より賞すといへども、なほ湖水の産は春に至つて出るなり。古来は『初鮒』『鮒膾』ばかりを春として、鮒とばかりは許用せず。当世作意工夫あるべきことなり。このもの、所在多しといへども、江州湖水のもの第一なり。なかんずく、その大なるもの、源五郎鮒と称す」とある。

「源五郎鮒」は紅葉鮒が最高　源五郎鮒は、明治末期までは琵琶湖と淀川水系の特産魚であった。その源五郎鮒の鰭が晩秋に赤く色づくことに由来して「紅葉鮒」と名づけられた。この時期の紅葉鮒は肉が厚く子が多くて最高に美味しいという。しかし色自体は、実際にはそんなに顕著に色づくわけではない。

『本朝食鑑』には、「近世歌人紅葉鮒と称するもの、秋の後冬の初、霜林紅葉の時、肉厚く子多くして、その味もつとも美なり。ゆゑにこれに名づく」とある。

紅葉鮒色とりどりに重の物　　　　高浜虚子

「寒鮒」は魅力ある釣り　冬期は湖沼や大河川のやや深みの枯れ

た水草の陰などに潜んで越冬する。この季節のフナを「寒鮒」という。寒鮒は釣果は少ないが、脂肪がのって美味なので漁業者も好んで出漁する。また、釣り人にとっても寒鮒は魅力ある釣りである。

このために「釣りは鮒に始まり鮒に終わる」ともいわれ、釣りの下手な人も上手な人も興味をもつのが鮒釣りである。餌に食い付いて釣り竿の震える感触に陶酔して自慢するので、「鮒」の字は魚偏に「付《つく》」と書くともいう。

古川柳に「釣竿の身ぶるひをして鮒かかり」というのがある。

寒鮒は癖がなく脂がのって美味で甘露煮の最高の材料とされる。早春になると越冬個所を離れてだんだんと索餌する。この時期のものを「巣離れ」という。さらに彼岸の頃になると大群で産卵場をめざして移動を開始する。これを「乗っ込み」といい、索餌が盛んなところから大漁が期待される。

寒鮒や小さなる眼の濡色に　　　　松根東洋城

祝宴に「鮒の包焼き」　「鮒の包焼き」はかつて宮中における祝の儀式にも用いられていたし、出陣の祝の席にも使われていた。鮒の包焼きは、フナの腹を開いて腸を抜き、結び昆布、串柿《くしがき》、クルミ、クリ、ケシの５種類を小さく刻んで詰め、フナの腹を閉じて焼いたものである。

『宇治拾遺物語』には、「此《この》大友皇子の妻にては、春宮（大海人皇子）の御女（娘の十市皇女《とおちのひめみこ》）ましければ、父の殺され給はんことをかなしみ給《たまひ》て、いかで、此《この》こと告《つげ》申さむとおぼしけれど、すべきやうなかりけるに、思《おもひ》わび給て、鮒のつゝみやきのありける腹に、小さくふみをかきて、押しいれて奉り給へり」と、鮒の包焼きに密書を隠したという逸話が記載されている。これによると「壬申の乱の際、この包焼きの中に隠した手紙を入手した大海人《おおあま》皇子が大友皇子を破って皇位についた」とされている。

「鮒侍」は最大の侮辱　フナは口をいつも動かしており、なにかブツブツ喋っているように見えるので、これを「鮒の念仏」という。

また、フナは煮ると骨まで軟らかくなるので、世間知らずの腰抜け武士のことを侮辱して「鮒侍」というようになった。

「忠臣蔵」では、吉良上野介が浅野内匠頭を「井の中の鮒、鮒侍」と侮辱し、それがもとで刃傷事件が起き、義士の仇討ちへと物語が進んでいっている。古川柳に、「鮒だ鮒だとやつつけるこひの意趣」「鮒のたとへに鯉口を抜きはなし」というのがある。

ブリ［鰤］

語源　名の由来は、江戸時代に貝原益軒が「脂《あぶら》多き魚なり、脂の上を略する」と語ったことから、ブラとなり、ブリに転訛したという。ブリは後述するように出世魚で成長するにつれて呼び名が変わる。スズキ目アジ科ブリ属の海産魚。

ブリ

地方名では、シヨノコ（岩手)、ニウドウ（新潟)、ガンドウ（富山、石川)、マルコ（鳥取)、ヤガラ（長崎）などと呼ばれている。漢字の「鰤」の字は、旬の寒ブリは脂がのってとくに美味なることから師と魚を組み合わせたという。

『日本山海名産図会』には、「鰤は日本の俗字なり。本草綱目に魚師といえるは老魚または大魚の惣称なれば、其形を不釈《とかず》。（中略）されども日本にて鰤の字を制《つくり》しは即魚師を二合して大に老たるに似たり。またフリの魚というを濁音に云習わせたるなるべし」とある。

また、『本朝食鑑』には、「現今では波万知《はまち》と訓《よ》む。京都では鰤魚《ぶり》の小さいのを魬《はまち》という。江都《えど》ではこれを鰍といい、伊那多《いなだ》と訓む。(中略) また和羅佐《わらさ》というのがあるが、これも魬・鰍の類である。また西海に一種大鰤の赤鼻のものがあり、赤鼻という」とある。

英語では［yellowtail］という。

ブリは「出世魚」　ブリは成長するにつれて呼び名が変わる、いわゆる出世魚で、東京付近では、小さい順に、ワカシ→イナダ→ワラサ→ブリ、大阪付近では、ツバス→ハマチ→メジロ→ブリ、九州では、ワカナゴ→ヤズ→ハマチ→メジロ→ブリ→オオブリの順で呼ぶ。4年で全長70㎝くらいに成長し、それ以上をブリという。

『和漢三才図会』には、「六月、その小なるもの五六寸、津波須（ツハス）と名づく。(中略) 仲冬、長じて三四尺、最大なるもの、五六尺なるもの、鰤と名づく。この魚、少より老するに至りて、時に名を改む。初めは江海にあり、徐々に大洋に出て、また東北海より連行して西海対州に終わる。もつて出世昇進のものとなし、これを大魚と称す。貴賤相饋りて、歳末の嘉祝となす」とある。

また、『魚鑑』には、「丹後の与謝、雲州の艪島を名産とす。他州ものあり。五六月をわかなご、八月より十二までをいなだ、年を越すものをなじろ、二歳の秋より冬までをわらさ、四五歳のものをぶりといふ」とある。

「鰤起こし」は豊漁の前兆　北陸地方ではブリの漁期の始まる12月から1月にかけて寒冷前線の通過があると積乱雲が現れ、雷が発生する。地元では、この雷はブリの豊漁をもたらす前兆であると喜ばれ「鰤起こし」という。その豊漁の理由については、次のように説明されている。

寒冷前線の通過する前後には、海底の泥土が潮流で攪拌されて海中に濁りが発生する。漁師はこれをヌタと称しているが、このヌタには海底に沈殿していた魚の餌が豊富に含まれているのである。回遊してきたブリはこれを目当てにして沿岸よりに接近してくるのでブリの大漁が期待される。ブリの回遊する通路に定置網をはって漁獲する。定置網は、歴史的に建刺網から台網、大敷網、大謀網、落網と改良されてきた。江戸時代から明治、大正、昭和とブリ漁業の歴史は定置網漁業（鰤網）の歴史でもあり、技術の進歩につれて漁獲量も増加した。

なお、ブリは黒潮の勢いが強く、沿岸水を圧迫するように岸に押し寄せる「込み潮」にはよく乗り、定置網を敷いた沿岸に押し寄せる。その反対に、黒潮が弱く「出し潮」と呼ばれる離岸流が強くなると、水温の上昇や下降を伴い、ブリは遠ざかり不漁の原因となるといわれている。

　鰤網を越す大浪の見えにけり　　　　前田普羅

「塩鰤」は正月の必需品　ブリは蛋白質、脂質、ビタミン、ミネラルなどが豊富で栄養に富んでおり、きわめて優れた食品である。旬は冬で、古くから「寒鰤」を最上のものとした。この寒鰤に塩をした塩鰤は、関西では歳末の贈答に用いられた。元旦には神社に供えた後に切身として氏子の無病息災を祈って配るなど昔は正月用の肴として必需品であった。

長野地方では塩鰤を運ばれてくる道筋から「飛騨鰤」と呼んでいる。木曽生まれの島崎藤村は『おさなものがたり』の中で、「一年に一度ずつお年取りの膳についていた塩鰤の味など忘れられないものであった」と書いている。長崎、福岡、徳島、広島、岡山、長野などでは正月の雑煮に入れる習慣がある。また、1月20日は骨正月（二十日正月ともいう）といい、正月に残った塩鰤の頭と骨を入れた汁を焚いて食べて無病息災を祈った。

鰤雑煮（長崎）

『俳諧歳時記栞草』には、「三、四尺で

大きいものは五、六尺にもなる。塩蔵品として冬季に食す。脂が多くて味は濃厚。大魚となるので出世昇進の進物として貴賎を問わず用いられる。また歳末の膳に用いる」とある。

ものがたき骨正月の老母かな　　　高浜虚子

石川名産「かぶら寿し」　前述の『本朝食鑑』には、「およそ冬より春に至るまで、これを賞す。夏時たまたまこれあるといへども、用ふるに足らず」とある。ブリの料理して、刺身、照焼き、酢の物のほか、かぶら寿しなどがある。寒鰤の刺身は脂がのって最高である。

かぶら寿しは、塩漬けにしたカブで、塩漬けにしたブリの薄切りを挟み込み、細く切った人参や昆布などとともに、米麹で漬け込んで醗酵させたものである。石川県発祥の郷土料理である。

灯ともして鰤洗ふ人や星月夜　　　正岡子規

ホウボウ［魴鮄］

語源　名の由来は、いろいろな説があるが、方々を這い回る魚からという説、「ボーボー」と鳴くことからとする説、ホホボネウオ（頬骨魚）からの転訛したとする説などがある。

ホウボウ

漢字では「魴鮄」と書く。英語では［gurnard］という。カサゴ目ホウボウ科の海産魚。全長約40cm。

地方名でキミヨ（新潟、青森、秋田）、カナガシラ（山口）という。キミヨは新潟の藩主がホウボウを好んで食べたので、この魚に敬称でキミヨと呼んだという。カナガシラについて、『百魚譜』には、「かながしらという名のめでたくとぞ、産屋の祝儀にはつかわれはべる」とある。

『魚鑑』には、「肉雪白。味甘美し。冬月上饌なり」とある。

また、『和漢三才図会には、「炙って食べれば大へん甘美」とある。

体色が赤く、体形から武士を連想しタイと同様にめでたい魚とされ、祝い事に使われる。とくに、赤ん坊の生後100日の「箸初め」の儀式に使用される尾頭付きの魚の一つである。

ホウボウは歩く魚　北海道南部から南シナ海まで分布する。沿岸浅所から600 mまでの砂泥底や砂底に生息している。冬は南下し、春から夏にかけて北上する。

体は赤褐色で内側が濃い青緑色で青色の小班紋のある美しい大きな胸鰭と、四角で硬い頭部が特徴的である。胸鰭の前の2，3本が分離してカニの足のような具合になり、歩脚と呼ばれている。

この歩脚はたんに海底を這い回るだけでなく、砂の中の餌を探りだす触手の役目と、味見をする味蕾もある。底層性の魚類や甲殻類を主餌とする。

産卵期は春から夏である。成長は遅く5年で30㎝ほどになる。主に底曳網で漁獲される。肉は白身で冬が旬で、料理は吸い物、塩焼き、鍋物などにする。

ホウボウは鳴く魚　ホウボウの語源にもなっているように、魚でありながら音を出す奇習がある。

魚が音を出すのは一様ではなく、鰭や歯や鰾（うきぶくろ）などを使った種々の方法で行うが、ホウボウの場合は、鰾を収縮させてググーと音を発するといわれている。

音を発する魚は、ホウボウのほかにイシモチ、アジ、フグ、カサゴ、イサキなどがある。音を出すのは相手を威嚇したり、危険を仲間に知らせたり、放卵や放精の合図のためなどといわれている。

ボラ［鯔］

語源　ボラは腹太（はらぶと）ともいわれ、太腹（ほばら）が転訛したとの説がある。

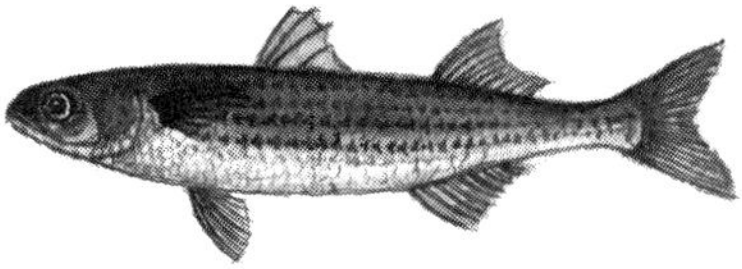

ボラ

『本朝食鑑』に「ボラは腹太の意」とあり、スバシリについて「簀走《すばしり》とは小鯔が能く跳び走るからで、江都《えど》の魚市ではこの名を称している」とある。

『日本書紀』には、ボラについて「口女」「名吉」とでている。「口女（クチメ）」は口に特徴のある魚「口魚」の意で、「名吉（ナヨシ）」は成長につれて名が変わるので出世魚とされた。

『物類称呼』には、「漁人簀《す》の四方に網を張て是をとるを簀引《すびき》と云。因て簀走の名有。一説に此魚河と海との潮境を往来する頃を賞して州走の名有とぞ。江戸にては六月十五日より州走と呼。十四日迄をいなと云也。九月にいたり泥味《でいみ》なく脂多くして、いよいよ味ひ美也。色又さらし洗ふたるが如し。此時を畿内にてこざらし江鮒と称す。泉州堺の名産なり、なよし・ぼら・伊勢ごいと云。いせごいとは勢州鳥羽の海浜にて多く是をとり又鯉に類するをもつていせ鯉と云。関西の称なり。長崎にまくちと云。勢州及尾張にてめうぎちと云」とある。

スズキ目ボラ科の汽水魚。全長約80cm。

地方名では、シュクチ（秋田）、シバ（宮城）、バイ（石川）、マクチ（長崎）、スクチ（佐賀）という。

ボラ類は英語で［mullet］というが、本種は、grey mullet, striped mullet, common mullet などと呼ばれている。

「とどのつまり」の由来　ボラは出世魚とされ、稚魚から成魚まで段階別に各地でいろいろな名で呼ばれている。

『年々随筆』には、「鯔のいとちいさきときは白銀《しろがね》の色に光るものなり、これをハクという。その次はオボコ、六七月ほどよりスバシリ、年越したるはナヨシ、年のつみたるをボラという」とある。

現在、東京ではハク（全長２～３㎝）→オボコ、スバシリ（３～18㎝）→イナ（18～30㎝）→ボラ（30㎝以上）という。そして、とくに大きくなったボラをトドという。ここから、「あげくのはて、結局」を意味する「とどのつまり」という言葉がうまれた。

オボコは御坊子の訛で産子の転訛したもの。世間の事情に暗い未成年者のことをオボコという。

古川柳に、「一年はおぼこに見せる金屏風」というのがある。

「いなせ」の由来　「いなせ」とは、江戸日本橋魚河岸の若者の間で流行した髪型の「鯔背髷《いなせまげ》」に由来する言葉で、粋で勇み肌でサッパリしている様子、またはその容姿やそのような気風の若者を「いなせ」という。ボラは縁起のよい魚として親しまれ、イナ（ボラの若いときの名）の背のように平たくつぶした髪型を鯔背髷といい、江戸時代の魚河岸の粋な多くの若者が結んでいた。

昔は尾頭付きの膳に出されることが多く、とくに「お食初めの膳」に用いられた。

『滑稽雑談』には、「按ずるに、江鮒は鯔の小なるものをいふなり。神代巻に紅女といへる、これなり。長じて名吉・伊勢鯉などいへり。海中および湖の入湊にあり、江鮒より少し大なるを『いな』といひ、それより大なるを『すばしり』といふ」とある。

ボラの「浸透圧調節機能」　ボラは世界の暖海や熱帯域に広く分布しており、日本では北海道以南の沿岸の各地に分布する。浸透圧調節の機能が優れており、川と海を自由に往き来できる。主として河口から塩分の低い湾内で生活するが、成熟が近づくと外洋に出て産卵場に向かう。

ボラのへそ

日本近海での産卵場は三重県沖から薩南諸島にかけての海域で、産卵期は10月から１月である。南の海域で孵化した稚魚は黒潮に乗って各地の沿岸にたどりつくが、銀白色の体をしているのでハクと呼ばれる。餌は底生性の小甲殻類から付着藻類、デトリタスなどに変わる。成魚も雑食性で海底の藻類、デトリタスなどを泥ごと飲み込んで、栄養分をとる。

ボラのへそ　ボラは胃の幽門部の筋肉が発達し、胃壁は肥厚して「ソロバン玉」のような形をしていて、「へそ」と呼ばれる。ここで飲み込んだ餌をすり潰し、栄養分をとり泥を吐き出す。消化管には常に砂泥が見られる。「へそ」はニワトリの砂嚢（砂肝）を柔らかくしたような歯ごたえで珍重される。よく水洗いしたうえで塩焼きや味噌汁などで食べられる。その味は知る人ぞ知る珍味である。

ボラのジャンプ　ボラは空中に跳躍する性質があり、時には体長の２～３倍ほどの高さまで飛び上がり落下し、また飛び上がる。このジャンプを４～５回繰り返す。内湾では水面上に跳ね上がる音がする。

ボラのジャンプは、体を「く」の字にして、尾で水を強く叩いて、ほとんど垂直近く躍り出る。体を垂直にして頭を上にしているが、飛躍の原動力がつきて落下する際は、体をひと回りさせて、頭を下にして落下する。

したがって、ボラのジャンプした線は縦長の８の字である。ボラのジャンプの理由については、はっきり分かっていないが、「寄生虫を落とすため」であるとの説がある。

鯔の飛ぶ夕潮の真ツ平かな　　　河東碧梧桐

ボラの寄魚漁

伝統漁法の「寄魚漁」　ボラは日本各地で漁獲される。大きな群れをつくる春と秋が漁獲の盛漁期である。

漁法は、敷網、刺網（巻刺網、囲い刺網）、巻き網、寄せ魚、定置網（簀立網）、引き網、かご、釣りなどがある。

特殊な伝統漁業としては「寄魚漁」というのがある。冬期にボラ、コノシロなどは日当たりのよい波の静かな比較的浅い所に密集する習性がある。このような一定の場所に集まり移動しない魚類の習性を利用した漁法である。その場所を船舶の航行などを禁止して、魚が逃げないように保護し、集まったところを囲い刺網または引っ掛け釣りで漁獲する。

この漁業は、漁業法で第四種共同漁業権として保護されている。また、江戸時代には「地引網漁」がある。

『日本山海名物図会』には、「鰡、河ぼらあり。海ぼらあり。ちいさき時をすべて江鮒と云也。是をとるは地引あみ也。長さ三町ばかりに引網して両方のつな手に人あまたかかりて磯へ引きよせて玉あみをもてすくい取也。すべて江鮒は海と川との潮ざかいに多くある也。泥川に生ずるはあぶらすくなし」とある。

遊漁としてのボラ釣りは、魚信《あたり》がやわらかいので、釣りの愛好家に人気がある。夏から秋にかけてがシーズンである。

寒鰡の刺身はタイにも匹敵　ボラは泥臭いといわれるが、11月から1月が旬で寒鰡といい、臭みもとれ脂ものり、肉も締まってくる。

寒に美味な魚として「寒鰤・寒鯔・寒鮃」と並び称される。寒鯔の刺身は鯛の刺身にも匹敵するといわれている。刺身、洗い、塩焼き、酢味噌、天ぷらなどとして美味である。

ボラには、郷土色豊かな料理が多い。たとえば、摂津の「雀鮨」がある。これは小型のボラを背開きにした「なれ鮓《すし》」であって、その形が羽を広げた雀に似ているのでこの名がある。また、岡山の「イナ(鯔)のかけ飯」は、イナの身と季節の野菜を醤油味の汁に仕立て、ご飯にかけたものである。鳥取の「イナ飯」は、イナを牛蒡や人参とともに炊き込んだご飯である。愛知の「イナ饅頭」は、腸《わた》を取り出したイナの腹に練り味噌を詰め、姿焼きにしたものである。

蓼の葉を此君と申せ雀焼　　　　与謝蕪村

「唐墨」の始まり　天正11年（1588）に肥前（佐賀県）の名護屋で長崎代官が、豊臣秀吉に野母（長崎県）のカラスミを献上した。秀吉にその名を聞かれて困ったが、中国の墨石に似ているのでとっさに「唐墨でござる」と即答した。それ以来、その名が全国に広まった。

ボラの卵巣を塩漬けにして乾燥させてものを「からすみ」といい、漢字で「唐墨」または「鱲子」と書く。

『大和本草』には、「その子 脯《ほしもの》とす。からすみという」とある。前述の『本朝食鑑』には、「胞のまま乾かした子は唐墨という。鰆の唐墨と同じであるが、色は黄赤色で、味は甘美であつて、鰆の唐墨より勝れている」とある。また、「産後の腹痛。鯔の唐墨を細かに切り、薄片にし、味噌に和して煮て食べると、たちどころに験がある。鯔の唐墨でも同様である」とある。

肥前（長崎県）の鱲子、越前（福井県）の雲丹、尾張（愛知県）の海鼠腸《このわた》は「天下三珍」といわれ、酒の肴として賞味される。ことわざに「唐墨親子」（「鳶が鷹を生む」と同意語）というのがある。その製法はトルコ、ギリシャで考案されたものが、約400年前に中国を経由して日本に伝わったといわれている。

　　からすみや己一人の茶の煙　　　　松瀬青々

マグロ［鮪］

語源　名の由来は、「真黒」または「目黒」からの転訛したものとされる。

クロマグロ

『古事記』には、「志毘（シビ）」「斯毘（シビ）」とあり、『日本書紀』でも「思寐（シビ）」、「鮪（シビ）」とある。

『万葉集』には、山部赤人の長歌で「藤井の浦に鮪釣ると海人舟さわき塩焼くと人ぞさはなる……」があり、「鮪（シビ）」の字が載っている。英語では［tuna］という。

また、『改正月令博物筌』には、「大なるを王鮪（シビ）、中なるを叔鮪（メクヒ）、小なるを銘子（メシロ）、東国にては「まぐろ」といふ。西国にて網す。大魚なるゆゑに、他国に切りて売るを大魚の切り身といふ。初網のはしりを昔賞したるゆゑに、「初の身」といふ。今は賤しきものなりて、上に用ふることなし」とある。

スズキ目サバ科マグロ属の海産魚の総称またはクロマグロの別名。クロマグロは全長約３m。マグロ類は日本近海にはクロマグロのほか、キハダ、ビンナガ、メバチ、コシナガの５種類がある。

クロマグロは出世魚といわれ、『古今要覧稿』には、「大なるをシビ、中なるをマグロ、小なるをメジカという」とあり、現在は成長するに従ってヨコク→メジ・メジカ→ヨツ・ヨツワリ→セナガ→シビ→ゴトウ（静岡）という。

泳ぎつづけるマグロ　マグロは完全な紡錘形の体で、尾鰭の付け根がくびれ、この部分を強く振って泳ぐ。三日月形の尾鰭が推進力となる。そしてカツオと同様に夜も昼も口を開けて泳ぎつづけ、鰓を通り抜ける水量を大きくすることによって、高い効率の呼吸をすることができる。止まると窒息して死んでしまうので、常に泳ぎ回っていなければならない。

マグロの巡航時速は60km、最高時速なんと160km、寝ているときでも時速20～30kmで泳ぎつづけている。筋肉内の血管は動脈と静脈が近接する、いわゆる「奇網」（Rete mirabile）という構造をもっている。これで体内の熱が逃げるのを防ぎ、体温を海水温より高く保って運動能力の低下を抑えるのである。

延縄で獲るマグロ漁　マグロ漁業は、マグロの分布が世界の温帯から熱帯まで広範囲であるため、漁法も延縄漁業をはじめ、まき網、定置網、竿釣りなど多様である。日本のマグロ漁獲量の約60％を延縄漁業が占めている。延縄漁法は幹縄におよそ50ｍ間隔に枝縄をぶら下げて、その先端の針にサンマ、イカなどの餌をつけて釣る漁法である。大きな漁船では縄の長さが100km以上にも達する。太平洋だけではなく、かつては大西洋、インド洋にも出漁していたが、国際条約

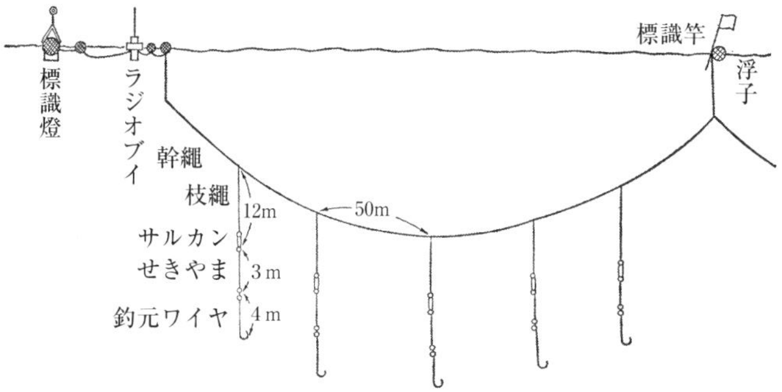

マグロ延縄漁具の一例

でだんだんと漁場も狭められている。

また、キハダやビンナガのように濃密な群れをつくる種類を対象にした竿釣漁法、あるいはこれらの群れを巻きとる大型巻網漁法がある。さらに、青森県大間町に代表される勇壮なクロマグロを対象にした一本釣り漁法がある。

『本朝食鑑』には、「江海処々これあり。なかんずく、西北の海浜多くこれを采る。いにしへよりこれを采る。山部赤人が歌に、『藤井の浦に鮪釣る』とあり、万葉集に、漁夫の火の光を見る歌に、『鮪つくと海人のともせる』とある。あるいは、武烈帝の朝に平群の鮪の臣といふ者あり、これ魚の大なるを賞して名づくるか。頭大きく嘴とがり、鼻長くして口頷の下にあり、両の頬鰓鋏の兜のごとし」とある。

「マグロの刺身」の始まり　現在、日本で消費する刺身用のマグロは、年間約60万トンで、その50％以上は輸入にたよっている。それほど日本人に好まれるマグロの刺身が食べられはじめたのは江戸末期になってからで、それ以前はマグロはもっぱら塩をふって焼いて食べていた。

『飛鳥川』には、「昔はまぐろを食べたるを人に物語りするも、耳に寄りてひそかに咄たるに、今は歴々の御料理に出るもおかし」とある。

しかし、『我友』には、「十二月初旬より、まぐろおびただしくとれ、一日に千二百程、河岸入りせし」とある。

『兎園小説余録』には、「いずれも中型鮪にて小田原河岸（江戸日本橋）の相場は二尺五～六寸から三尺ばかりのもの一尾が二百文、飯の菜《さい》には二十四文の切り身で二～三人が食べても残る」とあり、始末に困って醤油に漬けて保存したという。

その後はマグロが大漁で安くなり１本が600文ぐらいで、肥料にしたりして頭や尾などは、往来に捨てっぱなしにしたこともあったという。その模様は「江戸の道肉林《にくりん》になるまぐろ漁」と川柳にも詠まれている。

また、ほかの川柳では「まぐろ売りきっぱしなどを喰って見せ」と詠まれているように、行商の「まぐろ売り」などは、生の切り身を食って生きのよさを売り物にして見せた。

『宝暦現来集』には、「塩まぐろを止めて、透き身（刺身）が売れる」とある。

また、『守貞漫稿』には、「刺身屋。鰹及びまぐろの刺身をもつぱらとし、この一種を生業とする者、諸所に多し。銭五十文、百文ばかりを得る。粗製なれども、料理屋より下値なる故に行われる」とある。

このように江戸のほうぼうに「屋台の刺身屋」ができ、これによって刺身が江戸の庶民に安くて滋養があると歓迎されて、一気に広まったのである。マグロの身の大半は赤身である、腹側の脂肪分の多い部位は現在では大トロ、中トロとして珍重されるが、昔は赤身の方が珍重されたという。

マグロの赤身のエキス分中にはイノシン酸、アラニン、タウリン、ヒスチジンなどが多く、旨みと甘みのほか味にコクがでるという。トロの旨みは、脂肪が舌に触れたときのなめらかさに関係しているという。

マグロの料理は、刺身のほか、鮨種、酢の物、和え物、山かけ、照焼き、葱鮪《ねぎま》など高級料理から総菜まで広く用いられる。

かんてらに片身かがやく真黒かな　　宝井其角

魚河岸の晝の鮪や春の雪　　高浜虚子

ムツゴロウ［鯥五郎］

ムツゴロウ

語源　名の由来は、「脂っこいハゼ」の意味からきたといわれる。「ムツ」は、脂っこいことをいう方言の「ムツッコイ」「ムツコイ」から転訛し、「ゴロウ」は、広くハゼ類を指す「ゴリ」「ゴロ」から転訛して、「ムツゴロウ」になったという。

『物品識名拾遺』には、「形どぢやうに似て目は蟹に似たり」とある。

漢字では充て字で「鯥五郎」と書く。英語では［bluespotted mud hopper］（青い点のある、泥沼をはねる魚）という。

スズキ目ハゼ科の海産魚。全長約19cm。地方によってカナムツ、ホンムツ、ムツと呼ばれている。

子育ては雄の役目　ムツゴロウは、有明海、八代海に分布する。体長は17cm前後で体は細長く、円筒形である。第一背鰭は大きくて長く、胸鰭はその基部が肉質に富み、干潟上を這い回るのに適している。水から出ているときは口に水を含み、鰓、口腔内の粘膜、皮膚を通して呼吸をする。各固体ごとに干潟に穴を掘って棲む。植物食性でその穴の周囲のほぼ１㎡の干潟泥上の付着珪藻を削り取って食べる。

口は大きく、上顎にはとがった歯が生えているが、下顎の歯はシャベル状で前方を向いている。口を地面に押し付け、頭を左右に振りながら下顎の歯で泥の表面に繁殖した藻類を泥と一緒に薄く削り取って食べる。

産卵期は５～８月である。雄が干潟に直径約45cm、深さ１m以上の長い産卵するための穴を掘る。その後に雄の求愛ジャンプに誘われた雌と穴の中に卵を産み付ける。産卵が終わると雌はすぐに立ち去っ

鯥掛け漁具

てしまうが、雄は澄んだ水をたえず送って約２週間の間は孵化を待つ。孵化仔魚は浮遊期を経て体長２㎝で着底する。このように、ムツゴロウの子育てはすべて雄の役目である。

伝統漁法の「鯥掛《むつか》け漁」

ムツゴロウを対象とする漁法は、有明海の干潮時を利用した伝統漁業の「鯥掛け」や「タケッポ」などという漁法がある。

鯥掛けは、潟橇《かたそり》という板に片膝を載せて干潟の上をもう片方の脚で泥を蹴りながら進み、約４ｍの竹竿の釣り糸に付いた特殊な針で引っ掛けて釣る漁法である。針には６本の鉤《かぎ》がしこまれている。

タケッポは、巣穴に竹筒などで作った罠を仕掛けて採捕する漁法である。

ムツゴロウは、身に脂肪が多くやわらかい。代表的な料理は丸ごと串刺しにした蒲焼きであるが、山椒焼き、甘露煮にもされ、刺身などでも賞味される。また、干物や缶詰としても加工される。

『魚』には、「佐賀ではムツゴロウを大いに好み、夏には佐賀の家並から濛々と煙のたちのぼるのは恰も初秋の東京のサンマの煙を思い出させる」とある。

メバル ［目張］

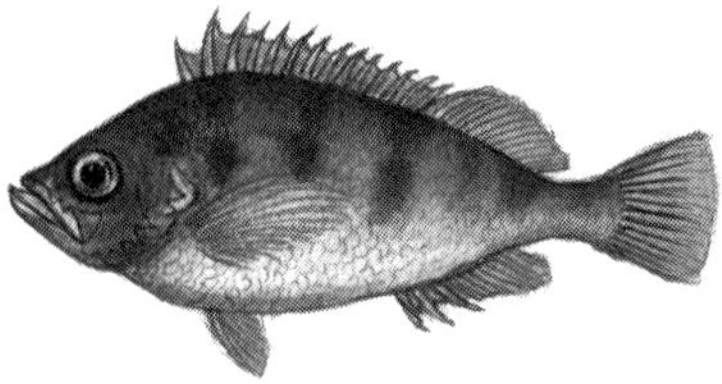
メバル

語源　名の由来は、文字通り目が大きく出張っているので「目張」という。

『大和本草』には､「目ばる（中略）目大なる故名づく。黒赤二色あり。めばるの子を鳴子云う」とある。

『本朝食鑑』には、「魚の目が多の魚の及ばぬほど張大なところからこう名づけている」とある。

江戸時代まではヒキガエルがメバルになったといわれ、『和漢三才図会』には、「メバルは蟾蜍《せんじょ》の化するところなり」とあり、蟾蜍とはヒキガエルのことである。

漢字では［目張］と書く。英語では［black rockfish］という。「春告魚」ともいい、俳句の季語ともなっている。カサゴ目フサカサゴ科メバル属の海産魚。全長約30㎝。地方によって、ハチメ（北陸)、メバチ（越前、松島)、メバリ（松江）などと呼ばれる。愛媛では小型のメバルをコビキという。体色は水深によって変化し、浅いところでは黒褐色であるが、深くなるにつれて赤身を増す。それぞれアカメバル、クロメバル、キンメバルなどと呼ばれる。

「卵胎生魚」で仔魚を産む　メバルの若年魚は藻場に生息するが、成魚は岩礁地帯に移動する。この魚は卵胎生魚（卵を体内で孵化して仔魚を産む魚）で、交尾期は11月頃、受精は12～1月で、1～2月に卵ではなく仔魚が母体から生まれる。

交接期には藻場の中で成魚の雄雌がペアとなって雄の肛門直後にある交接器を雌に挿入して交尾する。精虫は卵巣の未熟なうちに卵巣腔へ入り、卵巣の成熟をまって受精が起こる。

メバルの発情期は雄雌一緒であるが、成熟期には１～２か月のずれがある。母体内の仔魚は、卵胎生といわれるように、卵の黄みから栄養をとって生育し、約１か月で生まれてくる。生まれた仔魚は浮遊生活に入り、春先には２～３㎝になって、内湾の藻場に群れをなして移動する。１年で９㎝、２年で13㎝、３年で15㎝、５年で19㎝ほどになる。成魚は魚類、頭足類、甲殻類を捕食する。

「春一番」のメバル釣り　メバルの漁法は、一本釣り、延縄、刺網、定置網がある。また、磯魚の代表格として釣り人に根強い人気があり、花の便りに先がけて「春一番」に釣れはじめる。メバルが釣れだすと本格的な海釣りの季節になる。１年を通して釣れるが、北日本では春から秋、中部以南では冬が盛んである。船釣りが中心で、エビを使った生き餌釣り、胴突き釣り、片天秤仕掛けのびし釣り、など釣法は多彩である。波が静かで風のない日がよく釣れ、曇りの日や時化の後などで濁りが海水に入ったときが最適とされる。

『釣技百科』には、メバルと天候について「漁師はメバルは天候をよく知る魚だといっているが、誠にその通りで、しばしば痛感させられる事である。雨になる前、風になる前、漁師はこれをカシラ日和又はフシ（天候の変わり目のこと）と称している。風の日とこのカシラ日和にはメバルの食いが悪い。メバル凪《なぎ》といふくらいで、凪の日を選ぶことが肝要である。寒中でも、凪の日に寒メバルを狙へば相当面白い釣りが出来る。『寒凪』といふ言葉があるが、これは小寒に吹けば大寒は凪、大寒に吹けば小寒は凪という意味である。これも心得て置けば寒メバルも楽しめる」とある。

安芸名産の「鳴子」　メバルは、晩春から夏にかけてが旬で高級魚とされる。白身で淡泊な味はカサゴやアイナメに似ている。身離れがよく小骨がなくて食べやすい。身は硬く煮付けにしたり塩焼きにして食べる。また、ちり鍋、味噌汁、天ぷらなどにする。味噌汁は、適当の大きさにぶつ切りにし、昆布だしでさっと煮てから味噌をといて入れ、刻みねぎを散らす。大型のものは刺身にして美味である。

また、安芸の名産で「鳴子」という、メバルの子を塩辛にしたものがある。食べると口のなかで鳴り、このように呼ばれている。

『大和本草』には、「目ばるの子を鳴子と云、醢にす芸州蒲刈の名産なり、食すは口中にてなる故名付く」とある。

ヤガラ［矢柄］

語源　ヤガラは細長い棒状の体をもち、その後部にはほぼ同形の背鰭と臀《しり》鰭が対置するので「矢柄」の名ある。

アカヤガラ

『本朝食鑑』には、「簳《やがら》とは、箭竹（矢の幹）のことである。魚の形が箭のようで、嘴鬣が羽筈《やはず》（矢の上端で弦にかけるところ）のようでこう名づける。俚語に、昔、能登守平教経の射た箭がこの魚に化けたものであるという。信ずるにたらないことである」とある。

『大和本草』には、「鮹魚《やがら》本草を見るに、今関東にやからと云魚是乎。細長くして箭の如く、円なり」とある。

また、『魚鑑』には、「西国にふゑふき綱目の鮹魚《やがら》なり。或は王氏彙苑の戴帽魚なりといふ」とある。

漢字では「矢柄」と書く。英語では［cornet fish］という。ヨウジウオ目ヤガラ科の海産魚。日本ではアカヤガラ、アオヤガラの２種類がある。いずれも全長約 1.5m。

独特の捕食法　ヤガラは本州中部以南の暖海に広く分布し、岩礁、珊瑚礁の上層部を小群で遊泳する。体長は約 1.5 m で、体は細長く円筒形、火吹竹に似た長い筒状のくちばしをもち、餌を吸い込んで捕食する。その捕食法は他の魚とは相当変わっている。普通は海底近くを静かに泳ぎ、その筒状のくちばしをいったんすぼめて、次にこれを膨らませることによって、海水と一緒に細かい餌動物を吸い込んで食べる。また、小魚などが近づくと、体の後半をムチ状に振って矢のように突進して口にくわえて食べる。

アカヤガラはアオヤガラより沖合いに棲み、体色が赤く、体表は滑らかで鱗がない。アカヤガラは、美味な魚で刺身や椀種にされる。刺身はマダイをさらに美味くしたような味が楽しめる。また吸い物も絶品である。適度な脂が出汁となり、濃厚な旨さを醸し出せる。

アオヤガラは体色が青味を帯び、体表は小さな棘に覆われている。背鰭と臀《しり》鰭の前後に１列の鱗がある。味は美味とはいえない。

「阿漕塚」の伝説　「阿漕塚」の伝説は、謡曲の「阿漕」や浄瑠璃の「勢州阿漕浦鈴鹿合戦」でもうたわれるヤガラに関連する有名な伝説である。江戸時代にはヤガラは胃病の特効薬とされていた。

『和漢三才図会』には、「患膈噎《かくのやまひ》人、用其觜飲食良則治云」とあり、胃癌、食道癌の病人はヤガラの吻《ふん》を用いて飲食させれば直ちに治るという。

『本朝食鑑』には、「無毒であり、肉は喉や胸のつかえをとり、胃のむかつきを治める」とある。

三重県津市の贄崎という場所の対岸に伝説の阿漕というところがある。この阿漕は当時伊勢神宮の神饌場所で一般の漁師は立ち入りを禁止されていた。ここに平治とい若い漁師が住んでいたが、母親が胃癌を患っていたので治したいとの一念で、その特効薬のヤガラを密漁してしまった。親孝行で知られていた平治は捕らえられて簀巻きにされて海に投げ込まれてしまったという。母親はもちろんのこと、村民もこれを聞き伝えて深く悲しんで、この阿漕浦に「阿漕塚」という碑が建てられた。こ碑には次のような芭蕉の句が刻まれている。

月の夜のなにを阿漕に啼く千鳥　　　松尾芭蕉

ヤツメウナギ［八目鰻］

カワヤツメ

語源　名の由来は、体がウナギ型で、目の後方に７対の丸い外鰓孔《がいさいこう》があるので、合計８対の目が並んでいるように見えるのでこの名がある。一般にカワヤツメをヤツメウナギと呼んでいる。無顎綱ヤツメウナギ目ヤツメウナギ科の魚類の総称。またはカワヤツメの別名。カワヤツメは別名でヤツメまたはヤツメウナギという。ウナギの名がつくが、分類学上関係はない。全長約 45㎝。

『本朝食鑑』には、「体は黄質黒章で、涎沫《ぬめり》が多い。形状は略《ほぼ》海鰻とにており、大きいものは二・三尺余、背に目のような白点が八・九個ついているので八目鰻という」とある。

また、『和漢三才図会』には、「両目の後に各七点ありて、目の如く、星の如く、錐の穴の如し、目とともに八数なり、故に八目鰻と名付く」とある。

ヤツメウナギは「吸血魚」　ヤツメウナギは、日本海側は島根県、太平洋側は茨城県を南限とし、北はサハリンまで分布する。内部骨格は軟骨性で背鰭と尾鰭だけがあり、鱗がなく粘液に覆われること、口が吸盤状で鼻孔が１つしかないこと、体側に７対の外鰓孔があることが特徴である。アーモンシーテスという幼生期には頭は小さく、吸盤もなく、川底の泥中で口の繊毛を動かしてプランクトンや有機物を食べる。秋から冬にかけて変態し成体となる。

成体には陸封型（スナヤツメとシベリヤヤツメ）と降海型（カワヤツメとフツヤツメ）に分かれ、陸封型は変態後餌をとらずに死ぬが、降海型は海や湖に下ってサケ、マスなどに吸盤状の口で寄生し、親になると川を遡って、川底の砂礫に穴を掘って産卵し親は死ぬ。

「吸血魚」ともいわれのは、吸盤のような役目をする口で他の魚に吸いつき、鋭い歯で相手の皮膚に穴をあけて、生血を吸い肉を食べるからである。アメリカの五大湖ヒューロン湖では海域から遡ってきたヤツメウナギのため1935年から1950年までの間にマスが激減したといわれている。

八目鰻は「目の薬」 ヤツメウナギは、体にビタミンAを多量に含むために「夜盲症（とりめ）」の薬として珍重される。秋田県では、鍋の代わりにホタテ貝の殻を使って鍋料理をすることを「貝焼（かやき）」という。ヤツメウナギをぶつ切りにして醤油と出汁の濃い目のつゆですき焼き風に煮込む貝焼が冬の味覚となっている。関東ではヤツメウナギの蒲焼きを売り物にする料理店もあり、また縁日の屋台でヤツメウナギの蒲焼きが売られることもある。

ヤツメウナギは、古くから目が八つもあるので目の病に効くといわれている。

『本朝食鑑』には、「小児疳眼および雀目（とりめ）には、車前草《おおばこ》を葉・根をつけたままで洗浄し、焼いて性を存し、霜《こな》とする。これに炙った鱓肉を擦《まぶ》して食べる。あるいは味噌汁で鱓肉を煮熟し、車前草の霜を捻《つま》んで食べるのも好い」とある。

ワカサギ［公魚、鰙］

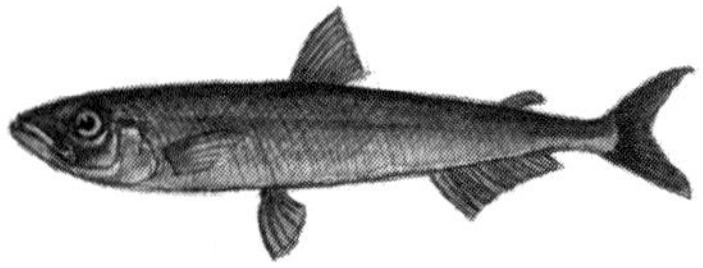

ワカサギ

語源　ワカサギの名は、ワカは「湧く（ワク）」から転じ、サギは多いの意で、「群れている多くの魚」ということである。

また、霞ヶ浦のワカサギが公方様（将軍）に献上されて以来、漢字に「公魚」の字が充てられた。「鰙」とも書く。英語では［pond smelt］という。山陰では「アマサギ」、東北、北海道では「チカ」と呼ばれる。

『わくかせわ』には、「予先年筑波登山してかの辺一見せし時、あたりにて、好事の者に尋ねはべるに、答へていはく、いかにもこの国にて、昔より桜魚といひ伝へたる魚あり。いかれば、この魚、他州にてはわかさぎ、常陸にては桜魚といふこと必せり」とある。

『大和本草』には、「江戸及び北上にあり、若州三方湖に多し、西国には見ず江河の中、或いは海にも生ず、ハエに似たり色白く美味、佳品なり。冬至以後は味劣る」とある。

ワカサギは、太平洋側では関東以北、日本海側では島根県以北、北海道以南の水域に分布する。淡水性、汽水性、降海性のものがある。サケ目のキュウリウオ科ワカサギ属の魚。全長約15㎝。

ワカサギの穴釣り　刺網、張網、帆曳網などで採捕する。帆曳網は打瀬網ともいい、帆に風を受けて風の力で網を曳いて魚を獲る漁法である。霞ヶ浦、八郎潟（現在の八郎湖）などの風物詩となっていたが、今では観光用として行われている。

また、釣りは秋から初春にかけてがベストシーズンである。結氷する前はボート釣りで、ワカサギボート用の竿のほかハゼ用の竿でも代用できる。結氷すれば穴釣りを行う。30㎝前後の専用の竿で、仕掛けの針数は５～６本とし、一度に引き上げられる長さに調節する。餌は紅サシかアカムシを用いる。

諏訪湖や山中湖などの冬期に湖面の氷に穴を開けて釣る「ワカサギの穴釣り」は有名である。長野県の野尻湖や諏訪湖などでは、ストーブを備えた「ドーム船」という船で船内からの釣りも行われている。

『釣技百科』には、ワカサギの穴釣りについて「氷上公魚の釣り場としては富士五湖の山中湖、河口湖、群馬県の榛名湖、信越方面の諏訪湖等が有名である。大抵の魚類は多く冬期になると活動が鈍り周囲が氷に閉ざされてしまつて殆ど冬籠の状態に陥ちいつてしまふものだが、例外としてはワカサギがある。この魚は寒くなれば寒くなるほど躍動して採餌する。またこの頃は脂肪も多く、非常に美味になるので、湖水に近い村人は種々の防寒具を身につけて、湖上にワカサギを釣るのである。試みに氷ではり詰められた湖に眼をやれば、至る所に一尺四方位の穴が穿たれてあつて、この穴に被ひかぶさるやうにして短かな竿でヒラヒラと魚を釣つている姿をみることが出来よう、そこには風除け持参等という念入りな釣手もある」とある。

　時々はわかさぎ舟の舸子遙ふ　　　　高浜虚子

諏訪の名物「利休煮」　ワカサギの新鮮なものは肌に透明感があり、銀色に光っている。腹部が弱い魚なので古くなると腹が裂けやすくなる。鱗ははがれやすく、鮮度の目安にはならない。

ワカサギは味が淡泊で、素焼き（筏焼き）、天ぷら、佃煮などとして美味である。

諏訪では「利休煮」と称する佃煮がある。生きたワカサギを塩水に１時間ほど漬けたものを、水気を切って蜂蜜と醤油、砂糖、味醂で煮る。タレがなくなるまでこってりと煮るのがコツである。白胡麻を振りかけて食べるが、酒の肴にも好まれる。

[索　引]

[カ行]

[サ行]

［タ行］

［**参考文献**］（太字は本文中に引用した文献）

舎人親王ほか	日本書紀	養老4年（720）
作者不詳	竹生島縁起	承平元年（931）
源　順	和名類聚抄	承平年間（931～938）
清原元輔	拾遺和歌集	寛弘3年（1006）
著者不詳	宇治拾遺物語	承久3年（1221）
禰宜五月麻呂	倭姫命世記	建治・弘安年間（1275～88）
藤原長清	夫木和歌抄	延慶3年（1310）
吉田兼好	徒然草	元弘元年（1331）
李時珍	本草綱目	万暦23年（1595）
男思義校	三才図会	万歴37年（1609）
三浦浄心	慶長見聞集	慶長19年（1614）
安楽庵策傳	醒睡笑	元和9年（1623）
井原西鶴	好色一代男	天和2年（1682）
貝原益軒	日本歳時記	貞享4年（1687）
三浦浄心	北条五代記	寛永18年（1641）
作者不詳	料理物語	寛永20年（1643）
松江重鎮	毛吹草	正保2年（1645）
井原西鶴	世間胸算用	元禄5年（1692）
人見必大	本朝食鑑	元禄8年（1695）
海原篤信	日本釈明	元禄13年（1700）
児島不求	天地或問珍	宝永3年（1706）
貝原益軒	大和本草	宝永6年（1709）
寺島良安	和漢三才図会	正徳3年（1713）
四時堂其諺	滑稽雑談	正徳3年（1713）
新井白石	東雅	享保2年（1717）
津軽采女	何羨録	享保8年（1723）
嘯夕軒宗堅	料理綱目調味抄	享保15年（1730）
三坂春編	老媼茶話	寛保2年（1742）
谷川士清	鋸屑譚	寛延元年（1748）
方竟楼千梅	わくかせわ	宝暦3年（1753）
平瀬徹齋	日本山海名物図会	宝暦4年（1754）
阿部将翁	採薬使記	宝暦8年（1758）
大胭東華	斎戒俗談	宝暦8年（1758）
木村孔恭	日本山海名産図会	宝暦13年（1763）
平賀源内	根南志具佐	宝暦13年（1763）

横井有也	百魚譜	明和年間（1764～72）
津村正恭	譚海	安政年間（1772～80）
冷水庵谷水	料理伊呂波包丁	安永2年（1773）
越谷吾山	物類称呼	安永4年（1775）
谷川士清	和訓栞	安永6年（1777）
三餘斎麁文	華実年浪草	天明3年（1783）
平秩東作	東遊記	天明3年（1783）
松葉軒東井	譬喩尽	天明6年（1786）
林子平	三国通覧図説	天明6年（1786）
伴蒿蹊	近世畸人伝	寛政2年（1790）
太田全斎	俚言集覧	寛政9年（1797）
木村厚	海鰌談	寛政10年（1798）
柴村盛方	飛鳥川	寛政11年（1799）
石原正明	年々随筆	享和元年（1801）
曲亭馬琴	羇旅漫録	享和2年（1802）
花屋庵鼎佐	新季寄	享和2～慶応4年（1802～68）
曲亭馬琴	俳諧歳時記栞草	享和3年（1803）
鳥飼洞斎	改正月令博物筌	文化5年（1808）
水谷豊文	物品識名拾遺	文化6年（1809）
探古室墨海	阿波名所図会	文化8年（1811）
菅原真澄	筆のまにまに	文化8年（1811）
河東曳庵	我友	文化8年（1811）
槽谷春雄	桑家漢語抄	文化10年（1813）
那珂通博	出羽国秋田風俗問答	文化11年（1814）
志賀理齋	三省録	文化11年（1814）
小川顯道	塵塚談	文化11年（1814）
玉蘭齋貞秀	孝貞女鏡	文化13年（1816）
大田南畝	一話一言	文政3年（1820）
松浦静山	甲子夜話	文政4年（1821）
河南四郎兵衛他	江戸買物独案内	文政7年（1824）
滝澤馬琴	兎園小説余録	文政8年（1825）
山田桂翁	宝暦現来集	天保2年（1831）
武井周作	魚鑑	天保2年（1831）
狩谷棭齋	本朝度量権衡攷	天保2年（1831）
城東漁父	魚猟手引	天保5年（1834）
鈴木牧之	北越雪譜	天保8年（1837）
井上清七	非諧職業盡	天保13年（1842）

屋代弘賢	古今要覧稿	天保 13 年（1842）	
阿部正信	駿国雑志	天保 14 年（1843）	
伊勢貞丈	貞丈雑紀	天保 14 年（1843）	
小野職博	重修本草綱目啓蒙	天保 15 年（1844）	
小山田與清	松屋筆記	弘化 4 年（1847）	
天明老人内匠編歌川広重画	狂歌江都名所図会	安政 3 年（1856）	
仮名垣魯文	安政見聞誌	安政 3 年（1856）	
加藤雀庵	さえずり草	文久 3 年（1863）	
宮川政運	俗事百工起源	元治 2 年（1865）	
喜多村香城	五月雨草紙	慶応 4 年（1868）	
作者不詳	浪華百事談	明治 28 年（1895）	
農商務省	日本水産捕採誌	明治 43 年（1910）	
熊田宗次郎	江戸懐古録	尊都記念會	大正 7 年
田中茂穂	魚	創元社	昭和 15 年
松下高・高山謙治	鮭鱒聚苑	水産社	昭和 17 年
更級源蔵	コタン生物記	北方出版社	昭和 17 年
松崎明治	釣技百科	朝日新聞社	昭和 17 年
大島正満	田沢湖の魚族	東北文庫	昭和 18 年
野田九浦ほか	日蓮聖人御一代図絵	奉賛会	昭和 27 年
上司小剣	鱧の皮	岩波書店	昭和 27 年
相賀徹夫	世界原色百科事典	小学館	昭和 40 年
下中邦彦	大百科事典	平凡社	昭和 60 年
蒲原稔治	日本魚類図鑑	保育社	昭和 30 年
柳田国男	日本の祭	角川文庫	昭和 31 年
阿部宗明	魚類検索図鑑	北隆館	昭和 38 年
中村守純	淡水魚類検索図鑑	北隆館	昭和 38 年
西脇昌治	鯨類・鰭脚類	東大出版会	昭和 40 年
木下健次郎	美味救真	五月書房	昭和 48 年
末広恭雄	魚と伝説	新潮社	昭和 52 年
千葉徳爾	日本山海名産名物図会注解	社会思想社	昭和 53 年
内田　亨	新編日本動物図鑑	北隆館	昭和 54 年
吉良哲明	日本貝類図鑑	保育社	昭和 54 年
岩満重孝	百魚歳時記	中央公論社	昭和 54 年
町田　清	河岸の魚	国際商業出版	昭和 54 年
武田正倫	原色甲殻類検索図鑑	北隆館	昭和 57 年
日本水産学会	日本産魚名大辞典	三省堂	昭和 56 年
篠崎晃雄	おもしろサカナの雑学	新人物往来社	昭和 57 年

塚原　博	魚のおもしろ生態学	講談社	平成 3年
平野雅章	江戸美味い物帖	廣済堂	平成 5年
川那部浩哉	魚々食紀	平凡社新書	平成12年
杉山秀樹	クニマス百科	秋田新報社	平成12年
花咲一男	江戸魚釣り百科	三樹書房	平成15年
望月賢二	図説魚と貝の事典	柏書房	平成17年
角川学芸出版	角川俳句大歳時記	角川学芸出版	平成19年
金田禎之	簡単な水産加工（漁村）	漁村文化協会	昭和32年
金田禎之	水産物の需要の成長とその変遷	農林省総合研究所	昭和32年
金田禎之	「まぼろしの魚」を夢みて	水産世界	昭和41年
金田禎之	田沢湖のウグイ（漁政の窓）	水産庁	昭和49年
金田禎之	定置漁業者のための漁業制度解説	水産クラブ	昭和54年
金田禎之	漁業紛争の戦後史	成山堂書店	昭和54年
金田禎之	資源管理型漁業の現状	日本水産学会	昭和62年
金田禎之	遊漁の現状と問題点	日本水産学会	昭和64年
金田禎之	総合水産辞典（四訂版）	成山堂書店	平成11年
金田禎之	知っておきたい「海の法律」	釣り春秋社	平成13年
金田禎之	日本漁具・漁法図説（増補二訂版）	成山堂書店	平成17年
金田禎之	日本の漁業と漁法（改訂版）	成山堂書店	平成17年
金田禎之	さかな随談	成山堂書店	平成19年
金田禎之	判例・解説漁業六法	大成出版社	平成21年
金田禎之	四季のさかな話題事典	東京堂出版	平成21年
金田禎之	新編漁業法のここが知りたい（改定版）	成山堂書店	平成22年

金田禎之（かねだ・よしゆき）

号を宗禎と称する。1948年農林省入省、秋田県水産課長・水産庁漁業調整課長・水産庁沖合漁業課長・瀬戸内海漁業調整事務局長・日本原子力船研究開発事業団相談役・社団法人日本水産資源保護協会専務理事・全国釣船業協同組合連合会会長・社団法人全国遊漁船業協会副会長等を歴任。

主な著書

『さかな随談』『四季のさかな話題事典』『日本漁具漁法図説（増補二訂版）』『和文英文日本の漁業と漁法（改訂版）』『実用漁業法詳解（十訂版）』『新編漁業法詳解（増補三訂版）』『漁業法のここが知りたい（五訂版）』『新編都道府県漁業調整規則詳解（改訂版）』『漁業関係判例総覧（増補改訂版）』『漁業関係判例総覧続巻（増補改訂版）』『漁業関係判例要旨総覧』『解読・判例漁業六法』『総合水産辞典（四訂版）』『漁業紛争の戦後史』『漁業資材の統制とその変遷』『漁業権等の諸問題と船舶の通航』

さかな博学ユーモア事典

2011年3月22日　初版第1刷発行

著　者　金田　禎之
発行者　佐藤今朝夫

発行所　株式会社　国書刊行会
〒174-0056 東京都板橋区志村1-13-15
TEL 03(5970)7421 FAX 03(5970)7427
http://www.kokusho.co.jp

製作　（有）章友社
印刷・製本　中央精版印刷(株)

ISBN978-4-336-05373-2